"十三五"国家重点出版物出版规划项目

现代机械工程系列精品教材

见习机械设计工程师资格考试培训教材

计算机辅助设计及制造技术

第 3 版

中国机械工程学会机械设计分会　组编

李　杨　王大康　编著

机械工业出版社

本书共 7 章，包括计算机辅助设计及制造技术概论、CAD/CAM 系统常用数据结构、计算机图形显示及建模技术、计算机辅助设计、计算机辅助工艺设计、计算机辅助制造技术以及产品数据管理及集成技术。书中介绍了实现制造业企业信息化的主要应用技术基础，并介绍了相关领域著名的软件产品，提供了部分典型应用实例。本书内容从理论到实践，注重应用，循序渐进，具有系统性、新颖性、实用性等特点。

本书为见习机械设计工程师资格考试培训教材，也可作为高等院校计算机辅助设计与制造技术课程的教材，同时可供工程技术人员参考使用。

本书配有电子课件，向授课教师免费提供，需要者可登录机工教育服务网（www.cmpedu.com）下载。

图书在版编目（CIP）数据

计算机辅助设计及制造技术/李杨，王大康编著. —3 版. —北京：机械工业出版社，2019.11（2025.1 重印）

"十三五"国家重点出版物出版规划项目　现代机械工程系列精品教材
见习机械设计工程师资格考试培训教材

ISBN 978-7-111-64064-6

Ⅰ.①计…　Ⅱ.①李…②王…　Ⅲ.①计算机辅助设计-资格考试-教材②计算机辅助制造-资格考试-教材　Ⅳ.①TP391.7

中国版本图书馆 CIP 数据核字（2019）第 230081 号

机械工业出版社（北京市百万庄大街 22 号　邮政编码 100037）
策划编辑：蔡开颖　责任编辑：蔡开颖　段晓雅　任正一
责任校对：肖　琳　封面设计：张　静
责任印制：单爱军
北京虎彩文化传播有限公司印刷
2025 年 1 月第 3 版第 4 次印刷
184mm×260mm · 15.5 印张 · 379 千字
标准书号：ISBN 978-7-111-64064-6
定价：45.00 元

电话服务　　　　　　　　网络服务
客服电话：010-88361066　机　工　官　网：www.cmpbook.com
　　　　　010-88379833　机　工　官　博：weibo.com/cmp1952
　　　　　010-68326294　金　书　网：www.golden-book.com
封底无防伪标均为盗版　机工教育服务网：www.cmpedu.com

前　言

计算机辅助设计及制造技术是随着计算机及信息技术的发展而形成的新兴技术，这项技术为国家高新技术。我国是一个制造业大国，现正在向制造业强国转变，计算机辅助设计及制造技术是实现我国制造业现代化必不可少的技术，也是提高我国制造业从业人员综合素质和创新能力的关键技术。计算机科学的迅速发展，加速了机械设计与制造技术的更新。为了使读者能在较短的时间内了解计算机技术的新知识，掌握计算机应用的新工具，我们编写了这本内容新颖、结构合理、实用性强的教材。

全书共7章，第1章为计算机辅助设计及制造技术概论，主要介绍CAD/CAM技术的基本概念及发展过程、CAD/CAM系统的组成等内容；第2章为CAD/CAM系统常用数据结构，主要介绍CAD/CAM系统中常用的数据结构、数据结构的程序编写举例和常用数据库简介等内容；第3章为计算机图形显示及建模技术，主要介绍计算机图形生成的基本原理、图形变换、几何建模方法、机械零件的特征建模及参数化设计技术，结合三维构型软件系统介绍SolidWorks三维建模设计方法与应用实例等内容；第4章为计算机辅助设计，主要介绍界面设计的一般原则和方法，以及在计算机辅助分类设计中常用设计数据的处理技术及相关算法，并介绍了数据的动态储存技术；第5章为计算机辅助工艺设计，主要介绍CAPP的基本概念、CAPP系统的基本构成和设计步骤、成组技术、人工智能技术，以及开目CAPP系统及其编程实例等内容；第6章为计算机辅助制造技术，主要介绍计算机辅助制造的基本概念、发展过程和发展趋势，数控加工技术及数控机床，数控编程中的基本概念和数控编程的方法，结合具体加工零件，详细介绍了数控车、铣的编程思路及编程实例，介绍了Cimatron NC及其应用实例等内容；第7章为产品数据管理及集成技术，主要介绍PDM系统的概念、PDM系统的体系结构及功能、PDM在企业中的应用、产品结构与配置管理、工作流与过程管理、PDM在现代企业中的集成作用和开目PDM的功能与应用实例等内容。

本书根据我国制造业企业信息化的要求，以CAD/CAM技术与应用为主导，围绕计算机辅助设计及制造的有关知识和技术展开讨论，基本囊括了CAD/CAM系统的理论与应用内容。书中介绍了相关领域著名的软件产品，提供了部分典型应用实例，同时提供了习题，供读者检验学习效果时参考。

　　本书由李杨、王大康编著。编写过程中得到了武汉开目公司及陈万领、张永华和袁慧敏三位老师的大力支持和帮助，同时还得到 Cimatron 公司、生信实维有限公司的支持与帮助，在此表示感谢！

　　由于编者水平有限，加之时间仓促，书中难免有不妥之处，敬请读者批评指正。

编　者

目 录

第1章

计算机辅助设计及制造技术概论

1.1 CAD/CAM 技术的基本概念

计算机技术的快速发展及其在机械设计和制造领域中的应用，导致传统的设计手段和加工方法发生了彻底的改变。如今，CAD/CAM 技术已经成为设计领域和制造领域中不可缺少的技术手段，它能够提高产品设计水平，缩短开发周期，提高产品的加工质量，同时也是企业提高创新能力、产品开发能力和增强企业竞争力的一项关键技术。

1.1.1 CAD 技术

CAD（Computer Aided Design）即计算机辅助设计。CAD 技术是工程技术人员利用计算机的快速计算功能和高效率的图形处理能力，辅助设计人员完成工程或产品的设计、分析计算及图样绘制等工作，从而获得理想的设计目标并取得预期成果的一种技术。CAD 技术是集数值计算、计算机图形学、数据库、网络通信等计算机及其他领域知识于一体的综合性高新技术，是先进制造技术的重要组成部分。CAD 技术具有涉及面广、技术变化快、投入产出高、功能强等特点，能够满足广大用户的需求。

计算机辅助设计以计算机、外围设备及其系统软件为基础，包括概念设计、方案设计、结构设计、优化设计、有限元分析、动态分析、仿真模拟以及产品数据管理等内容。随着 Internet/Intranet 和并行、高性能计算及事务处理的普及，异地、协同、虚拟设计及实时仿真也得到了广泛应用。

1.1.2 CAPP 技术

CAPP（Computer Aided Process Planning）即计算机辅助工艺设计。工艺设计人员运用计算机技术，根据产品设计得到的数据进行产品加工方法的确定和加工工艺的设计。计算机辅助工艺设计包括毛坯设计、加工方法的选择、加工路线的确定、工序设计及工时定额计算等。在工序设计中还包含产品加工过程中加工设备、装夹设备的选择和设计，加工余量、切削用量等的选择，以及工序图和工艺文件的制定等。

1.1.3 CAM 技术

CAM（Computer Aided Manufacturing）即计算机辅助制造。计算机辅助制造一般是指计算机在产品生产制造过程中有关应用的总称。到现在为止，对于计算机辅助制造尚无一个统一的定义，一般有广义和狭义两个定义。狭义的 CAM 一般是指数控程序的编制，包括刀具加工路线的制定、刀位文件的生成、刀具加工轨迹的仿真及数控（NC）加工代码的生成等；广义的 CAM 扩展了狭义 CAM 的内容，包含了产品生产过程从毛坯到产品的制造过程中所有的相关活动。利用计算机对产品的制造过程从原材料开始到加工结束的全过程进行监控，如原材料需求计划的编制、生产计划制定、物流过程的控制、计算机辅助工艺设计、数控（NC）加工代码编制、计算机辅助工时的制定、材料定额的编制及质量控制等。通常对 CAD/CAM 系统中 CAM 的理解还是指狭义的 CAM。

1.1.4 CAD/CAM 集成技术

产品从设计到制造经历了产品结构设计、加工过程的工艺设计、产品的加工制造等阶段，各阶段具有各自的特点，而且具有密切的联系，缺一不可。CAD、CAPP、CAM 在产品的制造过程中完成不同阶段的任务。CAPP 需要产品的结构形状、材料的详细信息才能制定出产品加工的路线、加工设备、加工工序等工艺信息文件，而 CAM 则根据 CAPP 传递的工艺信息编制出加工代码从而进行零部件的加工。在整个过程中可以看出 CAD、CAPP、CAM 之间存在着加工零部件数据信息的传递关系，上一级将完成的任务作为数据传递到下一级，下一级又根据已有的产品数据完成自己的任务，再将产品数据向下传递，形成产品数据的流动过程。随着数据的流动，完成产品所需的设计加工任务。过去，CAD、CAPP、CAM 都有独立完整的系统，系统之间没有联系，按照各自的需要进行发展，由于各系统针对不同的领域和不同的用户需求及技术环境，因此，各系统的数据结构、数据传递标准、系统模式等存在着差异，系统之间所需的数据往往需要人工采集、输入，一方面容易出现差错，另一方面各系统无法高效率地运行。

CAD/CAM 集成系统利用工程数据库技术和采用标准格式的产品数据交换接口技术，在 CAD、CAPP、CAM、CAE（计算机辅助工程）各系统之间实现产品数据的自动传递、接收、转换、共享和处理，将产品设计、产品加工制造、生产管理、质量监控等过程实现集成，产品数据的采集和流动在封闭的系统中完成，避免了系统各自独立存在的缺陷，也为 CAD/CAM 集成系统提供了向 CIMS（计算机集成制造系统）进一步发展的基础。

1.2 CAD/CAM 技术的发展过程

CAD/CAM 技术是伴随着计算机软硬件技术的发展而产生的一种全新的设计、制造方法和手段。在发展初期，CAD 和 CAM 处于各自的发展阶段，没有实现相互结合。

20 世纪 50 年代末期，美国麻省理工学院林肯实验室研制的空中防御系统可以实现将雷达的信号转换为显示器上的图形，操作人员可以通过光笔显示拾取屏幕上所需的信息，该功能的出现预示着交互图形生成技术的诞生。

1963 年，美国麻省理工学院的 I. E. Sutherland 在他发表的博士论文中提出了 Sketchpad

系统。该系统可以用光笔在图形显示器上实现选择、定位、显示和修改等交互功能，从而为交互图形生成和显示技术的发展奠定了基础。20 世纪 60 年代中后期，美国的一些大公司研制出一些 CAD 系统，如 IBM 公司的 SMS、SLT/MST 用于设计自动化系统，洛克希德公司研制的用于二维绘图的 CAD 系统，通用汽车公司为设计汽车车身和外形而开发的 CAD-1 系统等。

20 世纪 70 年代，CAD 技术发展较快并且日趋成熟，美国 Applicon 公司第一个推出完整的 CAD 系统。特别是微机和工作站的发展和普及，再加上功能强大的外围设备，极大地推动了 CAD 技术的发展，CAD 技术已进入实用化阶段，广泛服务于机械、电子、宇航、建筑、纺织等产品的总体设计、造型设计、结构设计、工艺过程设计等环节。

我国自 20 世纪 60 年代开始研究开发 CAD 软件，当时主要是研究开发二维绘图软件，并利用绘图机输出二维图形。进入 20 世纪 90 年代，CAD 技术在各生产部门得到广泛应用，提高了产品的设计质量，缩短了设计周期，加快了产品更新换代的速度，获得了良好的经济效益。

CAM 技术是随着计算机技术、自动控制技术的发展而逐步发展起来的。美国于 1952 年研制成功世界上第一台数控机床，3 年后又研制出 APT 编程系统，1955 年开始将其运用于生产实际，从而掀开了制造加工行业新的一页。

20 世纪 60 年代，人们在专业系统上开发出了编程机及部分编程软件，如 FANOC、SIEMENS 编程机，系统结构为专机形式，基本处理方式是人工或辅助计算数控刀具路径，编程目标与对象是数控刀具路径，但是功能比较差，操作也困难，只能专机专用。

早期的数控系统即 NC（Numerical Control）系统，人们采用数字逻辑电路"搭"成一台机床专用计算机作为数控系统，被称为硬件连接数控，简称数控（NC）。加工程序的输入采用穿孔纸带，数控装置完成的各项功能通过硬件控制实现。

1970 年，随着小型计算机的出现并成批生产，将小型计算机移植过来作为数控系统的核心部件，从此进入了计算机数控（CNC）阶段。到 1971 年，美国 Intel 公司将计算机的两个核心部件——运算器和控制器，采用大规模集成电路技术集成在一块芯片上，即微处理器（MicroProcessor），微处理器被应用于数控系统。早期的微处理器速度不太高，功能不太多，但可以通过多处理器结构来解决。由于微处理器是通用计算机的核心部件，故仍称为计算机数控。1990 年，PC 的性能已发展到很高的阶段，可以满足作为数控系统核心部件的要求，从此数控系统进入了新的阶段。

20 世纪后期，网络的出现和发展不仅给人们的生活带来了诸多便利，同时也给社会的各个领域带来了改变，先前的数控装置是与每一台确定的机床组合工作，在网络条件下，可以实现多台数控机床通过网络控制的计算机完成远程数据传输、自动编程、程序校验和修改，以及生产的调度安排和自动维护等功能，因此称为 DNC（Direct Numerical Control）系统。DNC 系统的功能内涵随着计算机技术、通信技术等的发展不断扩大，其主要特点是增加了对产品生产的控制管理功能，以及实现 CAD/CAPP/CAM 的数据接口功能等。

从 CAD/CAM 技术发展的历史可以看出，它们与计算机等新技术的发展有密切的联系，是随着新技术的发展而发展起来的，今后也会随着各种新技术的不断进步而得到更大的发展。

1.2.1 CAD/CAM 技术的发展趋势

目前，CAD/CAM 技术正在向集成化、智能化、网络化的方向快速发展。

1. 集成化

产品从概念设计、加工生产到使用维护的全过程称为产品生命的全周期，采用数字化来定量地表述、传递、处理和控制产品设计、生产的全过程，该过程通过产品数据的流动将设计信息自动转换为制造信息，将设计、工艺、制造过程集成为一个大的系统，形成一个以工厂自动化生产为目标的集成制造系统。集成系统内部包含了所需的各类功能和更加完善的设计、制造软件系统。例如，Pro/Engineer、UG、SolidWorks 等软件系统，具备强大的三维造型功能和良好的 CAM 加工以及仿真功能。另外，许多高级编程语言，如 Java、VC++、VB 等软件都具备和数字化机床相互连接的接口，从而促进了 CAD/CAM 技术集成化的飞跃发展。

2. 智能化

机械产品的设计、制造全过程是一系列复杂并且具有创新性的过程。这一过程不仅包括传统的计算、分析、结构设计、产品加工工艺的制定和加工方法确定等活动，还包含了大量的决策推理的过程，如概念设计、方案选择、结构设计、参数选择、评价等，整个过程依赖于相关的数学模型，需要进行分析、推理、判断。传统的 CAD 技术存在一些无法克服的缺陷，例如，在建立数学模型时往往会进行大量的省略，将实际具有的一些影响和约束简化或通过其他的假设替代，出现与实际情况相比较大的差异。将人工智能技术（包括专家系统技术）与传统的 CAD、CAPP、CAM 技术结合，通过计算机模拟专家的智能活动，进行分析、判断、推理、决策等活动，同时将专家的智能活动的全过程收集、保存、完善、共享以及继承和发展，为机械设计及制造中需要专家丰富经验和创造性思维解决的问题提供强有力的求解手段和工具，从而形成智能化的 CAD/CAM 系统。这也是传统的 CAD/CAM 系统发展的必然趋势。

3. 网络化

计算机网络技术的飞速发展，为产品的设计和制造在资源共享、异地协同设计加工等方面提供了一个大的网络平台。计算机网络就是计算机技术与通信技术的结合。计算机网络可以利用现有的通信路线和通信设备，将处于不同区域和地点的多台独立的计算机连接起来，按照规定的网络协议进行通信、数据传输交流，实现异地资源共享。利用计算机网络技术，企业可以针对某一产品，将分散于不同区域的智力资源和生产资源组合起来，发挥设计和加工资源的最大潜力，并且利用以因特网为标志的信息高速公路，灵活而快速地组织制造资源，按资源优势互补的原则，迅速地组成一种跨地域的、靠电子网络联系的、统一指挥的运营实体，从而实现以最短的时间、最低的成本、最少的投资向市场推出高附加值的产品。

1.2.2 CAD/CAM 系统的组成

CAD/CAM 系统主要由两大部分组成：硬件系统、软件系统。硬件系统包括计算机及外围设备，软件系统则包括各类不同作用、功能的软件。不同的 CAD/CAM 系统可以根据系统的应用范围和所需的软件规模，进行硬件和软件的不同配置，以满足系统的基本功能和运行要求。根据计算机系统规模的大小，可以将计算机辅助设计系统分为单机系统、局域网络系统和万维网络系统。CAD/CAM 系统软件和硬件的组成,如图 1-1 所示。

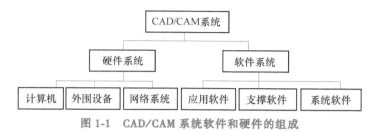

图 1-1 CAD/CAM 系统软件和硬件的组成

1.2.2.1 CAD/CAM 的硬件系统

CAD/CAM 系统的硬件主要包括中央处理器、存储器、输入设备、输出设备、网络通信设备。

1. 中央处理器

中央处理器即 CPU,是微型计算机的核心部件,由控制器和运算器组成。中央处理器的主要功能就是按照指令控制计算机的工作,对数据进行算术运算和逻辑运算。主机的类型及性能对 CAD/CAM 系统的使用功能起到了决定性作用。通过 CPU 可以获取主存储器内的指令,分析指令的操作类型,实现计算机的各种动作,控制数据在各部分之间的传送,输出计算的结果及逻辑操作的结果。

2. 存储器

内存储器也称为内存,又可以分为随机存储器和只读存储器,二者共同构成主存储器。随机读/写存储器 (Random Access Memory, RAM) 用于存放当前参与运行的程序和数据。只读存储器 (Read Only Memory, ROM) 用于存放各种固定的程序和数据,由生产厂家将开机检测、系统初始化、引导程序、监控程序等固化在其中。主存储器的基本功能就是存放指令、数据及运算结果。

外存储器,包括软盘和硬盘。外存储器是保存计算机处理过程中产生的大量数据、信息的重要外部设备。外存储器还可以起到扩大存储系统容量的作用。常用的外存储器有硬盘、磁带、光盘等。

3. 输入设备

输入设备主要包括键盘、鼠标、触摸屏、图形扫描仪等。

操作者通过输入设备将数据、字符、图形图像等信息转换成计算机能识别的电子脉冲信号,再传递给计算机,计算机按照接收的指令实现要求的动作和运算。实现上述功能的装置称为输入设备。输入设备是人机交互过程中的重要条件。

(1) 键盘 键盘上设置了四个区域:主键盘区、数字键盘区、功能键区及控制键区。设计人员通过字符键、功能键及数字键输入信息或执行一个程序,控制键用来对屏幕和程序进行特殊处理。键盘是计算机必不可少的输入设备之一。

(2) 鼠标 鼠标是一种输入设备,它能够在显示屏上完成快速精确的定位、选择、拾取等操作,常用于屏幕编辑、菜单选择及绘图等功能。常用的鼠标有机械式和光电式两大类型,它们的基本原理都是通过将鼠标运动的距离、方向转化为电脉冲信号输入计算机,计算机再将脉冲信号转变为显示器上光标的确定坐标数据,完成需要的动作。

(3) 触摸屏 触摸屏是一种定位设备,当有物体触摸到屏幕的不同位置时,触摸屏向计算机发送触摸的信号，计算机接收触摸信号后通过相应的软件对信号进行处理，并在显示屏上显示相关的信息。触摸屏一般分为电阻式、电容式、红外线式、声表面波式。

（4）图形扫描仪　图形扫描仪是高精度的光、机、电一体化的输入设备。它直接将各种形状的文字、图像、图形信息扫描输入到计算机中，以像素信息进行存储表示，进而实现对信息的处理、使用、输出等。

（5）其他输入设备　除以上介绍的输入设备外，还有其他的一些输入设备也在日常中使用，如数字照相机、电视摄像机、数据手套、触摸球、位置跟踪仪等。随着计算机软、硬件技术的不断发展，新的输入形式也在不断出现和完善，近年来，语音输入识别技术研究已取得一些突破性的进展，作为一种新的输入手段正逐步走向市场，改变着传统的交互输入方式。

4. 输出设备

输出设备是将 CAD/CAM 系统分析计算后的结果在要求的设备上输出、显示，可以采用文字、数据、图表、工程图样或者三维模型等方式表示。常用的输出设备包括图形显示器、打印机、绘图仪、立体显示器等。

（1）图形显示器　图形显示器是计算机 CAD/CAM 系统的基本硬件配置之一，对于设计人员的操作，它可以实时响应。设计人员可以根据显示器上显示的信息及时方便地进行编辑、修改。显示器的主要技术指标包括分辨率和图形处理速度。分辨率是指屏幕上可识别的最大光点数。光点也称为像素，光点数越多，分辨率越高，图形显示就越精确，可以较好地避免图形、图像的失真。显示器的图形处理速度通常以每秒可处理、显示的三维矢量个数及填充多边形的个数来衡量。图形显示器主要有随机扫描显示器、液晶显示器、等离子显示器等。

（2）打印机　打印机是一种主要且常见的输出设备。打印机将计算机处理后的数据、报表、图形及工程图样等结果输出到纸面以达到信息的永久保留。根据工作原理的不同，打印机分为针式打印机、静电打印机、喷墨打印机和激光打印机等。

（3）绘图仪　绘图仪就是将 CAD/CAM 系统中产生的大量工程图样等输出到图纸上，在 CAD/CAM 系统中，绘图仪的使用是很频繁的。绘图仪工作时是计算机通过程序指令控制笔和纸的相对运动，对图形的颜色、线型以及绘图过程中的抬笔、落笔动作加以控制，将屏幕显示的图形或存储器中的图形输出。绘图仪可以分为笔式绘图仪、喷墨绘图机、热敏绘图机等。笔式绘图仪又分为平板式和滚筒式两种。

（4）立体显示器　立体显示器可以根据计算机的输出图形数据在用户的眼前提供一个逼真的动态的立体图像，同时通过立体声耳机提供接近实际的声音效果，使用户尽可能地沉浸在虚拟的环境中。立体显示设备主要包括头盔显示器、立体眼镜及三维立体投影仪等。头盔显示器是虚拟设计中常用的输出设备。

5. 网络通信设备

网络通信设备是利用网络系统硬件设备将各单台计算机相互连接起来，构成局域网或者万维网，使计算机相互之间共享数据或传送信息。网络通信设备包括网卡、集线器、路由器、交换机、中继器、网桥等。

1.2.2.2　CAD/CAM 的软件系统

CAD/CAM 系统不仅需要计算机硬件设备，还需要配备各种相关的功能软件。软件的作用就是通过管理和使用硬件实现所要求的功能。软件系统的不同配置会直接影响到 CAD/CAM 系统的功能、效率及使用的方便程度，所以软件部分在机械 CAD/CAM 中占据着越来越重要的地位。通常，CAD/CAM 系统软件分为三个层次：系统软件、支撑软件、应用软件。

1. 系统软件

系统软件属于底层管理软件部分，它主要着重于计算机系统的管理、资源的调用，控制计算机程序的运行，是用户与计算机硬件连接的纽带，它为应用软件提供了一个使用的平台和良好的软件工作环境。操作系统是系统软件中最基础、最核心的部分，操作系统在整个服务器系统中起到至关重要的作用。常用的计算机操作系统有 MS-DOS、UNIX、Linux、Net-Ware、Windows、Windows NT 等。

（1）MS-DOS　MS-DOS 是一种单用户、单任务的操作系统。该系统操作简单，对硬件的性能没有较高的要求，其交互功能为问答式交互，大量的命令需要记忆和手工键盘输入，计算机使用人员不方便操作，并且其内存管理存在局限性。所以，目前 MS-DOS 基本上已经退出了历史舞台。

（2）UNIX 系统　UNIX 系统是一种多用户、多任务分时操作系统。它是大型机和许多高端微机的操作系统。UNIX 系统对维护、操作人员的专业水平有一定的要求。UNIX 的主要特点是技术成熟、可靠性高。它能在 PC、工作站直至巨型机上运行，不受任何厂商的垄断和控制。UNIX 具有强大的支持数据库的能力和良好的开发环境，所有主要数据库厂商，包括 Oracle、Informix、Sybase、Progress 等，都把 UNIX 作为主要的数据库开发和运行平台。网络功能强大是 UNIX 的另一特点。作为 Internet 技术基础和异种机连接重要手段的 TCP/IP 就是在 UNIX 系统上开发和发展起来的。TCP/IP 是所有 UNIX 系统不可分割的组成部分。此外，UNIX 系统还支持所有需要的网络通信协议，能方便地与已有的主机系统以及广域网和局域网相连接，这也是 UNIX 系统具有出色的互操作性的根本原因。

（3）Windows 操作系统　MS-Windows 系统是一个基于图形可视化界面的多任务窗口环境，可以完成硬件管理、网络管理和外围设备管理等功能，能够运行为 Windows 所编写的应用程序，也能运行为 MS-DOS 环境所编写的程序。该操作系统的界面简单，便于使用，是目前用户最多、最流行的操作系统之一。Windows NT 也是目前最流行的网络操作系统之一。

（4）Linux 操作系统　Linux 操作系统是一种自由使用没有版权限制的软件。在计算机操作系统市场中，目前 Linux 已有数百万用户，受到全球众多个人用户和一些跨国大企业客户的认同和喜爱。

2. 支撑软件

支撑软件是支持辅助用户完成 CAD 作业时所使用的具有通用功能的软件。支撑软件是在系统软件的基础上研制的，为 CAD 的二次开发提供了开发环境。用户可以在此开发环境下进行移植或自行开发所需的应用软件系统，以完成特定的设计任务。CAD 系统所需的支撑软件从功能上可以划分为高级程序设计软件、图形软件、数据库管理软件、分析计算软件等。

（1）高级程序设计软件　高级程序设计语言是开发计算机程序的基本工具，利用高级程序设计软件可以进行 CAD 系统的开发。高级程序设计语言具有规定的符号、代码及语法语义，根据开发程序的要求进行代码的编写，计算机编译系统将程序代码翻译为计算机能够执行的机器指令。高级程序设计语言包括 Fortran 语言、Basic 语言、C 语言和汇编语言等，Basic 语言和 C 语言现在已经发展成为可视化高级编程语言 Visual Basic 和 Visual C++系列。

（2）图形软件　图形软件主要包括绘图软件和三维构型软件，图形软件具有基本图形元素绘制、图形变换、图形编辑、存储、显示等功能，也支持不同专业的应用图形软件的开发。绘图软件是 CAD 系统中最基本的图形软件，运用于绘制零部件产品中符合工程要求的零件图和装配图，图形的生产可以通过人机交互的方式完成，也可以利用三维模型的投影变换完成。现有的微机上广泛应用的是 Autodesk 公司的 AutoCAD 系统支撑软件，国内也开发了图形支撑软件，如开目系统。三维构型软件则侧重于为用户提供一个完整、准确地描述和显示三维几何形状的方法和工具，其基本功能包括几何构型、曲面造型以及真实处理、实体参数计算、质量特性计算等功能。常用的有 CATIA、Solid Edge、Pro/Engineer、UG 等。

（3）数据库管理软件　数据库按照一定的组织方式存储相关的数据，并且方便用户查找、调用、保存、修改数据，而数据库系统则由数据库和数据库管理系统组成。数据库在 CAD 系统中具有重要地位，它能有效地存储、管理、使用 CAD 所拥有的大量数据。CAD 系统由于自身的一些特点需要相应的工程数据库的支持，但目前常常是借用商用数据库。现在常用的数据库系统，如 dBASE、FoxBASE、FoxPro、Oracle、Sybase、SQL Server、Informix、DB2 等，它们都属于商用数据库系统，而研制一个方便实用的工程数据库管理系统是当前尚待解决的重要问题之一。

（4）分析计算软件　计算机辅助设计中需要对机构进行大量的数值计算、分析、结构参数的优化以及运动学、动力学仿真等处理，相关的软件有 SAP、ASKA、ANSYS、ADINA、NASTRAN 等。

3. 应用软件

应用软件是在系统软件、支撑软件的基础上，按照用户的要求针对特定的领域和特定的要求解决实际问题而自行开发或委托开发的程序系统，又称为"二次开发"，如专用模具设计软件、机械零件设计软件、数控机床控制系统等。应用软件具有很强的针对性和专用性。应用软件系统包括常规设计计算方法、可靠性设计软件、优化设计方法、动态仿真软件，以及各种专业程序中常用的机械零件设计计算方法软件、常用产品设计软件等。

1.2.3　CAD/CAM 常用系统软件介绍

在 CAD/CAM 中，常用的系统软件简介如下。

1. AutoCAD

AutoCAD 系统是美国 Autodesk 公司开发的基于微机的一个交互式绘图软件系统。该软件系统主要包括二维工程图样绘制功能和三维造型功能，为用户提供了方便、快速的制图手段，支持多种操作系统，具有良好的人机交互绘图界面和图形编辑、图形数据接口功能。同时还提供了 LISP 语言、C 语言等高级语言的二次开发平台，以及应用软件、数据库管理软件的接口，用户可以利用 C、LISP 等程序设计语言并根据自身的需要进行计算机辅助设计系统的开发和一些特定功能的定制，运用领域很广泛。

2. UG

UG（Unigraphics）是具有强大功能的 CAD/CAM 集成软件，具有实体建模、曲面构型、工艺分析、数控编程（NC 代码）等功能，可以为用户提供一个从产品的概念设计到产品建模、分析和制造的全过程，以及一个灵活的复合建模模块。在 UG 中，优越的参数化和变量化技术与传统的实体、线框和表面功能结合在一起。UG 提供全系列的工具，包括针对计算机辅助工业设计（CAID）艺术级工具，并与功能强大的 CAD/CAM 解决方案紧密集成。UG 具有独特的知识驱动自动化（KDA）的功能，使产品和过程的知识能够集成在一个系统中。

3. SolidWorks

SolidWorks 软件采用 Parasolid 作为几何平台，采用 DCM 作为约束管理模块，同时采用自顶向下基于特征的实体建模设计方法，可以动态模拟装配过程，并且自动生成装配明细栏、装配爆炸图（轴测分解图），还可以进行零部件间的干涉检查，特征树结构使操作更加简便和直观。SolidWorks 软件具有灵活的草图绘制和检查功能，可以绘制用于管道设计或扫描特征的 3D 草图，它还具有强大的特征建立能力和零件与装配的控制功能，通过零件和装配体的配置不仅可以利用现有的设计，建立企业的产品库，还解决了系列产品的设计问题。SolidWorks 软件还提供了自由、开放、功能完整的开发工具接口，可以利用 VC、VB 或其他 OLE 开发程序对 SolidWorks 进行二次开发。

4. Pro/Engineer

Pro/Engineer 系统是美国参数技术公司（Parametric Technology Corporation，简称 PTC）的产品。该系统具有较强的三维实体建模、参数化曲面设计、工程图样生成、零部件模拟装配管理、刀具路径生成、有限元分析、模具设计、电路设计、装配管件设计、加工制造、逆向工程等功能。Pro/Engineer 软件能将设计至生产全过程集成到一起，让多用户能够同时进行同一产品的设计制造工作，即实现所谓的并行工程。

5. Solid Edge

Solid Edge 采用的是基于特征的参数化、变量化设计技术。Solid Edge 利用相邻零件的几何信息，使新零件的设计可在装配造型内完成；模塑加强模块直接支持复杂塑料零件造型设计；钣金模块使用户可以快速简捷地完成各种钣金零件的设计；利用二维几何图形作为实体造型的特征草图，实现三维实体造型，为从 CAD 绘图升至三维实体造型的设计提供了简单、快速的方法，使其操作方便，简单易学。此外，Solid Edge 还为用户提供了采用标准 Windows "对象链接与嵌入（OLE）" 技术和 "部件对象模式（COM）" 技术的应用程序接口，开发者和用户能够通过使用 Visual Basic、Visual C++ 以及任何一种支持 ActiveX Automation 技术的工具，对 Solid Edge 进行二次开发，适应用户的一些特殊要求，减少重复性建模制图工作，全面扩展 Solid Edge 的功能或将其功能集成到客户应用程序中，以实现 Solid Edge 的完全客户化。Solid Edge 采用 Parasolid V10 造型内核作为强大的软件核心。

习　题

1-1　简述 CAD、CAPP、CAM 的基本概念。

1-2　简述 CAD/CAM 系统硬件的组成。

1-3　简述 CAD/CAM 系统软件的组成。

1-4　简述 CAD/CAM 系统集成的意义。

1-5　简述 CAD/CAM 系统的发展趋势。

1-6　简述 CAD/CAM 中常用的软件系统。

第2章

CAD/CAM系统常用数据结构

2.1 概述

设计或制造一个零件都需要大量的数据支持，如性能参数、几何尺寸数据、工艺过程数据、图样数据和事务处理数据等，这些数据联系在一起组成了对一个机械产品信息的描述。如何组织这些数据，建立它们之间的联系，就是数据结构所要解决的问题。数据是对客观世界、实体对象的性质和关系的描述，而数据结构描述数据之间的联系。在计算机辅助机械设计中会使用大量的设计资料，这些资料最终要通过数据的形式存储在计算机中。在现代计算机辅助机械设计中，充分利用了计算机的高速处理能力，实现对设计资料和数据的自动化处理。

计算机辅助机械设计中涉及大量不同类型的信息和数据，如数字、字符、表格、图形、图像、声音、动画等，信息和数据之间又存在着相互的关系。独立的数据往往是毫无意义的，只有将它们组织在一起才能赋予确切的含义。

1. 数据的概念

数据就是描述客观实体和现象的数字、字符、表格、图像等，以及能够输入计算机并且能够被计算机接受、处理的所有符号的集合。

数据还可以按照组织层次分为：数据项、记录、数据文件、数据库、数据库系统。

（1）数据项 数据项是对实体某项属性的具体数据描述，是数据中最基本的、不可分的并可能有命名的数据单位。例如，齿轮的模数、齿数、齿宽、材料牌号等分别表示齿轮的某项属性，它们的具体数值可能是 1.5、67、48、20Cr，这些数据是不可拆分的。

（2）记录 相关的数据项集合到一起，组成一个记录，也称为数据元素。例如，有关齿轮的各个数据项的集合就组成了该齿轮的一个记录。

（3）数据文件 相同性质的记录的集合就组成了数据文件。例如，将所有齿轮的记录存放到一起，就是一个关于齿轮零件的文件。

（4）数据库 数据库是指具有一定特点和关系的一系列数据文件的集合。

（5）数据库系统 有些复杂的系统可能包含多个分门别类的数据库，这些数据库的集合就构成了一个数据库系统。

2. 数据类型

数据类型就是计算机程序设计语言中定义的不同变量的种类。每一种程序设计语言都会提供本程序设计语言的一组基本数据类型，而且不同的数据类型又确定了数据在计算机中所占位置的大小。如 C 语言中的字符类数据、浮点类数据等。

3. 数据的逻辑结构和物理结构

数据的逻辑结构是指数据之间的逻辑关系，不考虑数据的存储介质并且独立于数据的存储介质。通常所说的数据结构一般是指数据的逻辑结构。按数据的逻辑关系不同可分为两种：线性结构和非线性结构。

线性结构的数据关系简单，具有按顺序排列的线性关系，可以用数表的形式表达，因此也称为"线性表结构"。

非线性结构的数据关系比较复杂，不能用线性表这种简单的形式来表达，而需要用构造型的数据结构来表示。因此，非线性结构也称为"构造型的数据结构"。构造型的数据结构又可分为树状结构和网状结构两种。具有明显层次关系的数据组成了"树状结构"，具有纵横交错的网络关系的数据组成了"网状结构"。

数据的物理结构也称为存储结构，是指数据在计算机存储器中的表示和映象，它包括数据项的映象和关系的映象，通过系统的特定软件将数据写入存储介质。常用的数据存储结构有顺序存储结构和链式存储结构。

2.2 常用数据结构

2.2.1 数据的线性结构

由 $n(n \geqslant 0)$ 个数据元素组成的有限序列就是线性结构，常称为线性表。线性结构是一种简单、常用的数据结构，其逻辑结构形式为

$$(a_1, a_2, a_3, \cdots, a_{i-1}, a_i, a_{i+1}, \cdots, a_n)$$

其中 a_i 可以是数值，也可以是符号，甚至可以是线性表等，但是在同一表中，数据结构的类型必须相同。该结构中的数据元素，除第一个和最后一个外，每个数据元素都仅有一个直接前驱和一个直接后继。线性表的长度由线性表中数据元素的数量确定。

例如，齿轮的标准模数系列可称为一个线性表。

$$(1, 1.25, 1.5, 2, 2.5, 3, 4, 5, 6, 8, 10, 12, 16, 20, 25, 32, 40, 50)$$

该表中的数据元素是一个数。

线性表的物理结构既可以是顺序存储结构，也可以是链式存储结构。计算机中的具体表示有数组、字符串、栈与队列等几种形式。下面介绍线性表的存储结构。

1. 顺序存储结构

顺序存储结构是按照数据元素的逻辑结构顺序依次存放，即用一组连续的存储单元依次存放各个数据元素，数据元素与其存放地址之间存在着一一对应关系。这种存储方式占用存储单元少，简单易行，结构紧凑；但数据结构缺乏柔性，若要增加和删除数据，必须重新分

配存储单元，重新存入全部数据，因而不适合于需要频繁修改、补充、删除数据的场合。

在顺序存储结构中，设每个数据元素所占用的存储单元长度为 L，线性表的第一个数据元素的存储地址为 $\mathrm{Loc}(a_1)$，则第 i 个数据元素的存储地址为 $\mathrm{Loc}(a_i) = \mathrm{Loc}(a_1) + (i-1) \times L$。当知道线性表中第一个元素的地址和寻找的数据元素的序号时，则可得到这个数据元素的存储地址，可以加快对元素的访问速度。例如，数组的存储方式就是顺序存储结构。

对线性表数据元素的访问和修改非常方便，但是当对线性表进行数据元素的删除和插入操作时就需要对数据元素进行大量的移动操作，这会增加运算时间。对于长度可能发生变化的线性表，必须按最大可能长度分配存储空间，而且表的容量也不能随意扩充，所以可能造成存储空间的浪费。因此，在应用软件开发中，线性表的顺序存储结构一般适用于表的长度变化不大、查找频繁而删除和插入操作很少的场合，例如用于机械设计手册中大量数表的存储。

2. 链式存储结构

链式存储结构即每个数据元素可以存放在不连续的存储单元中，数据元素在存储介质上的顺序与其在逻辑上的顺序不必一致，数据元素间通过指针来保存地址，检索数据元素时路径通过指针进行链接。这种存储方式在不改变原来存储结构的条件下，增加和删除记录都十分方便，同时还为数据检索，尤其是非线性结构的数据检索提供了便利条件。但是链式存储结构中每个数据元素不仅包含了信息字段（即数据项），而且还包含了指针字段，因此在存储时需要占用较多的存储空间。

链式存储结构又称为链表结构。在链式存储结构中，一个数据元素由数据域和指针域组成，称为一个节点，如图 2-1 所示。链表结构分为单向链表、双向链表和循环链表 3 种形式。

（1）单向链表 单向链表只有一个指针域，其节点指针域中的指针存放该节点直接前驱或后继的地址，是最简单的一种链表结构，如图 2-2 所示。第一个节点的地址存放在表头指针 head 中，链表的最后一个节点的指针域设为 NULL（∧表示空）。

图 2-1 链式存储结构

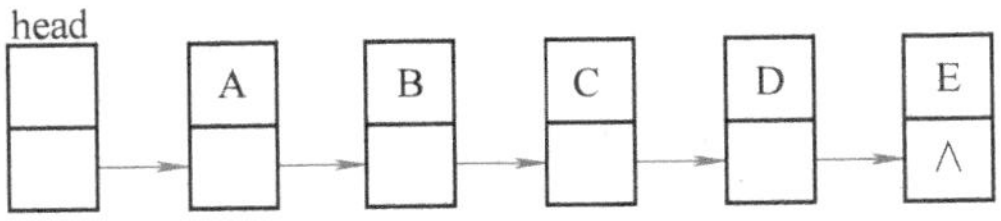

图 2-2 单向链表结构

单向链表的操作包括建表、删除、插入。

1）建表。建表即建立一个单向链表。首先定义节点数据类型，在数据域中存放数据元素，在指针域中存放指向另一节点的指针；链表可以根据需要动态分配内存的存储空间，不需要先指定链表的长度。

链表数据域中的数据可能只有一个也可能有多个，它们的类型可以一样也可以不一样。在定义数据域中的数据结构时，应本着既满足功能要求又节省内存的原则来定义每个数据项。

2）删除。若要删除单向链表中的第 i 个节点，需首先找到第 $i-1$ 和第 i 个节点，将第 $i-1$ 和第 i 个节点的指针连接断开，然后将第 $i-1$ 个节点的指针指向改为指向第 $i+1$ 个节点地址，最后释放第 i 个节点所占用的内存。

3）插入。在单向链表的第 i 与第 $i+1$ 个节点之前插入一个新节点。首先为新节点申请一个存储空间，然后查找到第 i 个节点，将第 i 个节点指向第 $i+1$ 个节点的指针连接断开，再将第 i 个节点指向第 $i+1$ 个节点的指针指向新节点的地址，又将新节点的指针指向第 $i+1$ 个节点的地址，新节点的插入运算完成。

例如，用 C 语言建立有 6 个齿轮零件部分信息的数据结构，程序示例：

```
#include <stdio.h>
#include <alloc.h>
#define   LEN  sizeof(struct gear)
#define   NULL  0
struct gear {
    int number;                         /* 序号 */
    float m;                            /* 模数 */
    struct  gear *next;
    }
int  n;

struct  gear  * creat()               /* 此函数带回一个指向链表头的指
                                          针 */
    {
struct  gear  * head;
struct  gear  *p1,*p2;
n = 0;
p1 = (struct gear * ) malloc(LEN);    /* 开辟一个长度为 LEN 的内存区 */
p2 = p1;
scanf("% d,% f ",&p1->num,&p1->m);
head = NULL;
while(p1->num! = 0)                    /* 齿轮序号不为零作为是否继续循环
                                          运行的条件 */
    {
    n = n+1;
    if(n == 1) head = p1;             /* 创建链表的头指针 */
    else  p2->next = p1;              /* 创建链表中间的节点 */
    p2 = p1;
    p1 = (struct gear * )malloc(LEN); /* 为新节点开辟新的内存空间 */
    scanf("% d,% f ",&p1->num,&p1->m); /* 键盘输入新节点的信息 */
    }
p2->next = NULL;                       /* 结束指针指向空 */
return(head);                          /* 此函数返回链表的头地址 */
```

```
}
```

其中，malloc 函数的作用是动态分配内存，所分配的内存单元的大小为 sizeof（struct gear）。

根据需要对上面所建链表的第 i 个节点进行的删除程序如下：

```
struct gear  *del(struct gear  *head,long num)
    {
    struct gear   *p1,*p2;
    if(head=NULL)                        /*判断该链表是否是空表*/
    {
        printf("\n list null! \n");
                        goto end;
    }
    p1=head;                             /*给出链表的头地址*/
    while(num!=p1->num&&p1->next!=NULL);
                                         /*p1 指向的节点不是所寻找的节点,并
                                            且不是最后的节点 */
    {
        p2=p1;
        p1=p1->next;                     /*找下一个节点*/
    }
        if(num == p1->num)               /*如果找到了要删除的第 i 个节
                                            点*/
    {
        if(p1==head)
            head=p1->next;               /*如果 p1 指向头节点,将第二个节点
                                            的地址赋予 head*/
        else
                p2->next=p1->next;       /*否则将下一个节点地址赋予前一个
                                            节点地址*/
        printf("delete:% d \n",num);
        n=n-1;
        free(P1);                        /*释放第 i 个节点所占用的内存 */
    }
    else printf("% d not been found! \n",num);
                                         /*没有找到所要的节点*/
    end:
    return(head);
    }
```

插入也是链表的一种常见运算。例如，在上面所建链表的第 i 个节点之后插入一个新节

点，程序如下：

```
struct gear * insert (head,geari)
            struct gear * head, * geari;
            {struct gear * p0, * p1, * p2;
            p1 = head;                          /* 使 p1 指向第一个节点 */
            p0 = geari;                         /* p0 指向需要插入的节点 */
            if(head = NULL)                     /* 判断是否是空表 */
            {
                head = p0;
                p0->next = NULL;
            }                                   /* 使 p0 指向的节点作为第一个
                                                   节点 */

            else
              {
                  while((p0->num>p1->num)&& (p1->next! =NULL))
                  {p2 = p1;
                  p1 = p1->next;}               /* p2 指向刚才 p1 指向的节点，
                                                   p1 后移一个节点 */
                  if (p0->num<=p1->num)
                  {if (head ==p1)
                    {
                    head = p0 ;
                    p0 ->next = p1;             /* 插到原来第 1 个节点之前 */
                    }
                  else
                    {p2 ->next = p0;            /* 插到 p2 指向的节点之后 */
                    p0 ->next = p1;}
                else
                  {p1 ->next = p0 ;
                  p0 ->next = NULL;}}           /* 插到最后的节点之后 */
                  n = n+1;                      /* 节点数加 1 */
            return (head);
            }
```

函数参数是 head 和 geari，geari 也是一个指针变量，从实参传来待插入节点的地址给 geari。语句 p0 = geari 的作用是使 p0 指向待插入的节点。

指针域 (next)	数据域 (data)	指针域 (last)

图 2-3 双向链表结构数据元素

（2）双向链表 双向链表是在单向链表的基础上，为每个节点增加一个指针域，用于存放指向节点直接前驱的地址，解决了单向链表无法实现逆向操作只能沿着指向直接后继的指针完成向后顺序的操作这个问题，可以很方便地实现双向操作。图 2-3 所示为双向链表结构数据元素，由三部分组成：next、data、last。next 存放节点直接后继的地址，data 存放数据元素的数据，last 存放节点直接前驱的地址。

双向链表利用前驱链表或后继链表都可以检索整个数据表。当其中一条链表损坏时，仍可用另外一条链表将数据表修补好，这一点在设备工作链损坏时很重要。双向链表结构如图 2-4 所示。

双向链表的建立、访问、修改、删除和插入等操作与单向链表的操作类似，相应程序的编写可以参考前面单向链表的程序示例。

（3）循环链表　将单向链表或双向链表的首尾相接就得到循环链表，如图 2-5 所示。

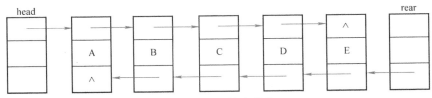

图 2-4　双向链表结构

对循环链表中的节点进行删除和插入操作时，可以从表中任何一个节点开始查找，非常方便。相应程序可参考前面单向链表的程序示例。

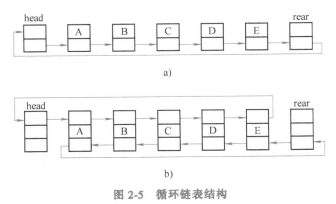

图 2-5　循环链表结构

a）单向循环链表　b）双向循环链表

链表结构与顺序结构相比，具有以下特点：删除和插入运算时不需要移动数据元素；不需要事先为整个表分配存储空间，可以动态分配和释放存储空间，避免了存储空间的浪费。链表结构适合于表长度不定、增加和删除操作频繁的场合，如应用软件中交互式绘图系统的图形实体数据表存储。

2.2.2　树状结构和二叉树

1. 树状结构

数据元素之间存在着一定的联系，当数据元素之间存在明显层次关系及由上向下的关系，并且下层数据可以由下向上汇聚到一个节点时，整个数据元素的联系像一个倒置的树，这种数据结构称为树状结构。树是由一个或多个节点（数据元素）组成的有限集合 T，其中位于最上层没有前驱的节点称为根节点；其余节点可分为 $n(n \geq 0)$ 个互不交叉的有限集 T_1、T_2、…、T_n，其中每一个集合本身又是一棵树，并且称为该树的子树。树是数据元素之间存在明显层次关系的非线性数据结构，每个节点又可以与下一层的几个节点相连，但下一层中的节点只能有一根线与它的上一层的一个节点相连；树中的各棵子树是相对独立、互不相交的集合。

图 2-6 所示为数据的树状结构。其中 A、B、…、T 为该树的 15 个节点，节点 A 是最上一层的节点，称为树根，也称为根节点；节点 F、H、J、K、L、M、N、T 是树叶，也称为终端节点。节点的直接前驱称为该节点的双亲；节点的直接后继称为该节点的孩子；同一双亲的孩子称为兄弟。节点间的连线称为边。一个节点具有子树的个数称为该节点的度。一棵树中节点度的最大值称为树的

图 2-6 数据的树状结构

度。树的层次称为树的深度或高度。图 2-6 中所示的树的度数是 4。

树状结构中数据元素之间属于非线性结构，往往只能采用多重链表作为树的存储结构。树中任一个节点都可以具有多个子节点，每一个节点除了有数据域之外，还应具有多个指针链域，分别存储该节点的各个子节点的地址。每个节点中的链域数可以不完全相同，通常取决于该节点的度数，因此，同一棵树中各节点的链域数也会出现各不相同的现象。所以，在构造一棵树并定义树上节点时，将会给存储分配和运算带来困难。为了统一存储格式，也可以将树中每个节点的链域数取为所有节点中的最大度数，这样就强制增大了存储量，造成存储空间的浪费。为避免存储空间的浪费，一般将树转化为二叉树的形式。

树状结构是一种重要的数据结构形式，在机械设计中是很常见的。如图 2-7 所示，减速器与各部件及零件之间的连接关系就是一种树状结构。

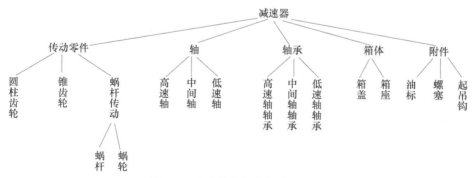

图 2-7 减速器各组成部分分解图

2. 二叉树

二叉树由多个节点的有限集合构成，此集合一般由一个根节点与两个互不相交的左右子树构成，左右子树也是二叉树。另外，此集合也有可能是空集。

二叉树的特点：二叉树可以是空的，树则必须有一个根节点；二叉树的度数不能超过 2，而一般树则无此限制；二叉树的子树有左右之分，不能颠倒，树的子树位置可以左右

交换。

二叉树的基本形态如图 2-8 所示。

一般二叉树通常采用链式存储结构，这种结构与逻辑结构一致，便于删除与插入运算，但会占用较多的内存单元。在链式存储结构中，二叉树每个节点设有三个域：左指针、数据域和右指针。左指针指向左子树的地址，右指针指向右子树的地址，无子树的指针设为空。二叉树中每个节点的构造都相同，这种树结构给分配内存和运算操作带来了方便。

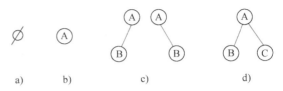

图 2-8　二叉树的基本形态

a）空二叉树　b）一个节点的二叉树　c）一个子树的二叉树　d）左右子树存在的二叉树

遍历二叉树就是按一定的规律，不重复地访问树中的每一个节点。在二叉树结构中要访问到树中的每一个节点，与线性结构相比较则有较大难度，因此，根据二叉树的结构特性，通常采用如下三种方法遍历二叉树：前序遍历、中序遍历、后序遍历。

任意一棵非空二叉树及其子树都是由三部分组成的，如根节点（以 D 表示）、左子树（以 L 表示）、右子树（以 R 表示）。遍历二叉树有六种方案：DLR、LDR、LRD、DRL、RDL、RLD。其中常用的有以下三种方式。

（1）前序遍历（DLR）　若二叉树为空，则退出；否则，依次先访问根节点，再遍历左子树，最后遍历右子树，遍历完成退出。采用的是从上到下，先左后右的原则。图 2-9 所示二叉树的前序遍历结果为：ABDECFHMGS。

（2）中序遍历（LDR）　若二叉树为空，则退出；否则，先遍历左子树，再访问根节点，最后遍历右子树，遍历完成退出。图 2-9 所示二叉树的中序遍历结果为：DBEAHFMCGS。

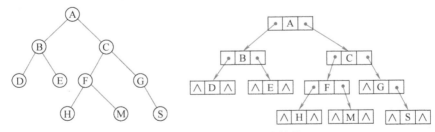

图 2-9　二叉树及链式存储结构

（3）后序遍历（LRD）　若二叉树为空，则退出；否则，先遍历左子树，再遍历右子树，最后访问根节点，遍历完成退出。图 2-9 所示二叉树的后序遍历结果为：DEBHMFSGCA。

2.2.3　网状结构

网状结构具有多对多的结构关系，是比树状结构更为复杂的一种非线性结构，它的每个节点可能有多个前驱，也可能有多个后继，节点的联系是任意的，它的每条边具有相应的含义及权值。

如图 2-10 所示为数据的网状结构，它可以表示某个零件的加

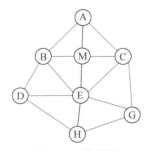

图 2-10　数据的网状结构

工工艺路线方案图：每个节点表示某部件的装配操作，连线表示具有一定装配工作内容和工作时间（或成本）的装配工序。从第一道装配工序 A 到最后一道装配工序 H 可以有几种不同的装配过程方案。

2.3 数据库系统及应用

2.3.1 数据库系统的基本概念及分类

计算机辅助设计及制造工程中有大量的数据在整个设计制造的过程中出现，这些数据的特点是数据量大、形式多样、结构烦琐、关系复杂、规律性差、动态性强，既包括各种数据表格，又包括图形数据等，如何对这些数据进行有效管理，将会直接影响到计算机辅助设计制造系统的应用水平和利用效率。随着计算机软硬件的快速发展，计算机辅助设计制造系统的数据关系也逐步从文件模式发展为数据库模式，目前使用的是工程数据库模式。

1. 数据库系统的概念

数据库系统包括数据库及其管理系统。数据库是具有某种规律或联系的文件或数据的集合；数据库管理系统就是对数据库及系统资源进行统一管理、控制的软件，具有对数据库进行定义、建立、管理、维护、通信以及设备控制等功能，是数据库系统的核心。

数据库系统的使用解决了过去在数据管理中采用文件系统管理方式存在的一些问题，例如，不能实现以记录和数据项为单位的数据共享；数据间缺乏独立性，导致使用上的局限；数据不能统一管理，造成数据的完整性和安全性难以保证。

2. 数据库的分类

数据库一般按照数据库内部数据的不同组织方式来分类，现行数据库系统一般分为三种：层次数据库、网状数据库、关系数据库。

（1）层次数据库 层次数据库中最基本的数据关系是层次关系，采用的树状结构表示数据之间的联系关系，能够描述一对多的关系。层次模型中每个节点只有一个父节点，任何一个叶子节点到根节点的映像是唯一的，所以对每一个记录型（除根节点外）只需要指出它的双亲，就可以表示出层次模型的整体结构。层次数据库也是按记录来存取数据的。层次数据库管理系统是紧随网络型数据库而出现的，最著名的层次数据库系统是 IBM 公司的 IMS（Information Management System），这是最早的大型数据库系统程序产品。

（2）网状数据库 网状数据库用网状数据结构描述数据库的总体逻辑结构，描述的是多对多的关系。网状数据库的数据项可以是多值的和复合的数据。每个记录有唯一的标识，它的内部标识符称为码（Database Key，DBK），它在记录存入数据库时，由 DBMS（数据库管理系统）自动赋予。DBK 可以看作是记录的逻辑地址，可作为记录的"替身"，或用于寻找记录。网状数据库是导航式（Navigation）数据库，用户在操作数据库时，需要对查找对象和规定的存取路径进行详细说明。网状数据库模型对于层次和非层次结构的事物都能比较自然地模拟，在关系数据库出现之前，网状 DBMS 要比层次 DBMS 使用更加普遍。在数据库发展史上，网状数据库占有重要地位。

（3）关系数据库 关系数据库用二维表结构表示数据之间的联系。关系数据库具有数据结构简单、符合工程习惯、数据独立性高及数学基础严谨等优点，也是当前数据库应用的主流。

3. 数据库的应用

计算机辅助设计系统通常应包括计算分析系统、图形处理系统和数据库管理系统三大部分，这三部分常常是相互独立存在的。在计算机辅助设计系统开发中，对三部分会采用不同的软件或直接选用现有的商用软件，因此，在应用软件系统开发中将涉及如何将数据库技术与计算、绘图程序很好地结合起来，以提高开发效率和质量的关键问题。高级语言与数据库之间的接口一般有以下三种方法。

1）以文本文件作为中介来实现高级语言与数据库之间的接口，即高级语言和数据库都可以采用存取特定格式的文本文件，通过该文件来实现数据的交互。

2）利用高级语言编写与数据库接口的程序。该方法的前提条件是数据库的数据结构是公开的。用高级语言直接对数据库文件进行读写，编程工作较为复杂。

3）利用高级语言内嵌的数据库接口技术实现数据库管理。以前的高级语言开发系统不具备直接开发数据库、读写数据库的功能，所以常用上面两种接口技术完成数据交互。而目前流行的许多高级语言开发系统都具有内嵌的数据库接口，可以直接访问和操作数据库。例如，VC++提供了对 Microsoft Jet 数据库（.MDB）操作的 MFC DAO（数据访问对象）类，也提供了不依赖具体数据库管理系统的开放式数据库链接（ODBC）统一接口以访问各种数据库。

Windows 及其系列软件所具有的强大功能，为应用程序的开发提供了极其便利的条件，使得高级语言与数据库之间的接口更为方便、灵活。

2.3.2 常用数据库简介

1. SQL Server

SQL Server 是一个关系数据库管理系统。它最初是由 Microsoft、Sybase 和 Ashton-Tate 三家公司共同开发的，于 1988 年推出了第一个 OS/2 版本。在 Windows NT 推出后，Microsoft 与 Sybase 在 SQL Server 的开发上就分道扬镳了，Microsoft 将 SQL Server 移植到 Windows NT 系统上，专注于开发推广 SQL Server 的 Windows NT 版本。

SQL Server 数据库管理系统，具有使用方便、可伸缩性好、与相关软件集成程度高等优点，可供从运行 Microsoft Windows 98 的便携式计算机到运行 Microsoft Windows 2007 的大型多处理器的服务器等多种平台使用。SQL Server 是一个全面的数据库平台，集成的商业智能（BI）工具提供了企业级的数据管理。SQL Server 数据库引擎为关系型数据和结构化数据提供了更安全可靠的存储功能，使用户可以构建和管理用于业务的高可用和高性能的数据应用程序。此外，SQL Server 结合了分析、报表、集成和通知功能。该数据库管理系统还进行了不断的改进，增加了用户所需要的一些功能，如系统安全性方面增加了简单的数据加密，可以对整个数据库、数据文件和日志文件进行加密，而不需要改动应用程序。进行加密可以满足用户遵守规范和极其关注数据隐私的要求。外键管理为加密和密钥管理提供了一个全面的解决方案。为了满足不断发展的对数据中心的信息的更高安全性的需求，公司投资给供应商，由供应商来管理公司内的安全密钥。SQL Server 通过支持第三方密钥管理和硬件安全模块（HSM）产品为这个需求提供了很好的支持。由于增强了审查功能，SQL Server 2008 使用户可以审查自己对数据的操作，从而提高了遵从性和安全性。审查不只包括对数据修改的所有信息，还包括关于什么时候对数据进行读取的信息，改进了数据库镜像功能，提供了更加可靠的数据库镜像的平台。

2. Oracle

Oracle 是一个大型数据库管理系统，一般应用于商业和政府部门，它功能强大，能够处理大批量的数据，在网络方面也应用广泛。

Oracle 数据库管理系统是一个以关系型和面向对象为中心管理数据的数据库管理软件系统，在管理信息系统、企业数据处理、因特网及电子商务等领域有着非常广泛的应用。Oracle 数据库管理系统提供开放、全面和集成的信息管理方法。每个 Server 由一个 Oracle DB 和一个 Oracle Server 实例组成。它具有场地自治性（Site Autonomy），提供数据存储透明机制，以此可实现数据存储透明性。每个 Oracle 数据库对应唯一的一个实例名 SID。Oracle 数据库服务器启动后，一般至少有以下几个用户：Internal，它不是一个真实的用户名，而是具有 SYSDBA 优先级的 Sys 用户的别名，它由 DBA 用户使用来完成数据库的管理任务，包括启动和关闭数据库；Sys，它是一个 DBA 用户名，具有最大的数据库操作权限；System，它也是一个 DBA 用户名，权限仅次于 Sys 用户。Oracle 数据库的体系结构包括物理存储结构和逻辑存储结构。由于它们是相互分离的，所以在管理数据的物理存储结构时并不会影响对逻辑存储结构的存取。

Oracle 数据库是基于"客户机/服务器"（Client/Server，C/S）模式结构的。客户端应用程序执行与用户进行交互的活动，其接收用户信息，并向服务器端发送请求。服务器系统负责管理数据信息和各种操作数据的活动。

Oracle 数据库有几个显著的特性：支持多用户、大事务量的事务处理；数据安全性和完整性的有效控制；支持分布式数据处理；可移植性强。

因 Oracle 数据库在数据安全性与完整性控制方面的优越性能，以及跨操作系统、跨硬件平台的数据互操作能力，越来越多的用户将 Oracle 作为其应用数据的处理系统。

习　题

2-1　简述数据、数据结构的基本概念。

2-2　常用的数据逻辑结构有几类？它们之间有何差异？

2-3　线性表的物理结构有哪几种类型？它们在计算机中的存储方式有什么不同？

2-4　简述线性表的顺序存储。

2-5　单向链表和双向链表各自的特点是什么？试用链表结构图表示。

2-6　已知一减速箱主要包括了两根轴，轴 1 上的主要零件有齿轮 1、轴承 11、轴承 12、键 1；轴 2 上的主要零件有齿轮 2、轴承 21、轴承 22、键 2。试将上述零部件用树状结构表示。

第3章

计算机图形显示及建模技术

计算机辅助机械设计制造技术利用计算机运算快速、高效的特点，实现了从产品设计、计算、仿真、图样绘制、工艺设计到加工制造的全过程设计。在设计过程中，图形功能是一个不可缺少的部分，不仅所设计机构的结构形状需要用图样描述表现，计算机辅助设计中的应用软件的交互式界面，机械和机构的几何动态仿真模拟也都需要通过图形显示。同时，图形显示在计算机辅助机械设计中可以将设计思想形象直观地通过计算机展现，并且可以对设计中的问题在设计完成前及时进行修改。因此，计算机图形显示在计算机辅助机械设计中占有重要的地位。计算机图形显示的理论基础就是计算机图形学的内容。

3.1 计算机图形显示及输出设备

计算机图形显示与相应的显示设备有着密切的关系，显示器分辨率的高低与图形的生成质量和真实感有直接的关系，常见的显示设备有阴极射线管显示器、液晶显示器、等离子显示器等。输出设备通常包括可以输出二维平面图形和工程图样的打印机和绘图仪。头盔显示器是虚拟设计中常用的输出设备，可以根据计算机的输出图形数据在观察者的眼前建立一个动态的立体图像，同时通过立体声耳机建立接近实际的声音效果。

以下对显示和输出的部分设备进行简单介绍。

1. 阴极射线管显示器

阴极射线管显示器主要由五部分组成：电子枪、聚焦系统、加速部分、偏转系统和荧光屏。阴极射线管显示器的基本工作原理为：在电子枪中通过灯丝对阴极加热使其发出电子流，电子流在通过聚焦系统时，聚焦系统对电子流进行控制，使电子流汇聚为足够细的电子束，进而使电子束在轰击荧光屏时产生的亮点足够细小，保证显示系统有高的分辨率。加速部分能使聚焦后的电子束高速运动。偏转系统控制电子束的运动方向，保证在荧光屏上规定的位置产生亮点。电子束轰击荧光屏产生的亮点称为像素，一个阴极射线管显示器在水平和垂直方向上的单位长度上能识别的最大光点数称为分辨率。

2. 光栅扫描显示器

光栅扫描显示器一般有帧缓冲存储器、视频控制器、显示处理器和阴极射线管。光栅扫描显示器工作时，电子束按照固定的扫描线和扫描顺序从左到右、从上到下进行扫描。扫描线即为从左到右完成的一条水平线。完成整个屏幕扫描产生的图像就称为一帧。光栅扫描显示器的图形显示是，当电子束扫描到图形显示的点时，其强度发生变化，该点处的像素点亮度与背景的亮度出现差异，从而能够显示绘制的图形。光栅扫描显示器的分辨率与扫描线数和每条扫描线上的像素个数对应。

3. 打印机

打印机是常用的输出设备，打印机可以将通过计算机处理后的数据、图形等结果输出到纸面进行信息永久保留。目前常用的打印机有喷墨打印机、激光打印机等，可以输出报表、数据、文件、二维和三维图形以及工程图样。

4. 绘图仪

机械 CAD 系统中有大量的工程图样需要输出，所以绘图仪的使用是很频繁的。绘图仪的工作原理是计算机通过程序指令控制笔和纸的相对运动，对图形的颜色、线型以及绘图过程中的抬笔、落笔动作加以控制，将屏幕显示的图形或存储器中的图形输出。

绘图仪可以分为静电绘图仪、喷墨绘图仪、热敏绘图仪。

3.2 图形元素生成的基本原理

计算机图形学的实质就是通过计算机将数据转换为图形，并在计算机显示器上进行实时显示。计算机图形学已广泛运用在生产和生活的各个领域。以下对计算机图形学的基础知识进行简单介绍。

3.2.1 图形元素生成的基本算法

图形元素通常指的是点、直线、圆或圆弧等。在计算机上，图形显示是通过点亮一个个像素点完成图形的生成，在绘制图形时应尽量使最接近理想图线的像素点显现，避免产生的图形出现较大的失真现象。在使用打印机或者绘图仪输出图形时，也是同样的道理。

下面介绍基本的直线和圆弧生成算法。

1. 直线生成的数值微分算法

直线生成的数值微分算法也称为直线生成的 DDA 算法，如图 3-1 所示。

设直线段的两个端点坐标分别为 $A(x_0, y_0)$、$B(x_1, y_1)$，则

直线的斜率 $\qquad k = (y_1 - y_0)/(x_1 - x_0)$

直线方程 $\qquad\qquad y = kx + b$

在 i 点时 $\qquad\qquad x = x_i$，$\quad y_i = kx_i + b$

在 $i+1$ 点时 $\qquad x_{i+1} = x_i + 1$，$\quad y_{i+1} = kx_{i+1} + b$

$$y_{i+1} = k(x_i + 1) + b = kx_i + b + k = y_i + k$$

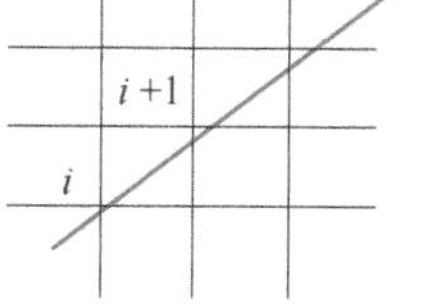

**图 3-1 直线生成
的 DDA 算法**

上述算法说明，可以直接通过前一点的 y 坐标值递推得到下一点的 y 坐标值。但是，上述算法适用于 k 的绝对值小于 1，x 增加 1，则 y 最大增加值为 1，因此在递推过程中每增加一步，只能确定一个像素点；当 k 的绝对值大于 1 时，则需要将 x、y 相互交换，通过 y 值的变化，确定 x 的值。该算法中的 y 在计算中可能为浮点值，需对其进行取整和四舍五入处理。

2. 直线生成的中点算法

直线生成的中点算法改进了直线生成的数值微分算法中的不足之处。直线生成的中点算法的基本思路是：在直线段上，当 x 增加 1，确定下一点时是通过判断理想直线更接近哪一个像素点，将最接近的像素点的 y 坐标值作为下一点的坐标 y，判断方法是 x 增加 1 时理想直线所在的两像素点 y 之间的中点 M，如图 3-2 所示。详细推导过程如下：

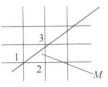

图 3-2　直线生成
的中点算法

设直线段的斜率 k 的绝对值小于 1，x 增加 1 时，y 的增加量不超过 1。当直线接近 1 个像素点时，取像素点 1，$x+1$ 后，可以取像素点 2 或像素点 3，最接近直线的点判断为下一像素点，判断方法是将像素点 2、3 之间的 M 点坐标值代入直线方程，计算方程值，若大于 0，直线更接近像素点 2，取像素点 2；若小于 0，直线更接近像素点 3，取像素点 3；若等于 0，可以任取像素点 2 或 3。

设直线段起止点为 $A(x_a, y_a)$、$B(x_b, y_b)$，则

斜率为 k

直线方程 $F(x, y) = ax + by + c = 0$

中点 M $(x_2, y_2 + 1/2)$

$$a = y_b - y_a, \qquad b = x_b - x_a, \qquad c = x_b y_a - x_a y_b$$

将 M 点的坐标代入 $F(x, y)$ 中，出现下列情况：

$F(x, y) = 0$，M 点在直线上，与像素点 2、3 等距；

$F(x, y) < 0$，M 点在直线下，与像素点 3 更接近；

$F(x, y) > 0$，M 点在直线上，与像素点 2 更接近。

令 $d = F(x, y)$，已知像素点 1，通过 d 值的计算，作为判断取下一像素点的条件。

$$d_1 = F(x_1 + 1, y_1 + 1/2) = a(x_1 + 1) + b(y_1 + 1/2) + c$$

当 $d_1 \geqslant 0$ 时，取像素点 2，坐标为 $(x_1 + 1, y_1)$；

当 $d_1 < 0$ 时，取像素点 3，坐标为 $(x_1 + 1, y_1 + 1)$；

当 $x = x_1 + 2$ 时，判断条件为 d_2：

$$d_2 = \begin{cases} F(x_1 + 2, y_1 + 0.5), & d_1 \geqslant 0 \\ F(x_1 + 2, y_1 + 1.5), & d_1 < 0 \end{cases}$$

推导得

$$d_2 = \begin{cases} d_1 + a, & d_1 \geqslant 0 \\ d_1 + a + b, & d_1 < 0 \end{cases}$$

d_0 的初始值，直线起点取的第一个像素点坐标设为 $A(x_a, y_a)$，其判别式为

$$d_0 = F(x_a + 1, y_a + 1/2) = a(x_a + 1) + b(y_a + 1/2) + c = F(x_a, y_a) + a + 0.5b$$

若 $A(x_a, y_a)$ 在直线上，则 $d_0 = a + 0.5b$。

综上所述，直线生成的中点算法可以归纳为

$$d_0 = F(x_a, y_a) + a + 0.5b$$

$$d_2 = \begin{cases} d_1 + a, & d_1 \geqslant 0, \text{取点}(x_1 + 1, y_1) \\ d_1 + a + b, & d_1 < 0, \text{取点}(x_1 + 1, y_1 + 1) \end{cases}$$

3. 圆弧生成的正负法

已知圆弧的方程，利用正负法可以方便地生成圆弧，如图 3-3 所示。圆弧生成的正负法

基本思路如下。

设已知圆弧的圆心，半径为 R，圆弧的方程为 $F(x, y) = x^2 + y^2 = 0$，A 点坐标为 $A(x_a, y_a)$，圆弧方程可写为 $F(x, y) = (x - x_a)^2 + (y - y_a)^2 - R^2$，如图 3-3 所示。圆弧将所处平面划分为两大部分，将圆弧内的点代入 $F(x, y)$，$F(x, y) < 0$；圆弧外的点代入 $F(x, y)$，$F(x, y) > 0$；圆弧上的点代入 $F(x, y)$，$F(x, y) = 0$。取点的方向沿着 x 增加的方向前进，假设已取像素点 $P_i(x_i, y_i)$，下一点为 $P_{i+1}(x_{i+1}, y_{i+1})$：

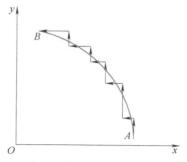

图 3-3 圆弧生成的正负法

当 $F(x_i, y_i) \leq 0$ 时，$x_{i+1} = x_i$，$y_{i+1} = y_i + 1$；

当 $F(x_i, y_i) > 0$ 时，$x_{i+1} = x_{i-1}$，$y_{i+1} = y_i$。

即当所取的点在圆弧内或圆弧上时，P_{i+1} 向上移一步，x 增加 1，y 坐标不变；当点在圆弧外时，P_{i+1} 向左移一步，x 不变，y 增加 1。通过把 $F(x, y)$ 作为判断条件，确定下一点方向是向圆弧内或向圆弧外，因此该方法称为圆弧生成的正负法。

上述方法每取一点都必须将坐标值代入方程 $F(x, y)$ 运算，计算量较大，因此需要推导出递推公式。

已知 $P_i(x_i, y_i)$，$P_{i+1}(x_{i+1}, y_{i+1})$，再判断下一点的判别式为

$$F(x_i, y_i) = \begin{cases} (x_i - x_a)^2 + (y_{i+1} - y_a)^2 - R^2, & F(x_i, y_i) \leq 0 \\ (x_{i+1} - x_a)^2 + (y_i - y_a)^2 - R^2, & F(x_i, y_i) > 0 \end{cases}$$

整理后可得递推公式为

$$F(x_{i+1}, y_{i+1}) = \begin{cases} F(x_i, y_i) + 2(x_i - x_a) + 1, & F(x_i, y_i) \leq 0 \\ F(x_i, y_i) + 2(y_i - y_a) + 1, & F(x_i, y_i) > 0 \end{cases}$$

3.2.2 图形的几何变换

在实现计算机模拟现实世界的过程中，重点不仅仅是要做到结构形状的逼真，由于自然界中的许多物体常常处于运动状态，因此，对事物的动态模拟也是计算机图形学研究的重点。特别是在计算机辅助设计过程中，不仅要保证设计的机械在结构形状等方面满足要求，同时还要满足机构的运动要求。如果在设计过程中就能够检验设计的效果，则可以避免潜在的和可能出现的问题，以便及早进行改进。设计中的形状、结构几何仿真以及机构运动的仿真都可以在计算机辅助设计中完成。对于机构的运动仿真的实现，其实质就是对机构形状参数进行的几何变换。

图形的几何变换，就是对已有的图形的几何信息，按照要求对其进行的图形变换，也可以将简单的图形经过变换后生成复杂的图形。图形变换是利用矩阵运算完成的。图形的基本几何变换包括平移、旋转、比例缩放、对称、错切等五种。在图形的变换过程中，复杂的变化往往分解为上述基础的变换，或者可以认为，基础的几何变换通过不同的组合可以实现复杂的图形变化过程。

1. 二维图形的基本变换

（1）平移变换 图形移动到一个新的位置，即图形上的所有点都沿着该方向同时进行移动，其矩阵变换为

$$(x' \quad y' \quad 1) = (x \quad y \quad 1) \begin{pmatrix} 1 & 0 & 0 \\ 0 & 1 & 0 \\ c & f & 1 \end{pmatrix}$$

则
$$\begin{cases} x' = x + c \\ y' = y + f \end{cases}$$

式中，c 和 f 分别为沿着 x 和 y 方向的移动距离。

当 $f = 0$ 时，图形沿水平方向移动。

当 $c = 0$ 时，图形沿竖直方向移动。

当 $c \neq 0$，$f \neq 0$ 时，图形沿某一条直线移动。

（2）旋转变换　图形绕着某一固定点旋转一角度 θ，在新的位置的图形就是旋转变换后得到的新图形。在旋转变换中，规定逆时针方向为正，顺时针方向为负，其矩阵变换为

$$(x' \quad y' \quad 1) = (x \quad y \quad 1) \begin{pmatrix} \cos\theta & \sin\theta & 0 \\ -\sin\theta & \cos\theta & 0 \\ 0 & 0 & 1 \end{pmatrix}$$

则
$$\begin{cases} x' = x\cos\theta - y\sin\theta \\ y' = x\sin\theta + y\cos\theta \end{cases}$$

注意：上述变换矩阵和数学式适用于图形绕坐标原点旋转变换，如果固定点不是原点，则需要进行相应的其他变换后，才能使用该变换矩阵。

（3）比例变换　图形沿着 x、y 或其他方向进行放大或缩小的图形改变，称为比例变换。其矩阵变换为

$$(x' \quad y' \quad 1) = (x \quad y \quad 1) \begin{pmatrix} k_x & 0 & 0 \\ 0 & k_y & 0 \\ 0 & 0 & 1 \end{pmatrix}$$

则
$$\begin{cases} x' = xk_x \\ y' = yk_y \end{cases}$$

当 $k_x = k_y = 1$ 时，图形在 x、y 方向不变。

当 $k_x = k_y > 1$ 或 $k_x = k_y < 1$ 时，图形在 x、y 方向等比例地进行放大或缩小。

当 $k_x \neq k_y$ 时，图形在 x、y 方向不等比例地进行放大或缩小。

（4）对称变换　对称变换也称为镜像变换，即图形以 x 轴、y 轴及坐标原点等作为对称轴或点，得到新的对称图形。其矩阵变换为

$$(x' \quad y' \quad 1) = (x \quad y \quad 1) \begin{pmatrix} a & d & 0 \\ b & e & 0 \\ 0 & 0 & 1 \end{pmatrix}$$

则
$$\begin{cases} x' = ax + by \\ y' = dx + ey \end{cases}$$

当图形对 x 轴对称变换时，$a = 1$，$e = -1$，$b = d = 0$，则
$$\begin{cases} x' = x \\ y' = -y \end{cases}$$

当图形对 y 轴对称变换时，$a=-1$，$e=1$，$b=d=0$，则

$$\begin{cases} x'=-x \\ y'=y \end{cases}$$

当图形对坐标原点对称变换时，$a=-1$，$e=-1$，$b=d=0$，则

$$\begin{cases} x'=-x \\ y'=-y \end{cases}$$

当图形对斜率为 1 的直线对称变换时，$a=e=0$，$b=d=1$，则

$$\begin{cases} x'=y \\ y'=x \end{cases}$$

当图形对斜率为-1 的直线对称变换时，$a=e=0$，$b=d=-1$，则

$$\begin{cases} x'=-y \\ y'=-x \end{cases}$$

（5）错切变换　当图形保持一个方向不改变，而沿另一个方向进行变换时，该变换形式称为错切变换。二维错切变换分别为沿 x 方向的错切变换和沿 y 方向的错切变换。其矩阵变换为

$$(x' \quad y' \quad 1)=(x \quad y \quad 1)\begin{pmatrix} 1 & d & 0 \\ b & 1 & 0 \\ 0 & 0 & 1 \end{pmatrix}$$

则

$$\begin{cases} x'=x+by \\ y'=dx+y \end{cases}$$

当图形沿 y 方向进行错切变换时，$b=0$，$d\neq0$，则

$$\begin{cases} x'=x \\ y'=dx+y \end{cases}$$

当图形沿 x 方向进行错切变换时，$b\neq0$，$d=0$，则

$$\begin{cases} x'=x+by \\ y'=y \end{cases}$$

注意：不等于 0 的系数，可以大于 0 或小于 0，表示可以沿坐标轴的正方向或负方向进行错切变换。

2. 组合变换

图形在变换过程中有时并不仅仅做一个简单的基本变换，往往会出现比较复杂的多个变换的组合。由多个基本变换组合在一起的变换就称为组合变换，也称为复合变换，相应的变换矩阵称为组合变换矩阵。

下面以绕任意点旋转的组合变换为例，介绍组合变换矩阵的推导过程。

图形绕任意点 $M(x_m,y_m)$ 旋转 θ 角度，其变换步骤如下。

1）将任意点 M 变换为坐标原点，变换矩阵为

$$\boldsymbol{T}_1=\begin{pmatrix} 1 & 0 & 0 \\ 0 & 1 & 0 \\ x_m & y_m & 1 \end{pmatrix}$$

2）图形绕新坐标原点旋转 θ 角度，变换矩阵为

$$T_2 = \begin{pmatrix} \cos\theta & \sin\theta & 0 \\ -\sin\theta & \cos\theta & 0 \\ 0 & 0 & 1 \end{pmatrix}$$

3）新坐标原点再反向平移回原坐标原点，变换矩阵为

$$T_3 = \begin{pmatrix} 1 & 0 & 0 \\ 0 & 1 & 0 \\ -x_m & -y_m & 1 \end{pmatrix}$$

4）图形绕任意点 M 旋转变换的变换矩阵为

$$T = T_1 T_2 T_3$$

经整理后，变换矩阵为

$$T = \begin{pmatrix} \cos\theta & \sin\theta & 0 \\ -\sin\theta & \cos\theta & 0 \\ x_m(\cos\theta-1)-y_m\sin\theta & x_m\sin\theta+y_m(\cos\theta-1) & 1 \end{pmatrix}$$

3.2.3　图形真实感处理简介

图形的真实感处理是使计算机上显示的景物视图能够反映其自然的视觉效果，包括景物的形状、色彩、明暗色调及表面的纹理等。图形的真实感处理包括对所绘制的模型进行消隐处理、色彩处理、光照与材质处理、反走样处理，以及纹理映射、雾化、融合等处理。以下对图形真实感处理技术进行简单介绍。

图形真实感处理技术主要包括三维实体造型、消隐处理、光照模式、透明处理、阴影处理、纹理映射等。

1. 三维实体造型

三维实体在计算机中常用的模型有：线框模型、表面模型和实体模型等。无论采用何种方法进行三维实体建模，其实质都为利用计算机技术在二维的平面上模拟显示物体在自然状态下的三个方向的尺寸和形状结构。计算机三维实体建模的实现，涉及物体的投影等一系列变换。其中重要的变换包括轴测投影和透视投影。轴测投影是平行投影的一种类型，投影线之间相互平行。轴测投影在同一投影面上能够同时反映物体三个方向的尺寸。常用的轴测投影是正等测投影和斜二测投影。透视投影是模拟自然界中人眼观察事物的现象。透视投影立体感强，更接近人眼观察到的自然界中事物的形状结构。透视投影中投影线间不相互平行，存在一个夹角，投影线在一定距离处汇聚为一点，这个汇聚点称为灭点。根据灭点数的不同，将透视投影分别称为一点透视、二点透视和三点透视。

2. 消隐处理

计算机上显示零件或部件时，有时会出现零件或部件自身的一些结构和零件之间相互遮挡、重叠的现象。计算机要真实地显示零件和部件之间的相互位置关系，被遮挡的部分就不能在图形中出现，因此，必须进行消隐处理。观察点确定后，找出并消除图形中不可见的部分，称为消隐。消隐处理的实质就是在模拟真实世界中的物体时，零部件看不见的部分应不显示。故对显示的物体应进行消除隐藏线和隐藏面的技术处理，从而反映物体之间的遮挡位置关系。常用的消隐算法有画家算法、深度排序算法、深度缓冲器算法（Z缓冲器算法）、区域细分算法（Warnock 算法）和 BSP 树算法等。

3. 光照模式

当物体或零件位于不同的光线照射下时，不同材质物体的表面会出现颜色、亮度的差异，金属物体表面还会出现高亮点的现象。用计算机模拟自然界中的物体，不可避免地涉及光线对物体表面的影响。光照模式描述了物体表面的颜色、亮度与物体所在的空间位置、方向、物体属性及光源之间的相互关系，根据上述因素依据光照模式计算出对应的计算机屏幕中的表示物体各像素点的颜色，最终将物体显示。光照模式可以较真实地还原在光照下的物体表面的情况。

光照模式包括局部光照模式（简单光照模式）和整体光照模式。局部光照模式主要考虑的是直射光线对物体表面产生的影响。为了使模拟显示的物体表面更加真实，整体光照模式同时还考虑到物体之间通过光线的相互作用对物体表面的影响。整体光照模式将物体在光线照射下的各种现象进行详细分析，建立各种光照射下的数学模型，利用相关算法在计算机上逼真地再现自然界中物体的真实状态。

光照模式涉及一些基本概念，如环境光、漫反射、镜面反射和折射等。环境光是指物体在没有受到光线直接照射时，其表面仍然具有一定的亮度，这是由于所在环境中存在周围物体表面再反射的光。漫反射与物体的材质有关。物体的材质粗糙无光泽，其表面反射的光线向各方向散射，当从不同的角度观察物体时，表面亮度几乎完全相同。镜面反射的物体一般表面都非常光滑。当光线照射到物体光滑表面上时，从某一方向观察，会出现某一特别亮的局部区域，形成高光和强光，这个现象称为镜面反射。折射是针对一些透明物体的光照现象：在光线照射下，入射光经过透明物体内部后，光线的传播方向发生了改变。

为了增加图形的真实感，必须考虑环境的漫反射、镜面反射和折射对物体表面产生的光照效果，光线跟踪就是解决这些问题的一种方法。光线跟踪方法基于几何光学的原理，通过模拟光的传播路径来确定反射、透射和阴影等。由于每个像素都单独计算，故能更好地表现曲面细节。

4. 透明处理

有些物体是透明的，如水、玻璃等。一个透明物体的表面会同时产生反射光和折射光。当光线从一种传播介质进入另一种传播介质时，光线会由于折射而产生弯曲。光线弯曲的程度由折射定律决定。光的透射分为规则透射和漫透射。透明处理可以用于显示复杂物体或空间的内部结构。透明度的初始值均取为1，绘制出物体的外形消隐图。通过有选择地将某些表面的透明度改为0，即将它们当作看不见的面处理，这样再次绘制画面时，就会显示出物体的内部结构。

5. 阴影处理

当观察方向与光源方向重合时，观察者是看不到阴影的。只有当两者方向不一致时，才会看到阴影。阴影使人感到画面上景物的远近深浅，从而极大地增强画面的真实感。由于阴影是光线照射不到而观察者却可以见到的区域，所以在画面中生成阴影的过程基本上相当于两次消隐：一次是对光源消隐，另一次是对视点消隐。

6. 纹理映射

在现实生活中，物体表面不是千篇一律的，而是千差万别，有时为了物体表面的美观，还会在物体的表面用漂亮的图样进行装饰。要真实地反映物体表面的特点，在计算机模拟仿真显示中应进行纹理映射处理。纹理映射技术可以完成物体表面的颜色纹理处理，如表面的图画、桌子表面的木纹等，还能完成表面的几何纹理处理，如凹凸不平的表面等。

3.3 几何建模方法

几何建模即将物体的几何信息以及相关的属性输入计算机，计算机以数据的形式将物体的信息存储起来。建模技术是 CAD 系统的核心技术，它是分析计算和计算机辅助制造的基础。在几何建模中所有物体或机构的数据能够准确地描述物体或机构的性质，并且为计算机辅助机械设计制造的后续各阶段提供了机构的几何信息和工艺信息。例如，通过几何建模可以得到零部件的三维模型和二维工程图样以及工艺信息数据，这些模型、图样中的几何数据及工艺数据又是后续计算机辅助工艺设计、计算机辅助制造所需的参数。计算机几何建模是准确描述零部件信息的关键步骤。

几何建模主要是处理零件的几何信息和拓扑信息。几何信息是指物体在欧氏空间中的形状、位置和大小；拓扑信息则是指物体组成的数目及其相互间的连接关系。常用的三维几何建模有三种方式：线框建模（Wireframe Model）、表面建模（Surface Model）和实体建模（Solid Model）。三维软件（如 UG、Pro/E 和 SolidWorks 等）将三者有机结合起来，形成一个整体，并享有公共的数据库。

3.3.1 线框建模

线框建模采用点、直线、圆弧及自由曲线来构造三维模型，是一种运用较早并且较简单的计算机建模技术。线框建模由于利用的是点、线等几何元素构造立体的框架结构，因此只能描述产品的外部轮廓，缺少产品的面、体信息数据，不能满足产品后续设计制造的数据要求。例如，线框建模没有体的数据，无法对产品进行有限元的网格划分和计算等。线框建模所建三维模型如图 3-4 所示。

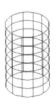

图 3-4 线框建模所建三维模型

线框建模的特点：

1) 线框建模运用点、线等基本几何元素构造立体结构，因此，该方法需要的信息少，数据结构简单，所占的内存少。一般数据的存储形式采用表结构，将物体的数据用顶点表和边表保存，操作简单。

2) 容易生成工程图样，视图之间能够保持正确的投影关系，还可以生成轴测图和透视图及其他投影方向的视图。

3) 线框建模缺乏面的信息，特别是在构造曲面立体结构时，表达不够准确，当产品的结构较复杂时，构造模型就容易出现偏差，所构造的物体存在不确定性，会产生多种结构，造成与预期的设计不一致。

4）线框建模由于缺乏体的信息，因此，无法进行物性分析，不能自动进行有限元网格的划分，无法生成数控加工的刀位文件以及加工刀具的轨迹，也无法在零部件之间进行干涉和碰撞检测等。

虽然线框建模技术存在物体信息的不完整性，但是其数据结构简单、存储方便、响应速度快，使得该技术在一些机构的简单仿真或仅需要显示中间结果的场合存在一定的优势。随着设计要求的提高，线框建模技术也在不断进行改进，在线框建模中引进了图元的概念。图元由线段、圆、弧、文字和一些曲线等图形元素和属性元素组成。有些软件还加入了辅助线、辅助圆和切圆等功能（如 Drawbase），更加方便并且接近用户的需求，并可对这些图元进行修剪、延伸、分段、连接等处理，生成更复杂的曲线。线框建模也可以进行三维曲面的一些处理，利用曲面与曲面的求交、曲面的等参数线、曲面边界线、曲线在曲面上的投影和曲面在某一方向的分模线等方法生成复杂曲线。实际上，线框功能也是进一步构造曲面和实体模型的基础工具。在复杂的产品设计中，往往是先用线条勾画出基本轮廓，即"控制线"，然后逐步细化，在此基础上构造出曲面和实体模型。

线框建模主要适用于二维软件几何模型，在三维软件中也有应用，如 Autodesk 3D Studio、SOFTIMAGE 等所基于的模型就是线框结构几何模型。与二维软件相比，做了相应的改进。三维线框结构的几何模型在消隐、着色、特征处理等方面存在困难，随之出现了曲面几何模型。

3.3.2 表面建模

表面建模是对物体表面进行描述的建模方法。表面建模采用物体的表面（平面或曲面）来定义三维物体，在构造三维物体时通过描述显示物体的每一个表面来完成三维物体构形。表面建模弥补了线框建模中缺乏的物体面信息。表面建模中增加了面的数据信息，在计算机存储中一般存为面表，面表主要用于记录边与面之间的拓扑关系。

表面建模的特点：

1）表面建模增加了面的信息，为构造复杂的曲面物体提供了方便。利用面的信息对消隐、着色、表面纹理、表面积计算以及数控刀具路径生成和表面求交等操作提供了方便。表面建模构造的三维实体更加逼真和直观，便于用户对构造的实体进行观察和评判，减小了物体表面形状的设计误差。

2）表面建模依然存在缺乏体的信息的问题，它所构造的是物体的外表面，不能反映物体的属性及内部结构，表面建模构造的模型不能进行实体的剖切和物性的分析计算。

表面建模主要用于无法用确定的数学模型进行描述的复杂表面。例如，汽车、飞机、船舶等产品的表面无法用线段、圆弧等这样简单的图形元素来描绘它们的外形，必须用更先进的描述手段——光滑曲面来描述。随之产生了 Bezier 曲线、B 样条曲线、Coons 曲面、Bezier 曲面和 NURBS 曲面，这些曲线和曲面是通过一个基底函数来合成的，可以随意构成所需的曲线、曲面，也能描述圆弧、椭圆、抛物线等曲线。该表面建模的方法通过给出离散点的数据构成光滑的曲线或曲面，如果需要调整曲线、曲面的形状，只需要改变其给出的控制点数据即可。目前很多曲面几何模型是建立在 NURBS 曲面的基础上的，如 SurfCAM、ALIAS STUDIO 等。表面建模不仅应用在航空、船舶和汽车制造业领域以及对模型的外形要求较高的软件中，也可以用于多坐标数控编程、计算刀具的运动轨迹等。

构造曲面的基本形式如下：

（1）旋转曲面 一曲线绕某一轴线旋转某一角度而生成的曲面，如图3-5所示。

（2）线性拉伸面 一曲线沿某一矢量方向拉伸一段距离而得到的曲面，如图3-6所示。

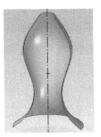

图 3-5 旋转曲面

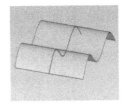

图 3-6 线性拉伸面

（3）直纹面 在两曲线间，将参数值相同的点用直线段连接而成的曲面，如图3-7所示。

（4）扫描面 截面发生曲线沿方向控制曲线运动而生成的曲面。根据发生曲线与脊骨曲线的运动关系，扫描面可分为平行扫描曲面、法向扫描曲面和放射状扫描曲面，如图3-8所示。

图 3-7 直纹面

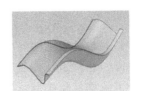

图 3-8 扫描面

（5）网格曲面 由一系列曲线构成的曲面。根据构造曲面的曲线分布规律，网格曲面可分为单方向网格曲面和双方向网格曲面。单方向网格曲面由一组平行或近似平行的曲线构成；而双方向网格曲面由一组横向曲线和另一组与之相交的纵向曲线构成。

（6）放样曲面 以不同的曲线作为曲面形状的控制元素，沿着这些曲线构成光滑的曲面，这个曲面称为放样曲面。一般放样曲面采用 NURBS 曲面表示，如图3-9所示。

（7）拟合曲面 通过一系列有序控制点拟合而成的曲面。常采用的拟合建模方法有 Bezier、B 样条和非均匀有理 B 样条构造曲线和曲面。

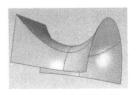

图 3-9 放样曲面

（8）二次曲面 包括椭圆面、抛物面、双曲面等。

3.3.3 实体建模

利用一些体素通过布尔运算构成所需的简单或复杂的实体，这种建模技术称为实体建模。实体建模技术是在原有的几何建模技术基础上的一个新的发展方向，是实现 CAD/CAM集成的重要手段，也是网络化制造中进行产品图样设计的基础。实体建模技术是在线框建模、表面建模技术基础上提出的新的建模技术。20 世纪 70 年代末、80 年代初，实体建模技术逐渐在理论、算法等方面得到发展和完善，并且面向市场推出了实用的 CAD 建模系统。

实体建模包括两大部分，即体素和布尔运算。一般而言，体素包含基本体素和扫描体素。基本体素就是在现实生活中存在的一些构形简单的实体，它们可以通过一些较少的参数描述形状结构以及位置、方向。如球体就可以由半径确定形状大小，球心的位置描述球所在的空间位置。扫描体素就是通过一个平面轮廓按一定规律运动生成实体的方法。如一个封闭的平面轮廓平移或旋转运动形成实体，又如圆锥体可以由一封闭的三角形绕其中一条固定的边旋转 360°形成。实体建模的一些示例，如图 3-10 所示。

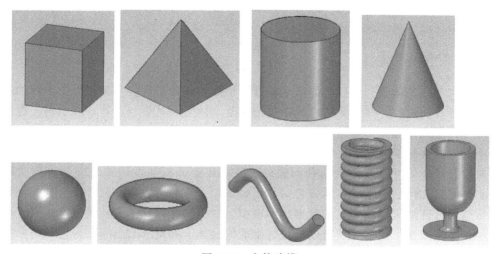

图 3-10 实体建模

布尔运算就是集合运算，包括并、差、交运算。对于复杂的实体，一般无法用一个基本体素或扫描体素来构成，往往需要两个或两个以上的体素通过布尔运算的并、差、交运算得到。

实体建模避免了线框建模、表面建模存在的无体信息等不足，在计算机辅助设计及制造中得到应用，特别是在物性计算、运动分析、零部件干涉检查、空间位置分析、NC 程序的生成和检验、零部件虚拟装配运动仿真等方面得到广泛运用。但是实体造型也存在不足，它不能提供实体在 CAD/CAM 集成中所需的全部信息，如材料、加工特征、尺寸和几何公差等，无法构成符合数据交换规范的产品模型，给集成带来了困难。

实体建模方法在计算机内部的表示有：边界表示法（Boundary REPresentation，B-REP 法）、实体结构几何法（Constructive Solid Geometry，CSG 法）以及 B-REP 和 CSG 混合表示法。

3.3.4 边界表示法

边界表示法采用"点—边—面—体"的方式来表示实体，它以实体的边界为基础，通过描绘实体的表面边界来描述实体，如图 3-11 所示。

边界表示法可以通过实体的所有表面来描述，而表面是由边围成的，边又可以认为是由点确定的，因此描述实体的过程应该是通过"点—边—面—体"来实现。在计算机中，边界表示法的数据结构是网状结构，数据的存储通过体表、面表、边表、顶点表等表来描述。

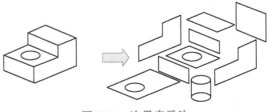

图 3-11 边界表示法

边界表示法包含了实体较多的面、边、点以及相互间的拓扑关系的信息，为生成二维工程图样、图形显示以及有限元网格划分和实体几何特性计算等提供了有利条件，并且更容易实现与二维绘图软件的接口以及与曲面建模软件的配合使用。但是，边界表示法仍然无法提供实体的原始生成信息，即实体是由哪些基本体通过布尔运算得到的，仅能提供所构成实体的体、面、边、点信息。

3.3.5 实体结构几何法

实体结构几何法就是利用已有的基本体素，根据实体的结构将实体视为由不同的基本体素通过布尔运算而得到。在计算机内是通过记录基本体素及其集合运算来表示的。存储的内容就是实体的生成过程。实体结构几何法的基本思路是，无论复杂或简单的物体，它们都是由一些不能再分解的简单基本体素按照一定规律组合而成的。构造实体时可以针对不同的结构分析得出它是由哪些基本体素组合而成的，并且还要分析基本体素之间所采用的组合形式。在实体结构几何法中，基本体素之间的组合采用了布尔运算中的交、差、并来实现。

实体结构几何法采用二叉树的数据结构模型，二叉树中的叶子节点是基本体素，中间节点是各种运算或操作，树的根节点就是最终生成的实体，如图 3-12 所示。

1）如图 3-12a 所示，该实体可以分解为三个基本体，即两个尺寸不同的四棱柱 2、3 和一个圆柱体 1。首先对两个四棱柱进行差运算，从大四棱柱上减去小四棱柱得到实体 4，实体 4 与圆柱体进行差运算，在实体 4 上减去圆柱体 1，得到圆柱孔，从而得到需要的实体 5。

2）如图 3-12b 所示，所构造的实体同样分解为三个基本体，但是 2、3 两个基本体的分解与图 3-12a 不同，在进行构造运算时就有区别。先将 2、3 两个基本体进行并运算得到实体 4，实体 4 与圆柱体 1 进行差运算，即在实体 4 上减去圆柱体 1 得到圆柱孔，从而得到需要的实体 5。

实体结构几何法在构造实体过程中具有一定的灵活性，同一实体可以分解为不同的基本体素，将不同的基本体素按照所构造的实体进行不同的正则布尔运算得到相同的实体。实体结构几何法具有方法简单、实体生成速度快等特点，可以保留实体构造的全过程，也便于进行修改，同时，由于实体结构几何法定义的基本体素，不具备面、环、边、点的拓扑信息，其数据结构也比较简单。但是，实体结构几何法也存在一些不足，

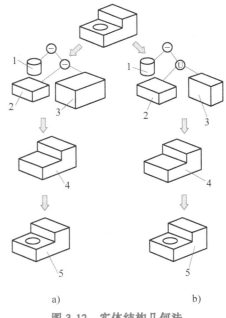

图 3-12 实体结构几何法

例如，由于缺乏实体完整的边界信息，无法直接显示实体的二维工程图。再有，如果需要对基本体素的局部进行修改，将存在一定的困难，因为在存储的数据结构中，体素是最小的基本单元，无法再进行更细小的分解。

由于 CSG 法存在缺陷，所以在许多系统中充分利用 CSG 法和 B-REP 法各自的优势，将两种建模方法结合起来综合运用，通过两种方法信息的相互补充，确保几何模型的信息完整性和准确性，这种方法又被称为 B-REP 和 CSG 混合表示法。B-REP 和 CSG 混合表示法中包含了两种方法所保留的不同数据信息，数据信息互为补充。一般在应用时，在 CSG 树的节点上再扩充一级边界数据结构，形成了所构造的实体的数据结构，既保留了体的信息又有边界的信息，克服了单独使用 B-REP 法和 CSG 法时存在的问题。B-REP 和 CSG 混合表示法如图 3-13 所示。

3.3.6 特征建模

实体建模等建模方法具有一个共同的特点，即强调对实体的形状结构几何信息和拓扑信息的定义，计算机中存储的实体数据仅仅与实体的结构形状几何信息有关，而缺乏与实体相关的工程信息及其他信息。例如，对于机件而言，机件的设计、生产、制造、管理等过程在建模过程中互相不关联，机件的设计信息无法直接顺畅地传递到下一生产单元，零部件从设计到制造甚至使用，即在产品生命的全过程中，各阶段的信息数据呈现的是各自独立且互不联系的状态，因此，要实现产品各阶段的集成，上述建模技术就明显存在一些不足。近年来，特征建模技术的出现和发展，开创了计算机建模技术的一个新领域。特征建模技术的出现以及它所具有的特点将 CAD/CAM 的集成逐步变成了现实，并为集成技术的实现奠定了理论和技术的基础。

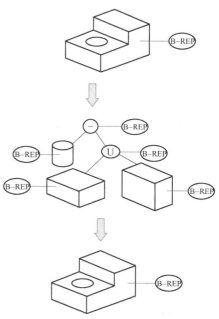

图 3-13 B-REP 和 CSG 混合表示法

特征就是一个对象（如实体或零件）上所具有的全部信息，不仅仅局限于实体的形状、结构，而且包含了对象从设计到制造全过程的所有信息，包括该对象的几何形状、功能和属性。

在产品设计制造的过程中，从产品的设计开始，根据产品的使用功能和使用条件确定产品的性能、结构形状以及产品构成所包括的各零部件。产品使用范围不同、功能要求不同，产品的特征、性能就存在着差异。因此，在设计中必然涉及各零部件的形状、结构、性能等，会具有不同的特征信息，这些特征不仅仅包含了几何形状，而且还涉及零件的全过程。当用特征来完整描述零件的信息时，需要从零件的几何特征、功能属性特征以及生产加工中的管理特征等全部特征来描述零件的信息，从而给出零件的完整信息。

零件的信息特征是由一系列的特征构成的，包括几何形状特征、管理特征、技术特征、材料特征、精度特征、装配特征。各特征的基本含义如下：

（1）几何形状特征 几何形状特征描述的是零件最基本的特征性质。它包含了所描述

35

对象的几何信息和拓扑信息，是所构造形体的基本要素，也是其他特征的一个共同载体。它可以由一组点、线、面、体等几何元素组成。零件的形状特征又可以分为基本体征和附属特征。

构造零件（或实体）结构的基本单元且能独立存在的特征称为基本体征，如柱、锥、球、环、凸台、板等结构。在零件上有一些结构在脱离基本特征后无法存在，它们通常是在零件基本特征的基础上进行修改、加工而成，无法独立存在，这类特征就是附属特征，如孔、倒角、退刀槽、键槽等结构。

（2）管理特征　管理特征描述的是从零件的设计开始到制造加工完成全过程涉及的零件管理信息的集合。如零件设计中的名称、图号、设计修改的版本号、材料的选择、加工的工艺、加工流程及零件数量等。

（3）技术特征　技术特征描述的是零件设计、性能、技术等信息特征，包括了零件的设计要求、工作原理、承受的载荷、运行状况等。技术特征为零件的分析计算、强度校核、有限元分析提供了需要的信息数据。

（4）材料特征　材料特征描述的是零件材料以及与热处理相关的特征信息。不同的零件其用途和功能不同，对零件的性能、强度、表面质量等要求也不同，因此，要满足不同零件的要求，对零件而言需要采用不同的材料。材料特征中存储了零件材料的型号、表面质量要求、热处理的方法等特征。

（5）精度特征　精度特征包括了零件的尺寸、表面、形状位置的特征，描述了零件加工、检验的要求和标准。精度特征涉及零件加工的工艺路线制定、加工设备的选型、零件的生产成本等信息。

（6）装配特征　装配特征描述的是零件在装配过程中的信息集合，包括了零件的装配位置关系、零件之间的配合关系、安装顺序、装配技术要求以及检验标准、方法等信息特征。

特征建模就是基于几何形状特征，利用零件（或实体）的所有功能、属性特征全面描述零件（或实体），并且建立零件（或实体）的模型方案。要利用特征信息描述零件，上述的特征之间可以是相互并列的，也可以处于上下层从属关系。对于零件的特征还可以进行更详细的划分。

零件的形状特征是所有特征存在的基础。在零件特征建模的过程中，首先依据零件的形状结构进行构形设计，有了零件的结构模型并获得了零件形状结构的数据后才能针对零件进行加工方法、加工工艺、制造、管理等信息的传递、存储、处理。相对几何实体的建模方法，特征建模技术可以为工程技术人员提供设计、制造各环节中所需的大量工程信息和工艺信息，更加方便工程技术人员的使用，是CAD/CAM集成化和智能化的关键技术。

3.4　参数化设计技术

在新产品的设计过程中，产品初始阶段的概念设计时，设计人员无法确定所有的详细结构尺寸，也不能够绘制出满足制造需要的产品图样。随着设计进程的深入，产品的形状和尺寸需要不断修改，直到产品结构形状的几何元素尺寸得到最终确定。在设计的过程中不可避免地会改变其中的一些尺寸参数，当这些尺寸参数改变时，产品的相关结构形状就会受到相应的影响，其他的一些尺寸也需要进行对应改动，这个过程有时要反复进行，导致产品的设计时间延长，直接影响到新产品的开发周期和产出效益。在此背景下，有人提出了参数化设计的思路，设想工程技术人员在已设计的产品图上，使用已有的应用系统，提供支持概念设计的手段方法。设计产品时只需画出产品的轮廓，确定大概尺寸，同时建立产品内部各几何元素之间的约束关系，对生成的初始图中的某个几何元素的尺寸做出改变后，其他相关的几何尺寸在满足约束条件的前提下自动修改，从而生成新的产品图样。

参数化设计最初是由美国麻省理工学院 Gossard 教授在 20 世纪 80 年代初提出的，开始并未引起重视，直到 1987 年由 Parametric Technology 公司推出了以参数化为基础的新一代实体造型软件 Pro/Engineer 后，参数化、变量化设计才在 CAD/CAM 系统得到广泛的应用。

3.4.1 参数化设计技术概念

参数化（Parametric）设计是基于对图形数据操作的参数驱动机制，通过改变图形参数或部分尺寸，利用已建立的几何元素之间的约束关系，实现相关图形之间的改动，从而完成图形的几何尺寸在满足约束条件前提下的设计。

参数化设计技术的基本思想是使用约束定义修改图形的几何参数。参数化设计也是用约束来表达产品几何模型，通过一组参数控制得到设计的最终图样，也可以通过调整不同的参数来完成设计图形的修改，从而获得一系列在形状或功能上相似的设计方案。因此，参数化设计也称为参数驱动。但是，在修改参数时，只有满足图形的约束条件，并且约束之间形成关联性驱动方式，构成约束联动，才能通过约束间的联动关系最终实现参数的驱动。

1. 参数化设计的约束

参数化设计的核心就是约束，约束主要包括几何约束和工程约束，几何约束又包括了尺寸约束及拓扑约束：尺寸约束是通过尺寸标注表示的约束，如距离尺寸、角度尺寸、半径尺寸等；拓扑约束是指几何元素之间的关系，如平行、垂直、相切、对称等；工程约束是关于所设计产品的原理、性能的约束，如零件的应力、强度等，需要通过相关数学模型得到确定的设计参数。约束可以用来确定产品的约束状态，识别约束不足（约束）或过约束的坐标，从而得到一个具体的几何模型。也有用非线性约束方程组联立求解的方法，在设定初值后再用数值迭代的方法进一步细化。这种方法的最大优点在于约束方程的内容不限，除了几何约束外还可以引入力学、运动学等关系。目前随着变量化技术的发展，除了几何约束、拓扑约束外还可以引入力学、运动学、动力学等工程约束。

参数化设计方法中的约束也可以理解为若干个对象之间的关系，也就是通过限制一个或多个对象才能满足特定的关系，对约束的求解就是找出表示约束确定的唯一的值。尺寸约束、拓扑约束和工程约束也反映了设计时需要考虑的主要因素。对一个产品而言，约束可能十分复杂，也可能数量很大，通常可以由用户控制的、能够独立变化的约束条件一般只有几个，称为主约束或主参数；其他的约束可由图形结构特征确定或与主约束有确定关系，称为次约束。主约束是无法简化的，对次约束的简化可以用图形特征联动和参数联动的方式实现。

图形特征联动就是保证在图形拓扑约束关系不变的情况下，对次约束的驱动，即保证连续、相切、垂直、平行等关系不变。反映到驱动过程中就是通过几何相关性准则去判断、识别与被动的因素具有上述拓扑关系的实体及其几何数据，求出新的几何数据。这些几何数据一般称为从动点。从动点的约束与驱动参数之间产生关联关系，依靠该关联关系，从动点受制于驱动点的驱动，驱动机制则扩大了作用的范围。

参数联动就是建立次约束与主约束在数值上和逻辑上的关联关系。参数驱动过程中，始终要保持关系不变，同时也使某些不能用拓扑关系判断的从动点与驱动点之间建立了关联关系。使用参数联动方式时，一般会引入驱动树，建立主动点、从动点等约束关联关系的树形结构，能够方便直观地判断图形的驱动与约束情况。

复杂形体参数化设计过程中，约束一般包括如下内容：

1）基本几何元素，组成几何模型的基本形状结构的几何元素，如回转体（圆柱、圆锥、球体等）、平面立体（棱柱、棱锥、棱台）及由此组合而成的其他组合体。

2）几何形体的相关算法。

3）尺寸约束，尺寸之间的关联约束，主要用于确定几何模型中各图形单元的尺寸和相互之间的位置，是图形单元的重要属性。

4）拓扑约束，拓扑约束也称为结构关联约束，是图形单元之间隐含关系的集合，主要有位置关系、顺序关系、连接关系和主次关系等。

现有的参数化设计中的约束使用较多，大多数是识别图形中的几何信息和拓扑信息，或是用逻辑关系表达图形的约束关系。上述方法的优势是能适应很大范围的约束类型，也能够较好地实现复杂图形的尺寸驱动问题，其通用性和柔性较强。但是，这些约束也存在系统庞大、稳定性较差的缺点。通过进一步的研究实践，也有研究者提出了另外一种新的方法，即命名法。命名法是通过在绘图过程中将实体按照一定的规则约束进行命名，并且将实体名和其位置以及拓扑信息联系起来，实体的几何约束可根据其名字，从图形数据库中直接得到，可以实现在图形库中任选一个实体，即可清楚了解其几何信息及与其他实体的拓扑约束等关系，根据尺寸驱动以及变量驱动使得整个图形变得简单可靠，提高了驱动的效率和稳定性。

2. 参数化设计方法

参数化设计的关键就是基于对图形数据操作的参数驱动机制，通过修改图形参数变量或改变部分尺寸，自动实现图形相关形状结构的改变，从而完成满足约束条件的图形几何尺寸的参数化设计。参数化设计方法一方面能够综合协调和优化图形模型，支持模块化、系列化和变型化设计，另外在设计过程中设计效率和质量都可以得到明显的提高。参数化设计的本质就是基于约束的产品描述方法，在产品的整个设计过程中就是要实现约束规定、求解约束变换等的优化过程。参数化设计与传统的设计方法相比较，最明显的区别是参数化设计基于约束的产品设计过程中不仅保存了设计的产品图形及设计参数，同时还存储了产品的设计过程，可以这样认为，这里所设计的不是传统概念下某一个单一产品，而是同类型产品的一类产品族。参数化设计最大的优势在于能够使工程设计人员在初期的产品设计中，不需要详细考虑产品结构细节，能够尽快完成所设计零件的形状和轮廓草图，再通过局部修改或改变某些约束、参数变量，对产品设计的全过程进行重新设计，直到获得符合要求的生产图样。

简而言之，参数化设计的主要技术包括：尺寸驱动、基于约束、基于特征及全数据相关联的设计方法。

参数化设计最常用的两种方法为尺寸驱动和变量化驱动。尺寸驱动即零件的形状结构在通过改变相关尺寸而改变时，零件的大小和形状也通过关联的约束关系随之改变。参数化设计中的变量化驱动主要是针对比较复杂的几何形体，先建立几何形体的参数化关系，当改变其中的某些参数变量时，通过已有的数学关系可以得到相关的其他几何形体的结构形状尺寸。无论尺寸驱动还是变量化驱动，两种方法都是建立在已有结构建模的基本几何体素和简单形体之上。复杂形体参数化设计如图 3-14 所示。

图 3-14　复杂形体参数化设计

3. 尺寸驱动

尺寸驱动是参数化设计的核心技术之一，尺寸驱动通过改变图形的尺寸使所设计的产品图形自动地随着尺寸值的改变而变化，从而达到柔性设计的目的。尺寸驱动就是指采用尺寸为变量，尺寸变量中同时隐含图形的拓扑信息，定义出图形结构中关键点和基本几何元素的坐标，随着尺寸的改变可以驱动所设计的产品图形做出相应的变化，以实现尺寸驱动产品设计图形的目的。在传统的工程图中，所标注的尺寸是一个确定的独有的数值，在改变某一个尺寸时，在形状结构上可能会对其他尺寸产生影响，但是，关联的尺寸不会自动随之改变，也就是说不能实现尺寸驱动。要实现尺寸驱动，首先需要将图形（也称草图）的尺寸参数化，尺寸之间必须建立相应的约束关系，当改变其中某个尺寸时，相关联的尺寸也会在对应约束条件下产生变化，从而实现尺寸驱动，得到预期的图形。因此，尺寸驱动的核心问题其实就是尺寸参数化的过程。

尺寸驱动一般涉及的是尺寸约束及拓扑约束，工程约束通常不考虑。尺寸驱动必须首先建立图形的几何约束集，确定其中的一组尺寸作为参数与几何约束集相互联系，通过改变尺寸值达到改变图形的目的。因此，尺寸驱动的几何模型是由几何元素、尺寸约束与拓扑约束三部分组成。

在尺寸驱动中，几何元素图形里的关键点一般指直线端点、圆心点、切点及交点等，这些点的三维坐标是图形几何元素的重要几何信息，对于拓扑约束主要描述图形要素关键点的数目及其关系等。在尺寸驱动过程中，几何信息和拓扑信息之间必须满足相互关联关系：几何元素之间保持的拓扑关系关联就是指各几何元素之间的约束关系，如平行、垂直、对称、同心和相切等，当图形尺寸参数有所改变时前后应该保持一致。几何元素与图形尺寸之间的关联关系则是表示在参数化设计中的几何元素与图形尺寸的相互约束关系所保持的确定关联关系，并且图形尺寸变化后也能随之自动地改变。

尺寸驱动方法在使用时通常将绘制草图和定义几何尺寸变量作为建立尺寸约束的条件。在建立尺寸约束模型时，首先要对所设计的产品图形进行详细的结构、约束分析，同时还需要考虑产品图形全部的几何特性才能确定产品图形的参考点、参考面等基准几何元素。图形参考点、面等也是图形的基准定位点、面等，所有尺寸链都以基准的几何元素为起始点，基准几何元素位置的设定对整个尺寸约束模型的建立具有重要的影响。一般而言，草图特征尺寸的标注都从基准几何元素开始，先标注局部特征，再标注整体的几何特征。在尺寸驱动过程中有时也会出现其中几组尺寸驱动顺利完成，而个别尺寸驱动失败的现象，在浏览器中会显示出现不稳定因数，甚至出现一些提醒的警示符号。在这类情况下，如果该结构的尺寸参数标注无错误，通常错误有可能出现在所计算的尺寸数值小于零的状况，此时只需检查与稳定结构有关的尺寸参数及数值即可。

图 3-15 所示是一个底板结构，底板的外形为长方形，长、宽尺寸分别是 100mm 和 70mm，底板中心孔直径 45mm，底板靠近四角上布置了四个直径 10mm 的小孔，孔与孔之间的距离为 80mm、50mm，标注是以左右、前后对称面为长、宽尺寸标注基准，此外底板的四角为半径 10mm 的圆角，如图 3-15a 所示。底板的长、宽尺寸改变为 90mm、60mm 后，四个小孔之间的距离尺寸随之改变为 70mm 和 40mm，实现了尺寸的驱动，如图 3-15b 所示。

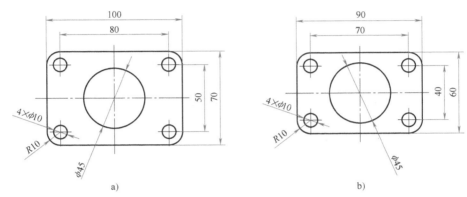

图 3-15 底板结构

a）底板原始结构 b）变化尺寸后的底板结构

尺寸驱动对设计人员而言可以明显提高设计效率，并且使用方便，具有广泛的应用前景。在已使用的参数化设计软件系统里，尺寸驱动作为其中的图形绘制模块，再加上专用的计算模块就可以实现某一产品的自动设计，甚至可以进行该产品的系列化设计。不同的行业都有自己的非标准常用图形或结构，任何 CAD 软件都不可能包罗万象，用户必须通过非编程手段建立大量基于参数化的图形，才能在设计工作中大幅度提高设计效率和质量。

4. 变量化驱动

尽管变量化驱动与尺寸驱动都是基于约束，但是两者之间还是存在着差异。变量化驱动从初步设计开始需要考虑的不仅是几何约束，与工程应用有关的其他约束都需要包含在其中，并且要进行统筹分析和考虑，所设计产品对象的修改与尺寸驱动相比较具有更大的自由度，通常是通过求解一组约束方程来确定产品的尺寸和形状。约束方程既可以是几何关系，也可以是工程计算条件。约束的修改受制于约束方程的驱动影响，变量化驱动可以应用于公差分析、运动机构协调、设计优化、初步方案设计选型等更广泛的工程设计领域。从发展趋势来看，变量化驱动技术既保持了尺寸驱动技术的原有优点，同时又克服了尺寸驱动中的一些不足之处，尽管基于变量化驱动的 CAD 系统也还有亟待解决的问题，变量化驱动仍然为 CAD 建模技术的发展提供了更大的空间和机遇。

在变量化驱动中，将所有设计的几何尺寸、约束条件以及相关工程计算等都设定为设计变量，同时为用户提供了定义变量之间的关系式以及程序逻辑的接口，能够较大程度地提高设计的自动化。变量化驱动扩展了尺寸驱动技术的范围，给所设计对象的修改增加了更大的自由度。

从数据结构的角度来看，变量化驱动也可以看作是参数变量所构成的数据树结构，也可以称为驱动树，其操作的对象就是存储在数据库中的信息。由于驱动树是由参数变量模型的图形特征和相关参数构成，在构建参数变量数据结构时，需要利用图形特征，并根据实际需要标注相关参数，在参数变量驱动时，通过对数据库的操作，驱动图形的变化。利用变量化驱动，设计人员不仅可以定义几何图形结构，还能控制变量变化过程以及定义数据和控制程序流程。在参数化设计中，产品结构图形的设计是建立在变量化驱动机制、约束联动等基础上的。利用变量化驱动机制对图形数据进行操作，由约束联动到驱动树控制驱动机制的运行。变量化驱动与尺寸驱动具有较大差异，它不仅仅是将产品结构形状的图形表示转化成方程、符号等其他表达形式，着重点是去理解产品的自身结构形状以及图形表示的特点，将图形看作是一个模型，一个参数化的依据，作为与绘图者"交流"信息的媒介。

设计人员可以通过图形把自己的意图"告诉"变量化驱动程序，而程序会返回给绘图者所需要的图形，其核心的内容是图形，可以实现边理解边操作，因此运行起来简单明了，实现起来也更方便。

图 3-16 所示为均匀分布孔的法兰端面图，法兰盘之间的连接通常采用螺栓连接，方便拆卸。法兰端面同一圆周均匀分布若干紧固螺栓连接孔，连接螺栓的直径及数量是根据工程设计规范通过连接强度的计算来确定的，计算结果约束了螺栓的直径和数量。在变量化驱动中，工程约束条件就作为法兰端面孔的直径和数目的设计变量，法兰端面上螺栓孔的分布方式可以通过预先设定的工程设计得到，螺栓孔的直径和个数不再仅仅是简单的几何尺约束问题，而是受制于法兰连接强度工程设计规范所确定的工程约束。如图 3-16a 所示，通过工程约束条件计算，法兰端面孔的直径为 8mm，数量 6 个，均布在法兰端面，孔与孔之间的夹角为 60°。如果通过约束计算，需要将法兰端面孔的数量增加为 8 个，孔仍然在法兰端面均布，孔与孔之间的夹角变为 45°。通过调整螺栓连接法兰时的强度计算，驱动了螺栓数量的改变，导致法兰上连接孔的数量也发生改变，孔的均布条件不变，最终驱动孔与孔之间的夹角变化，实现了仅改变某一个变量参数最后驱动结构尺寸的改变，从而得到改变后的图形，如图 3-16b 所示。

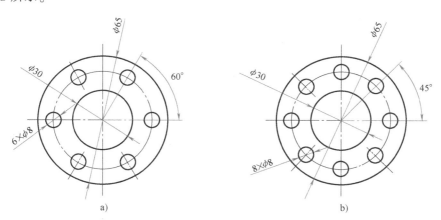

图 3-16 均匀分布螺纹孔的法兰端面图

a）法兰盘六孔结构端面图 b）法兰盘八孔结构端面图

3.4.2 基于特征的参数化设计

零件或产品的几何模型可以用一组特征来表示，这些特征之间同时存在着约束关系和形状关系等。其中，约束关系的基本定义是特征的外部约束，并且描述特征间的位置关系，主要包括定性约束和定量约束，定性约束如平行、垂直、相切、共线、共面等，定量约束如距离、角度、参数变量等以及尺寸之间的线性、非线性工程关系。形状关系则用来描述特征间的相互干涉、关联的关系。

基于特征的参数化设计就是将基于产品的特征与参数化设计有机地结合，并且采用特征描述的方式，使特征本身包含了由于参数化变化所需的成员变量和成员函数，将面向对象的技术应用于特征的描述，在造型过程中使用参数化设计的思路，通过随时调整产品的结构、尺寸，从而带动特征自身的变动，实现产品基于特征的参数化设计。

基于特征的参数化设计的基本原理是，产品设计系统在设计的过程中能够自动地捕获用户的设计过程，将用户设计中产品的几何模型以及产品特征参数之间的约束关系用数据记录并保存下来，在需要进行图样中的尺寸或设计参数变动时，设计系统能够利用已存储的数据自动对图样进行必要的修改，同时将修改过程中图样上所反映的设计思路及约束关系等再次保存下来，以备后面的查询和使用。修改已储备参数化设计的关键就是特征和几何约束关系的提取、表达、几何约束求解以及特征参数化几何模型的构造。图形的特征约束模型是通过一组变量及定义在这组变量上的关系来定义图形，基于特征的产品参数化设计的关键是构造产品参数化设计模型及对特征约束模型进行求解。例如：设计一个圆筒时，几何约束就是内外圆柱面的直径及圆筒长度，而且，圆孔的直径小于外圆柱面的直径就是这个圆筒的特征，这个设计过程被记录和保存。后面进行尺寸参数的改进时，如果输入圆孔的直径大于外圆柱面，不满足特征性能要求，参数修改不成立，但是，当修改的圆孔直径小于外圆柱面直径，修改成功，并且保留存储修改的参数及过程。

基于特征的产品参数化的描述方式，主要包含如下内容：产品形状特征的集合，形状特征对应了固定的几何体素，几何体素可以是基本实体、曲面或线框模型，产品的几何模型实质上由许多几何体素及相关约束构成。约束在设计过程中可以由设计人员指定，所确定的约束必须能够提供满足特征所必需的数据。约束可以是特征的空间关系，以及尺寸、公差、装配结构和制造过程需求所反映的几何约束。在基于特征的参数化设计中，通过预先定义的尺寸约束，得到特征表达的框架或约束描述的定义，再设定尺寸或参数，并将特征添加到模型中对模型进行求解，即获得特征参数，从而完成基于特征的参数化设计。

1. 特征的构成

特征是设计人员对所设计产品的功能、形状结构、制造、装配以及检验管理等信息和关系用工程含义的语言进行确切描述。特征不仅仅是描述产品普通的体素，而且是一种封装了产品各种属性和功能的要素。产品特征包括具有工程含义的几何实体，携带和传递有关设计和制造所需要的工程信息，是组成机械零件实体模型的基本元素，同时也体现了产品的功能要素和工程含义，是描述产品信息的集合。特征也可以认为是产品一系列具有特定关系的几何或拓扑元素。它表达了一定的功能语义，也是产品非几何信息的载体，隐含一定的工程知识，供设计者用以表达设计意图和思想。

特征可分为形状特征、精度特征、材料特征、装配特征、管理特征及其他等。其中，形状特征是产品主体和非几何特征信息的载体，非几何特征信息作为属性或约束附加在形状特征的组成要素上。

特征也被认为是面向几何物体的属性：数据属性即包含特征的静信息；规则或方法属性就是定义特征特定的设计和制作特性；关系属性则描述了特征之间的相互关联关系或定义了形状特征间的位置关系。这里所指的形状特征实际就是几何实体的结构化组成，并且形状特征与其他特征间是一对多的关系，体现了特征的应用多元性。

利用特征的构成所表示的实体是通过相关的约束和运算来构造所需的产品，特征中的参数变量用预先设定的产品结构确定。任何一个产品都可以用一个包含特征集、参数变量和约束表示，特征集用于描述产品的组成元素之间的性质和关系，参数变量用来表示尺寸、几何和结构，当改变参数时，产品的参数变量也会发生变化。约束主要用于协调特征关系以及产品的尺寸结构等，当约束发生变化，可以利用相应的计算如迭代法求解出新的特征，生成新的几何模型。产品的描述一般采用尺寸、几何元素、拓扑参数、材料参数技术、特征构成的数据链、尺寸约束、几何约束、拓扑结构及工程约束等。

在机械产品的领域里进行的特征分类，可以利用零件或体素的几何相似性以及各要素的功能形状，完成分组、分类，提取、制定体素规范和图素规范。通常特征分类包括：形状特征、材料特征、精度特征、工艺特征及管理特征等。形状特征的一般分类方法为，将构成零部件的各种基本立体元素、槽、凹坑、凸台、孔、壳、壁等作为形状特征，对于不同的应用，特征的表现形式是不完全相同的。产品特征模型的建立过程就是形状特征的选用和相关约束的描述。形状特征最显著的标志是，在产品几何信息模型的基础上，附加了隐含的制造或工艺等信息，因此特征的研究很多是集中在形状特征上。对于形状特征的分类和应用，从几何结构和功能的角度出发，可以将特征分为基本特征和其他特征，如图 3-17 所示。

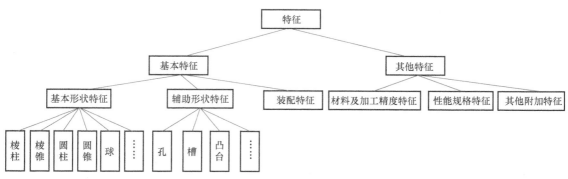

图 3-17 特征的基本类型

基于特征的参数化方法改变了传统设计系统依赖设计人员来确定零件几何元素位置的限制等，它可以将零件几何体的多个几何元素有机地结合在一起，形成以特征为操作变量的新实体，从而包含比几何元素更多的零件描述。对于一个特征来说，其构成的几何元素之间的拓扑关系是保持不变的，特征形状的变化只能通过改变特征所指定的不同参数变量的值来实现。对零件的修改也可以转化为对构成零件的特征参数变量值的修改，极大方便了产品设计中的修改过程，提高了设计效率和准确性，可实现对多种设计方式和设计形式的支持。

2. 基于特征参数化设计中的约束

约束关系的核心就是参数变量之间的对应关系，不同类型的约束包含着不同含义的约束参数。约束中的工程参数约束主要用于描述产品的功能、结构等特征，它一般不直接描述产品的外形结构和尺寸，可以通过应用其他约束来间接描述，如压力、温度等。几何参数约束用于描述图形的形状及尺寸信息，其主要涉及图形元素的几何属性，如矩形板的长、宽尺寸，矩形板中心坐标等。工程参数约束和几何参数约束尽管都可以表示尺寸，但是，它们之间也存在着明显的差异：工程参数约束是对产品本身功能结构的描述，几何参数约束仅仅是对产品图形元素的描述。另外，工程参数约束是对产品整体和宏观性的描述，而几何参数约束着重于产品结构的细节和局部的描述。

约束之间既有联系又存在区别，虽然工程参数约束同几何参数约束的含义有所区别，由于产品的功能实现主要由几何形状及体素等来体现，因此在工程约束与几何约束之间也存在着对应的关系。使用适配的约束类型就可以清晰地显示工程参数与几何参数之间的对应关系，当工程参数发生变化时，几何参数会自动发生相应的变化，从而实现工程参数对设计图形结构的变化控制。部分工程参数和部分几何参数之间也存在参数之间的相互联系配合，可以通过参数之间配合的约束，在工程约束与几何约束间建立一一对应关系。基于特征的参数化设计系统既可以受几何参数约束的驱动，又能够接受工程参数约束的驱动，扩大了 CAD 技术对设计过程支持的范围。同时，由于可将约束关系进行分类求解，既降低了约束求解过程的难度，又提高了约束求解过程的稳定性。

产品可以认为是形状特征的集合，形状特征又对应几何体素，产品的几何模型的实质就是由许多几何体素构成的，这些体素通过约束连接在一起。任何一个产品都可以用一个包含特征数据链表、参数变量和约束的结构来表示，特征数据链表用来描述产品的组成元素，参数变量用来表示尺寸、几何和结构，当产品参数变动时产品的参数变量也随之变化，约束就用于协调特征关系以及产品的尺寸结构等。

3.4.3　基于特征的参数化建模技术

基于特征的参数化设计是用于将产品设计的开发与过程设计的信息集成为有效实用的设计技术。设计人员可以直接利用产品的特征、参数等信息进行产品的设计和修改，不需特别去关注组成产品结构形状图形的具体的点、线、面等信息。基于特征的设计为整个设计制造环节提供了基本的产品信息模型，给 CAD /CAPP /CAM 集成化的实现提供了基础的信息数据。基于特征的参数化建模就是将基于特征的建模与参数化有机结合起来，使特征本身包含参数化设计所需的参数变量和相关函数，采用特定语义的特征描述方式，通过改变参数变量，调整产品的结构和尺寸，驱动特征随之变化。其关键是参数化特征的形成及约束。

基于特征的参数化设计模型的约束，常用的求解方法有数值约束求解法、符号代数法、规则几何推理法和图形的约束求解法等。

基于特征的参数化建模技术首先将参数化设计与特征设计进行有机融合，突出两种设计技术的优势，构成新的建模技术的特点。在基于特征的参数化建模技术中，一般将参数化的基本体素定义为特征，调用特征时，通过体素的不同组合构造出所设计的零件所需要的几何形状，将参数化中的参数、变量所具有的可调整优点与特征结合，特征的性质也可用变量的方式表示，使特征也具有了可调整性。这里所指的参数化就是指对产品、零件上的各种特征所施加的约束形式，如形状特征与所设计的几何形状及尺寸大小一般采用变量的方式表示，在设计过程中，如果所定义的某个形状特征的参数有所改变，该产品或零件上对应该形状特征的几何形状与尺寸大小也将随之改变。

基于特征的参数化系统在建模时，设计人员利用零件的特征定义零件的几何结构及约束等，其操作对象不再局限于产品形状结构的简单几何元素，同时将产品零件的一些功能特征加入，并行考虑，如产品零件上常用的倒角、圆角、孔、凸台、螺纹孔、退刀槽、键槽等结构特征。基于特征的参数化设计在产品设计中尽可能将涉及的产品、零件的参数、特征都包括在设计分析、研究的范围之内，满足设计要求，符合设计人员的设计思路，为设计者充分发挥创新能力提供扎实的基础。

基于特征的参数化系统的开发是建立在面向对象的开发环境和参数化的三维设计平台的基础之上，系统开发设计人员在面向对象语言环境下，利用三维设计平台提供的二次开发函数，实现对三维设计平台相应函数指令的操作和完成特征类的封装。在封装特征类中，同时需要解决设计过程的计算问题、设计过程的推理及调用三维设计平台二次开发函数进行特征造型等问题。数据库则是实现面向对象语言环境下产品设计数据的共享和交换的基础条件。

3.4.4 轴类零件的参数化特征建模

轴类零件在各类设备中的应用非常广泛，是重要的零件之一。对于轴类零件，不管适用于何种设备，它们都具备了一些共同的结构形状特征。对共同的特征进行归纳定义，可以很容易地得到不同轴的基本结构，再根据其不同的作用功能，添加所需要的特殊结构，就可以得到所需要的轴类零件。轴类零件上用于描述轴的基本几何轮廓形体，并且是轴类零件具有的共同形状特征，称为轴类零件的主特征，如圆柱、圆台、球面等，这些特征可以独立存在，也可以根据要求进行组合，如阶梯轴结构，它们是构成不同轴的基本实体结构。不同的轴类零件其作用功能是不一样的，具有各自的特点。附着在主特征上面并且可以进行局部修改的不同的结构称为辅助特征，如孔、键槽、凹坑、退刀槽、越程槽等。轴类零件形状特征模型如图 3-18 所示。

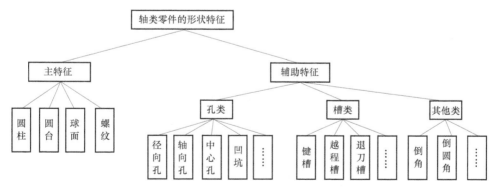

图 3-18 轴类零件形状特征模型

将上述主特征、辅助特征的结构用图形元素表示，在设计时系统直接调用主特征可以获得轴的基本实体结构图，根据轴的作用功能选用不同的辅助特征图形元素，再与轴的结构图结合就可以完成轴的设计图。当需要对所设计的轴零件图进行修改时，通过改变调整参数，轴零件图利用参数设计中的尺寸驱动或变量驱动技术将与之关联的尺寸和图形改变，可以很方便地得到设计制造所需的轴零件图。

对于轴类零件基于特征的参数化建模，系统组成应包含如下内容：

1）构成轴的基本体素类型、轴段的数量。

2）每个轴段上包含几个辅助特征及特征的类型。

3）轴段之间的连接顺序及连接方式。

4）建立轴段的参数变量模型及其他特征的各类约束关系。

5）根据轴段及轴段上各辅助特征建立可调用图形库及过程数据库。

6）系统交互平台以及其他。

通过将不同的轴段按照一定顺序进行排列组合就可以构成所要求的轴类零件结构，并且将轴段划分为不同的层次，为轴段的拼接、编辑和组织创造条件，使这些有限的"离散化"的特征可以通过拼接法组合成无限种类型的轴。因此，根据轴类零件的结构特点，选择基本图素及主特征，再根据需要选用辅助特征，将其与主特征相结合，按顺序连接成一个完整的轴类零件图形，这一过程正是基于特征的参数化方法的应用。

组成轴的基本体素以及轴上的辅助结构如图3-19、图3-20所示。组成轴的基本体素即主特征，轴上辅助结构即辅助特征。根据设计轴的功能和作用，选用半径不同的圆柱体组合成轴的基本结构，得到轴的外形图形。由于轴上需要安装其他零件，可以采用键连接，配合轴段上就需要加工键槽，键槽规格与轴的直径有约束关系，通过工程约束条件选择，键槽长度与承载轴段的强度大小有约束关系，通过计算再选型可得。同时，轴与轴上零件表面配合

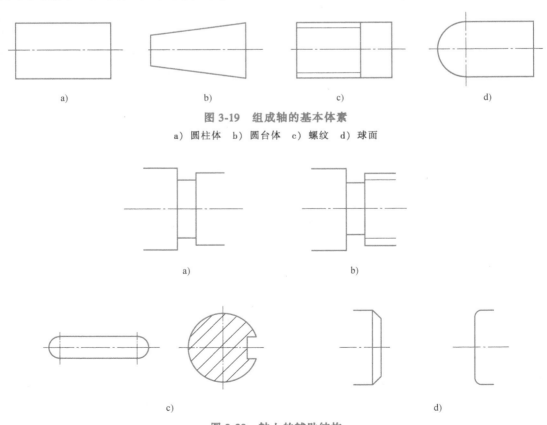

图 3-19 组成轴的基本体素

a）圆柱体 b）圆台体 c）螺纹 d）球面

图 3-20 轴上的辅助结构

a）越程槽 b）退刀槽 c）键槽 d）倒角

精度要求较高，根据加工工艺，有键槽的轴段末端预先加工一砂轮越程槽。为了轴与孔装配的方便，轴端加工倒角。调用主特征、辅助特征，并且满足各项约束要求，组成了所设计轴零件的图形，如图 3-21 所示。如果需要对设计完成的轴零件图进行调整，可以改变参与尺寸驱动和变量驱动特征图中的尺寸或者参数化变量对应的结构形状，得到所设计的零件图。

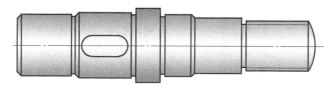

图 3-21　所设计轴零件的图形

3.5　SolidWorks 三维建模设计

SolidWorks 软件是基于特征的参数化实体建模设计工具，该软件采用 Windows 图形用户界面。利用 SolidWorks 可以创建三维实体模型，设计过程中，实体之间可以存在约束关系，也可以不存在约束关系；同时，可以利用自动的或用户自定义的约束关系来体现设计意图，并通过 COSMOSXpress（有限元分析）和物理模拟功能对设计方案进行校验。

3.5.1　SolidWorks 软件的特点

SolidWorks 是在 Windows 平台上原创的三维设计软件，它采用 Windows 图形化的操作界面，利用了 Windows 的操作特点和技巧。SolidWorks 软件的用户界面如图 3-22 所示。下面介

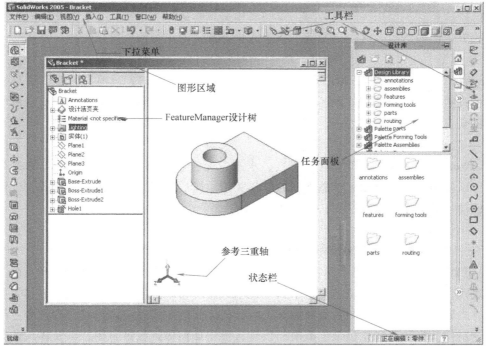

图 3-22　SolidWorks 软件的用户界面

绍 SolidWorks 软件的特点。

1. 基于特征

正如装配体是由许多单独的零件组成的一样，SolidWorks 中的模型是由许多单独的元素组成的，这些元素被称为特征。

在进行零件或装配体建模时，SolidWorks 软件使用简单的几何体（如凸台、孔、肋板、圆角、倒角和拔模斜度）建立特征，特征建立后就可以直接应用到零件中。

SolidWorks 软件在称为 FeatureManager 设计树（特征管理器设计树）的窗口中显示模型基于特征的结构。FeatureManager 设计树不仅可以显示特征创建的顺序，而且可以使用户很容易地得到所有特征的相关信息。

2. 参数化

用于创建特征的尺寸与约束关系可以被 SolidWorks 记录并存于设计模型中。这不仅可使模型充分体现设计人员的设计意图，而且还能够快速而容易地修改模型。

（1）驱动尺寸　驱动尺寸是指创建特征时所用的尺寸，包括与草图几何体相关的尺寸和与特征自身相关的尺寸。例如，一个圆柱凸台的特征为：凸台的直径由草图中圆的直径来控制，凸台的高度由创建特征时拉伸的深度决定。

（2）几何关系　几何关系是指草图几何体之间的平行、相切、同心等信息，以前这类信息是通过特征控制符号在工程图中表示的。通过草图中的几何关系，SolidWorks 可以在模型设计中完全体现设计意图。

3. 实体建模

实体模型是 CAD 系统中所使用的最完全的几何模型类型，包含了完整描述模型的边和表面所必需的所有线框和表面几何信息，除了几何信息外，它还包括了把这些几何体关联到一起的拓扑信息。一个拓扑的例子为，哪些面相交于哪条边（曲线）。这种关系使一些操作变得很简单，例如圆角过渡，只需选一条边并指定圆角的半径值就可以完成。

4. 全相关

SolidWorks 模型与它的工程图及参考它的装配体是全相关的。对模型的修改会自动反映到与之相关的工程图和装配体中。同样，设计人员也可以在工程图和装配体中进行修改，这些修改也会自动反映到模型中。

5. 约束

SolidWorks 支持约束，如平行、垂直、水平、竖直、同心和重合这样的几何关系。此外，还可以使用方程式来建立参数之间的数学关系。通过使用约束关系和方程式，设计人员可以保证设计过程中的设计意图，如"通孔"或"等半径"之类的设计意图。

6. 设计意图

在 SolidWorks 中，关于模型被改变后如何表现的计划称为"设计意图"或"设计思路"，也可以认为设计意图是实际工作的设计要求。例如，用户创建了一个凸台，在上面有一个不通孔，当移动凸台的位置时，不通孔也应该随之移动。同样，如果用户创建了有 6 个等距孔的圆周阵列，当把孔的数目改为 8 个后，孔之间的角度也应该能够自动改变。设计过程中，使用什么方法来建立模型，取决于设计人员将如何体现设计意图，以及体现什么类型的设计意图。

3.5.2 零件设计

下面几节介绍如何建立如图 3-23 所示的"Yoke_male"零件。通过这个装配体向读者介绍使用 SolidWorks 建立零件、装配体和工程图的基本过程。

通过本节的学习，读者可以了解如何利用 SolidWorks 绘制草图、建立拉伸的凸台和切除特征、建立圆角和倒角特征。

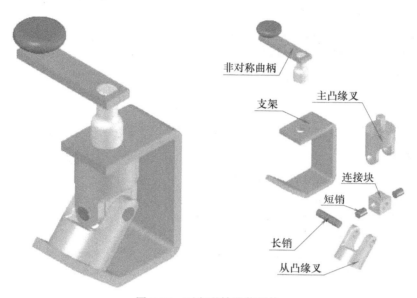

图 3-23　万向联轴器装配体

1. 建立新文件

1）在"标准"工具栏中单击"新建"按钮，或选择下拉菜单"文件"→"新建"命令，如图 3-24 所示，从"新建 SolidWorks 文件"对话框中双击"零件"图标。这里选择的

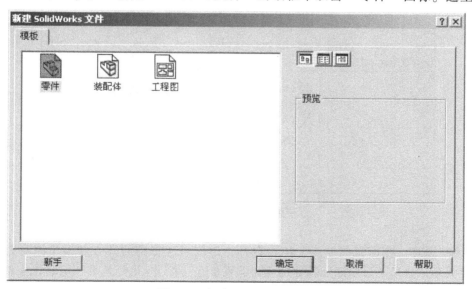

图 3-24　新建 SolidWorks 文件

模板是 SolidWorks 定义好的常用零件的模板，用户可以根据自己的绘图标准、绘图要求、绘图环境或使用习惯定制、建立常用的零件模板。

2）单击"保存"按钮保存文件，可以给定中文或英文文件名称，如"Yoke_male"。

2. 建立拉伸凸台特征

需要建立"Yoke_male"零件的第一个特征，如图 3-25 所示，这个特征是圆柱，可以考虑使用拉伸特征完成，其草图是一个圆。另外，考虑到零件的观察角度和建立工程图视图的需要，这里使用"上视基准面"作为这个特征的草图平面。

1）选择下拉菜单的"插入"→"凸台/基体"→"拉伸"命令，或者在"特征"工具栏中单击"拉伸凸台/基体"按钮⬚，系统提示选择草图平面，在 FeatureManager 设计树中或图形区域单击"上视基准面"，系统自动转入草图绘制状态。

2）在草图绘制状态下，可以使用多种绘图工具绘制草图几何实体，如直线、圆、矩形等。如图 3-26 所示，在"草图绘制"工具栏中单击"圆"按钮⬚，移动光标到零件的圆点上单击鼠标，绘制一个圆。由于 SolidWorks 是由尺寸驱动的设计软件，因此，在绘制草图元素时，不需要按照精确尺寸来绘制草图，草图的实际尺寸由后面步骤中的标注尺寸确定。

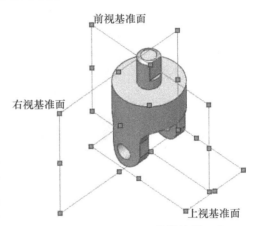

图 3-25 "Yoke_male"零件及第一个特征草图平面的选择

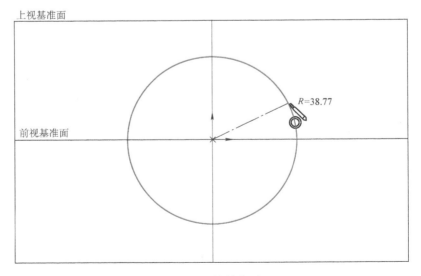

图 3-26 绘制草图

3）绘制圆时，在模型的原点上单击鼠标，系统自动将圆的圆心和模型原点建立"重合"几何关系，这里不需要添加其他的几何关系。在"尺寸/几何关系"工具栏中单击"智能尺寸"按钮⬚，如图 3-27 所示，选择绘制的圆标注直径尺寸，给定圆的尺寸为"38.1"，默认的单位为 mm。

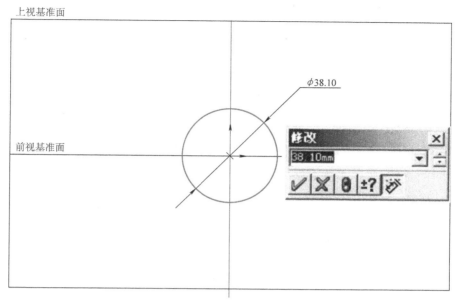

图 3-27 标注尺寸

4）标注尺寸完成后，原来绘制的蓝色圆已经变成了黑色，这说明草图已经完全定义，单击图形区域确认按钮，完成草图绘制。

5）建立拉伸特征时，既可以在图形区域利用拖动柄确定拉伸的方向和深度，也可以在属性管理器中设定拉伸特征的各种参数。如图 3-28 所示，这里设定终止条件为"给定深度"，给定拉伸特征的长度为 48mm，单击"确定"按钮，完成建立拉伸特征。

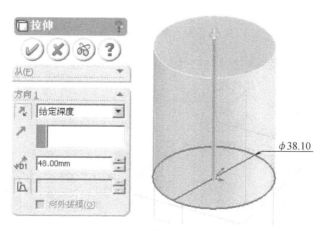

图 3-28 建立拉伸特征

3. 草图的几何关系

草图中包含草图元素及它们之间的几何关系和尺寸信息，草图的几何关系和尺寸是驱动草图变化的关键因素，也是描述特征设计意图的重要方面。使用 SolidWorks 绘制草图时，可以在绘制过程中自动建立几何关系、捕捉特定的点或人工添加几何关系。

1）选择"右视基准面"，在"草图绘制"工具栏中单击"草图绘制"按钮。如图 3-29 所示，首先从模型原点开始绘制一条中心线，接着绘制一个矩形。

2）为了使矩形关于中心线左右对称，可以在三者之间建立"对称几何关系"。按住<Ctrl>键，分别单击竖直的两条直线和中心，如图 3-30 所示，在属性管理器中单击"对称"按钮，即可在三者之间建立对称几何关系。

3）选择下面的水平线段和上视基准面，建立"共线"几何关系。

4）SolidWorks 对草图元素的显示颜色的定义：黑色表示该草图元素已经定义（如中心线、下面的水平直线），蓝色表示欠定义的草图元素（如中心线的上部端点、两条竖直线段）。拖动蓝色的草图实体，可以改变草图的形状，如图 3-31 所示。通过拖动蓝色的草图实体，用户可以根据草图绘制元素的颜色判断是否符合设计意图的要求。

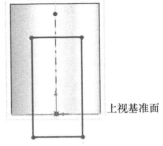

图 3-29　绘制拉伸切除特征的草图

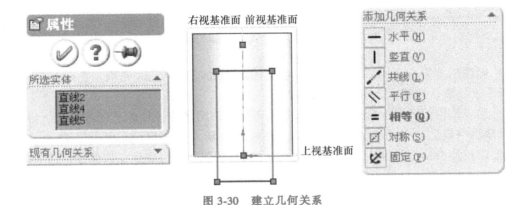

图 3-30　建立几何关系

5）单击"尺寸/几何关系"工具栏上的"显示/删除几何关系"按钮，可以查看当前草图中某个实体或全部草图的几何关系，如图 3-32 所示。

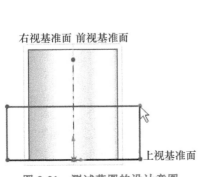

图 3-31　测试草图的设计意图

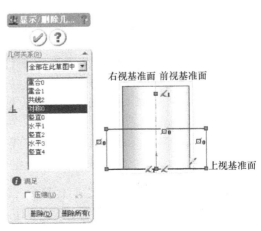

图 3-32　查看草图几何关系

6）为了便于了解草图中的几何关系，用户可以在草图中显示几何关系。选择下拉菜单中的"视图"→"显示草图几何关系"复选菜单，可以在草图中显示其全部几何关系，如图 3-33 所示，通过显示的每个几何关系符号，可以压缩几何关系（暂时使几何关系失去作用），也可以直接删除几何关系。

7）如图 3-34 所示，这里只需标注矩形的高度和宽度尺寸即可定义草图。

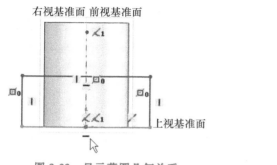

图 3-33　显示草图几何关系

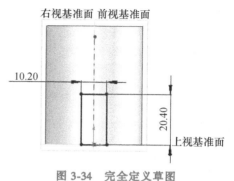

图 3-34　完全定义草图

4. 拉伸切除特征

拉伸切除特征和拉伸凸台特征都属于需要绘制草图的草图特征，拉伸切除特征与拉伸凸台特征具有相似的特征控制属性（如终止条件和拉伸方向）。唯一不同的是，拉伸切除特征是在现有模型的基础上除去材料。

1）在"特征"工具栏中单击"拉伸切除"按钮，如图 3-35 所示，这里设定拉伸切除特征为两个方向的拉伸，终止条件为"给定深度"。

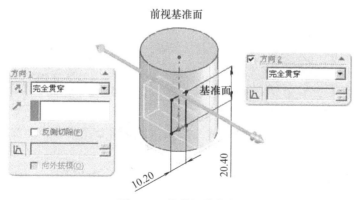

图 3-35　拉伸切除特征

2）在"前视基准面"上绘制草图，并建立两个方向完全贯穿的切除，如图 3-36 所示。

3）在"标准视图"工具栏中单击"等轴测"按钮，或按下空格键，使用"视图定向"对话框，将视图方向切换到"轴测图"方向。如图 3-37 所示，在模型的顶平面上绘制草图并建立高度为 19mm 的拉伸凸台特征。

5. 草图绘制中的边线引用和剪裁

可以将现有模型的边线转换为草图元素，也可以利用模型的边线等距形成草图元素，转换后的草图元素与原有边线将自动建立几何关系；通过对草图元素的剪裁和延伸，可以方便

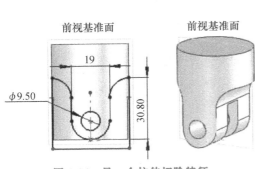

图 3-36　另一个拉伸切除特征

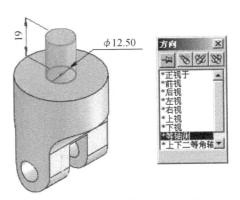

图 3-37　另一个拉伸凸台特征

地剪掉草图中多余的部分。

1）选择小圆柱凸台的顶平面，单击"草图绘制"按钮，在所选的平面上绘制草图。

2）在"草图绘制"工具栏中单击"转换实体引用"按钮，将模型中的现有边线转换成草图中的几何元素，如图 3-38 所示。

3）单击"标准视图"工具栏的"正视于"按钮，使草图平面平行于屏幕。如图 3-39 所示，绘制一条竖直线，使该直线能够贯穿整个转换的圆形边线。

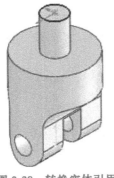

图 3-38　转换实体引用

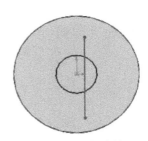

图 3-39　绘制直线

4）单击"草图绘制"工具栏的"剪裁"按钮，将草图中多余的部分剪掉，如图 3-40 所示。

5）如图 3-41 所示，标注草图尺寸，并建立一个深度为 12.5mm 的拉伸切除特征。

6. 圆角和倒角

可以利用现有模型的边或面建立圆角和倒角，此类特征不需要绘制草图的特征，称为"应用特征"。

1）在"特征"工具栏中单击"倒角"按钮。如图 3-42 所示，选择模型顶部的不完整圆形边线，给定倒角的类型为"角度-距离"，建立 C1 的倒角。

2）在"特征"工具栏中单击"圆角"按钮。如图 3-43 所示，选择图示的两条边线建立半径值为 3mm 的等半径圆角。

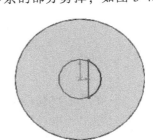

图 3-40　草图剪裁

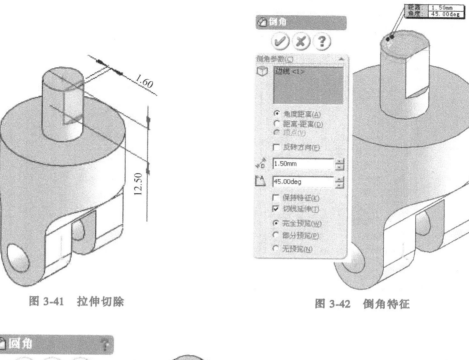

图 3-41　拉伸切除　　　　　　　　　　图 3-42　倒角特征

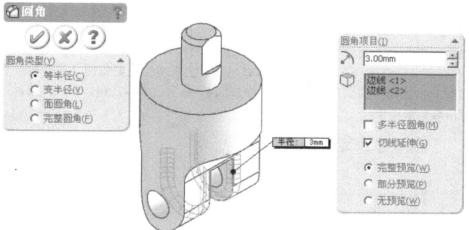

图 3-43　圆角特征

7. 零件的材质和质量计算

前面的操作是对整个零件几何形状的建立过程，在实际生产中，还应该指定零件材料属性。材料属性的设定，可以用于零件质量和重心的计算，也可以应用于表现零件的外观颜色或装配体的质量计算。对零件材质的设定，可以进一步沿用至 COSMOS Xpress 应力分析和 PhotoWorks 产品真实效果渲染中。

1）在前面操作过程中建立的所有特征，均记录在 SolidWorks 左侧窗口的 FeatureManager 设计树中，FeatureManager 设计树中列出的特征与模型几何体一一对应，如图 3-44 所示。用户可以针对已经建立的特征进行编辑，如编辑草图、特征定义，删除或压缩某些特征。

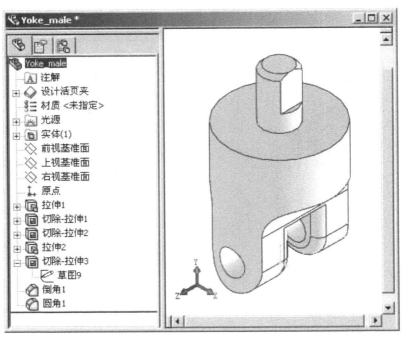

图 3-44　FeatureManager 设计树

2）在 FeatureManager 设计树中右击"材质"，从弹出的快捷菜单中选择"编辑材料"命令，如图 3-45 所示，用户可以从 SolidWorks 提供的材料库中选择材料。

3）在对模型材料属性进行设定时，可以同时设定模型的视象属性，并应用模型的物理属性，如图 3-46 所示。如果用户的显卡支持 SolidWorks RealView，则可以在图形区域显示具有逼真材质效果的图像。

图 3-45　选择材料

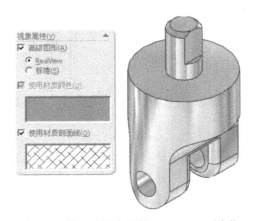

图 3-46　模型的视象属性和 RealView 图形

4）由于 SolidWorks 是实体建模系统，因此，只要给定了零件的密度，就可以方便地计算零件的质量、重心和惯性矩。选择下拉菜单中的"工具"→"质量特性"命令，如图 3-47 所示。

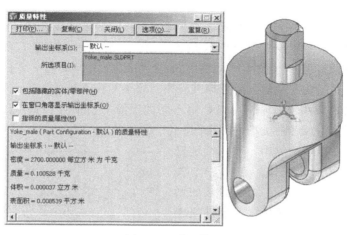

图 3-47　质量特性

8. 零件的编辑和修改

在 SolidWorks 中建立的任何一个特征，都可以方便地进行修改。

1）当需要修改某个草图或特征的数值时，只需在 FeatureManager 设计树或图形区域双击相关的特征，特征中包含的尺寸即可显示在图形区域中，如图 3-48 所示，双击要修改的尺寸，修改尺寸数值。

2）当需要修改草图的形状时，则必须通过编辑草图来实现。如图 3-49 所示，在 FeatureManager 设计树中右击草图，从弹出的快捷菜单中选择"编辑草图"命令。系统将自动退回到绘制该草图的状态并打开草图，处于绘制草图状态。当绘制草图的平面不符合要求时，可以改变草图的绘制平面。

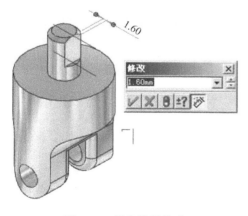

图 3-48　修改模型尺寸

图 3-49　编辑草图

3）当设计图发生变化，无法通过修改特征尺寸完成设计时，用户可以编辑特征的定义。例如，将某个特征的终止条件从"给定深度"改为"完全贯穿"。

4）当编辑草图、草图平面和特征时，都会自动重建当前的模型。如果只是修改了尺寸，系统并不重建模型。故可以单击"标准"工具栏中的"重建模型"按钮，重新对模型进行计算，以反映其修改。

9. 零件配置

配置是 SolidWorks 中一个重要的概念，在零件设计和装配体设计中得到广泛应用。零件配置主要有如下方面：利用现有设计参数和特征建立其他设计方案；产品的系列零件（具有相同结构形状特征，但尺寸大小不同的零件）；可以分别指定同一零件不同的自定义属性，以便应用于不同的装配；建立企业标准件库；用于零件不同的工艺过程；用于装配中的不同状态；当装配体文件较大时，可以利用不同的配置对特征或零部件进行压缩；利用配置，可以在工程图中生成各种类型的剖视图。

在万向联轴器这个装配体中，有一个销钉零件（pin），此零件在装配体中包含三个实例，其中两个为较短的型号，一个为较长的型号。在 SolidWorks 中，可以使用一个零件完成两种型号零件的设计。

1）在 FeatureManager 设计树顶端有不同的图形按钮，单击"ConfigurationManager"按钮 （第三个按钮）可以对文件的配置进行

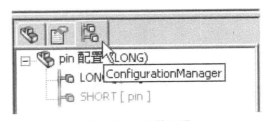

图 3-50　配置管理器

管理，如添加配置、激活当前操作的配置等，如图 3-50 所示。

2）双击"pin 配置（LONG）"，则在图形区域显示较长型号的销钉；双击"pin 配置（SHORT）"，则在图形区域显示较短型号的销钉，如图 3-51 所示。

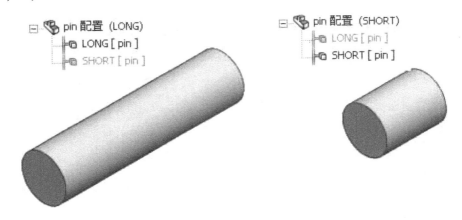

图 3-51　两种不同的配置

3）在图形区域双击特征，可以针对当前激活的配置来修改尺寸数值，修改后的尺寸仅应用于某个指定的配置，如图 3-52 所示。

10. 零件设计的其他技术

以上介绍了使用 SolidWorks 进行零件设计的方法，它是零件建模的基础。SolidWorks 作为面向机械设计、消费品、模具设计行业的三维设计软件，还有非常丰富的特征建模技术，这些技术包括：旋转特征；阵列和镜像技术；利用设计库简化设计步骤，提高工作效率；扫描和放样；圆顶和特型特征；变形和压凹特征；曲面建模技术；多实体设计环境；钣金和焊接建模；模具设计工具。

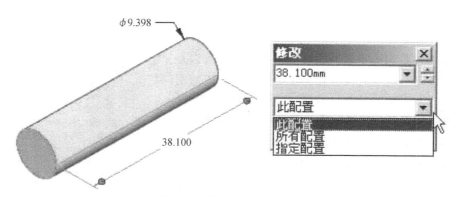

图 3-52　针对配置修改尺寸

3.5.3　装配体

装配体是零件的组合，将已经建立好的零件按照一定的约束关系组合成一个独立的装配体文件，即把操作和利用装配体的过程想象为在一个装配车间里把加工完成的零件按照一定的顺序和规则装配成一个独立的产品。

建立装配体文件，是建立虚拟样机的基础。利用建立好的装配体文件，可以对装配体进行分析，发现和解决零件在设计阶段存在的问题，对装配体进行物理模拟，利用 COSMOS 分析软件分析装配体的运动规律和运动过程中的应力变化等。

1. 装配体的设计方法

利用三维设计软件建立装配体有以下两种方法。

（1）自底向上的装配体设计　这种方法从零件设计开始，把已经完成的零件按照配合关系依次插入装配体中，最终形成完整的装配体文件。

（2）自顶向下的装配体设计　即在装配体中设计零件和特征。这种设计方法可以更好地利用零件之间的关联关系，从而大大提高其设计效率。

自顶向下和自底向上这两种设计方法并不矛盾，实际工作中，装配体设计是两种方法的结合：用户既可以从装配体布局草图开始，依次设计每个零件并建立相应的特征；也可以从现有零件生成装配体开始，逐个插入零件，并在装配体设计环境中建立零件、特征或修改特征。

2. 装配体的一些概念和术语

（1）零部件　零部件是装配体中的单独零件或几个零件的组合（子装配体）。

（2）自由度　加入到装配体中的零部件在配合或固定之前有六个自由度：沿 X、Y、Z 轴的移动和沿这三个轴的旋转，如图 3-53 所示。一个部件在装配体中如何运动是由它的自由度所决定的，使用"固定"和"配合"命令来限制零件的自由度。

（3）装配体的 FeatureManager 设计树　装配体的 FeatureManager 设计树显示了所有的零件及其在装配体中的状态，如图 3-54 所示。如果一个零部件过定义或没有被完全定义，其名称前会有一个包含于括号中的"＋"号或

图 3-53　零件的自由度

"−"号。未完全定义的零部件有一些自由度，完全定义的零部件没有自由度。

（4）零部件状态　零部件在装配体中的状态可以是完全定义、过定义或未完全定义。为了确定整个装配体的空间位置，通常将插入装配体的第一个零件默认设置为"固定"，其他的零件则利用配合关系确定位置。

（5）零部件属性　通过对零部件属性的设定，用户可以控制零部件的显示名称、显示/隐藏、压缩/还原已经应用配置的情况。

（6）配合和配合组　装配体中的配合关系被分组放入名为"配合"（或"Mates"）的配合组中。配合组是装配体中所有配合关系的集合，这些配合关系作为一个整体进行求解，如图3-55所示。

3. 插入零部件

在 SolidWorks 中，可以使用多种方法向装配体中插入零件，这些方法包括：

（1）利用现有零件生成装配体　从零件设计环境直接激活建立装配体命令并插入零部件。

（2）插入零部件　在装配体环境中使用该命令并查找需要插入的零件。

（3）从零件窗口中拖放　从零件窗口中拖放零件到装配体窗口，在拖放的过程中已经指定了零件的配置。

（4）在装配中复制/粘贴零部件　这是对于装配体中包含多个相同零件最好的插入方法。

（5）从 Windows 资源管理器中拖放　可以直接从资源管理器中拖放零部件图标到装配体窗口，用户可以选择零件使用的配置，从而在装配体中插入特定配置的零部件。

（6）从设计库中拖动零件　把常用的零件保存在设计库中，并可以直接拖放到装配体中。

（7）利用 Toolbox 插入标准件　Solid-Works Toolbox 可以根据零件中孔的类型自动添加所需的标准件，如螺钉、垫圈和螺母。

4. 配合关系

利用多种实体或参考几何体来建立零件间的配合关系（如模型面、参考平面、模型边、顶点、草图线、基准轴、原点）。在零件中选择对象，建立零件间的配合关系。常见的对象是选择两个面建立配合关系（如重合、平行等）。对于相同的选择对象和配合

图 3-54　装配体的
FeatureManager 设计树

图 3-55　装配体的配合组和配合关系

类型，又存在"反向对齐"和"同向对齐"两种不同的选项。

SolidWorks 中的配合关系包括标准配合关系和高级配合关系。

（1）标准配合关系

1）重合。不同部件的点、线、面的重合。

2）平行。直线、平面之间的平行关系。

3）垂直。直线、平面之间的垂直关系。

4）同轴。两个圆柱面或圆形边线的轴线重合。

5）相切。圆柱面与平面或直线、圆柱面之间的相切关系。

6）角度。具有一定的角度关系。

7）距离。具有给定的距离数值。

（2）高级配合关系

1）限制配合。限制某个零件在一定距离或角度范围内运动。

2）凸轮配合。是一种相切或重合类型的配合，可以使用圆柱面、基准面或顶点与一组相切的拉伸表面进行配合。

3）齿轮配合。两个具有机械运动关系的齿轮间的运动关系，如定义齿轮的传动比。

4）对称配合。可以强制两个相似的实体关于基准面或平面对称。

5. 建立配合关系

在 SolidWorks 中，使用职能配合技术可以方便地建立零件间的配合关系。下面通过几个实例介绍建立配合关系的技术。

（1）在拖放零件的过程中直接建立配合关系　如图 3-56 所示，在从零件窗口拖放零件

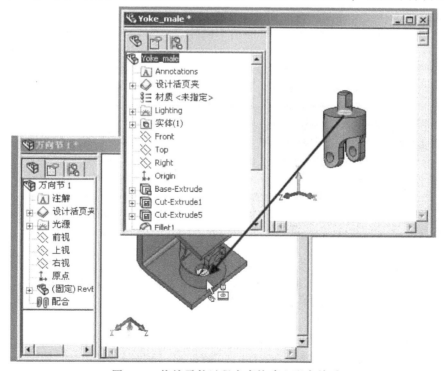

图 3-56　拖放零件过程中直接建立配合关系

的圆形边线到装配体中相应位置的圆形边线上时，不仅可以在装配体中插入零件，同时可以建立"重合"和"同轴"配合关系。

（2）在装配体中移动零部件建立配合关系　按住<Alt>键拖动零件的边线或面到相应的实体上，通过弹出的配合工具栏完成配合关系的建立，如图 3-57 所示。

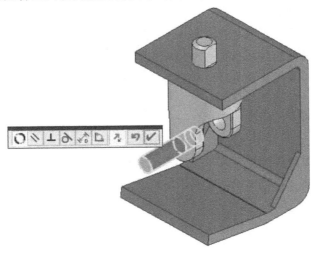

图 3-57　弹出的配合工具栏

（3）使用特征驱动的阵列完成多个相同零件的添加和配合关系　如果在零件中建立阵列特征，利用源特征建立配合关系，可以方便地通过特征驱动的阵列来完成多个零件的添加，如图 3-58 所示。使用这种技术，装配体中的零件数量和零件位置与配合零件的阵列特征相关，因此，只要阵列特征变化了，装配体中的零件也就会发生相应的变化。

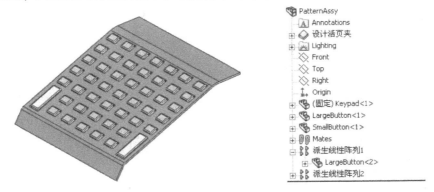

图 3-58　使用特征驱动的阵列

（4）使用配合参考　用户可以在零件中添加配合参考，即在不打开零件的情况下实现智能配合。通过在零件中指定一个面、边线或顶点作为配合参考，用户就可以从设计库或 Windows 资源管理器中直接拖放零件进行智能配合，如图 3-59 所示。

6. 分析装配体

可以基于装配体进行各种类型的分析，其中包括计算装配体的质量特性和干涉检查。

1）如果设定了零件的材料属性（密度），即可根据零件计算整个装配体的质量特性，如图 3-60 所示。

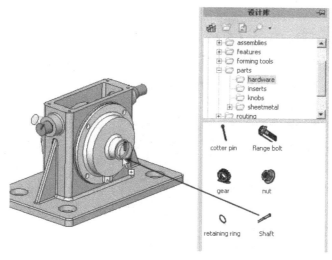

图 3-59　使用配合参考和设计库

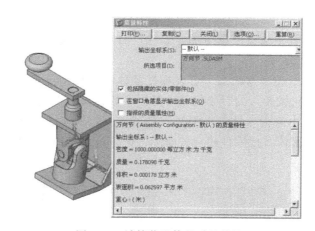

图 3-60　计算装配体的质量特性

2）利用干涉检查可以发现装配体中零部件之间的干涉。该命令可以选择一系列零部件并寻找它们之间的干涉，干涉部分将在检查结果的列表中成对显示，并在图形中将有问题的区域用一个标定了尺寸的"立方体"来显示，如图 3-61 所示。

3）如果需要检查零部件在运动过程中是否存在干涉现象，则可以对装配体进行动态的干涉检查，如图 3-62 所示。

7. 装配体编辑

在 SolidWorks 中，零件、装配体和工程图具有完全的关联关系：无论是在零件、装配体中还是在工程图中，修改了某个特征的尺寸，则所做的修改将适用于所有使用该零件的场合。

对装配体的编辑可包括以下几个方面。

（1）直接修改零件尺寸　在装配体中修改尺寸值的方法与在零件中修改的方法完全一样：双击特征，然后双击尺寸。如图 3-63 所示，在装配体中修改尺寸值，不仅装配体发生了变化，相关的零件也同时进行修改。

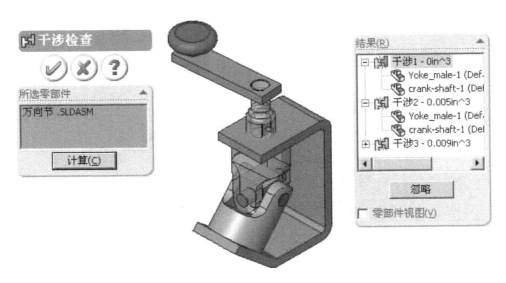

图 3-61 静态干涉检查

（2）编辑零件的配合关系 可以压缩、删除、重新定义配合关系，或直接修改具有尺寸的配合关系的数值，如距离尺寸。

（3）控制零件的显示和压缩状态 可以根据具体的应用情况设定哪些零件显示，哪些零件隐藏；哪些零件是正常装入的、哪些零件是压缩的，如图 3-64 所示。

（4）在装配体窗口中编辑零件 在编辑零件状态下，所有的操作与在单独的零件窗口完全相同，用户参考装配体其他零件建立关联的特征，这是自顶向下设计最常见的方法，如图 3-65 所示。

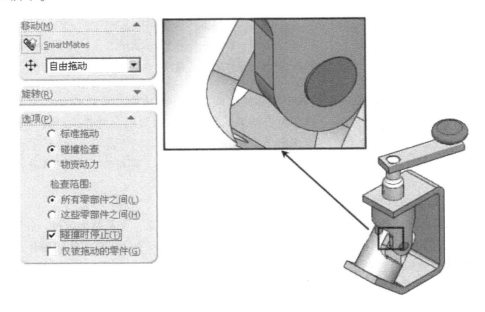

图 3-62 动态干涉检查

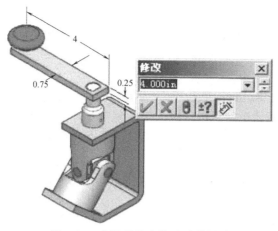

图 3-63　在装配体中修改零件尺寸

图 3-64　控制零件的显示/隐藏状态

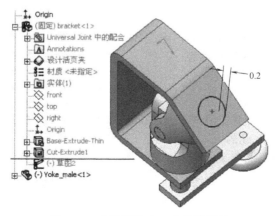

图 3-65　在装配体窗口中编辑零件

8. 物理模拟

利用物理模拟，可以在装配图中实现如电动机、弹簧和引力在装配体中的效果。物理模拟将模拟要素和 SolidWorks 工具（如配合关系和动力）相结合，从而实现零部件在装配体中的运动，如图 3-66 所示。

在 SolidWorks 中，可以进行如下几种类型的物理模拟。

（1）旋转电动机　旋转电动机可以绕一个旋转中心旋转零部件。

（2）直线电动机　直线电动机可以沿一个选择的方向移动零部件。

（3）弹簧　将弹簧的力应用于零部件。

（4）引力　引力将作用于装配体的所有零部件，所有零部件无论其质量如何，都在引力作用下以相同速度移动。

9. 爆炸视图和爆炸直线草图

用户可以在 SolidWorks 中，通过自动爆炸或一个零部件一个零部件地爆炸，形成装配体的爆炸视图，装配体可在正常视图和爆炸视图之间切换。建立爆炸视图后，可以对其进行编辑，也可以将爆炸视图用于工程图中，如图 3-67 所示。

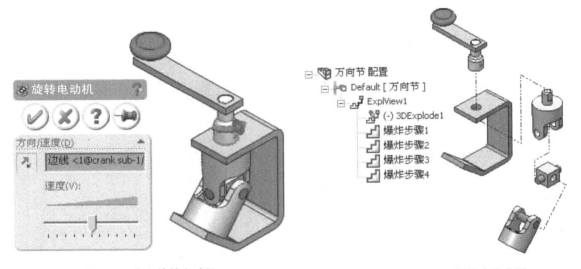

图 3-66　定义旋转电动机　　　　图 3-67　爆炸视图和爆炸直线草图

在爆炸视图中，可以利用一种叫作"爆炸直线草图"的 3D 草图来绘制和显示爆炸视图的爆炸线，用以显示零部件的爆炸路径。

3.5.4　工程图

SolidWorks 软件主要用于建立各种三维零件模型和装配体模型，而工程图作为一种表达形式，是在模型建立之后完成的。

SolidWorks 支持多种绘图标准，包括对中国国家标准（GB）的支持。

SolidWorks 提供了建立工程图的各种工具，图 3-68 所示为处理工程图的工具栏，这些工具包括：

1）建立符合绘图标准的工程图模板和图纸格式，以提高效率。

2）建立模型的各种视图，如标准三视图、投影图、剖视图、局部放大图、轴测图、装配图、爆炸图等。

3）建立工程图所必需的各种注解，如尺寸、基准符号、表面粗糙度、几何公差、材料明细栏和零件序号等。

4）利用设计库添加工程图注解，提高工程图操作效率。

5）多种格式的输出形式：SolidWorks 可以输出 DWG/DXF 文件格式、PDF 格式等，便于用户应用于不同的场合。

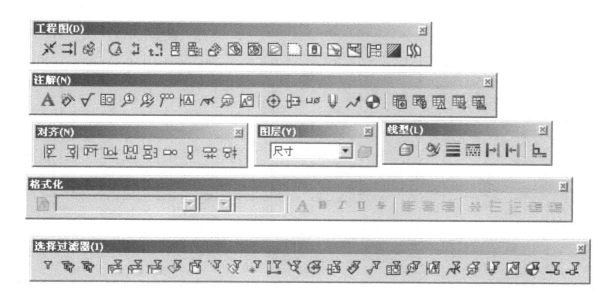

图 3-68　处理工程图的工具栏

图 3-69 和图 3-70 所示为利用 SolidWorks 建立的装配图和零件图。

3.5.5　设计交流工具

eDrawings 是一种设计交流工具，可以用于 SolidWorks 文件的交流，同时，可以支持其他多种三维和二维设计软件。

前面所说的零件、装配体、工程图文件都不能脱离 SolidWorks 软件进行交流，必须在具有 SolidWorks 软件的前提下才能够打开和查看设计。由于 eDrawings 文件本身就含有播放系统，因此，通过 eDrawings 文件进行交流时，只要有 Windows 操作系统就可以浏览利用 Solid-Works 设计的文件。

eDrawings 能够以动画的形式查看模型和工程图文件，并且允许用户测量、观看截面、操纵视图、标注模型和工程图文件。利用 eDrawings，用户还可以生成便于交流的模型和工程图文件。

模型的配置信息和工程图图样也可以随 eDrawings 文件一起保存。eDrawings 文件的类型和标准的 SolidWorks 文件类型相同（如零件、装配体和工程图）。

图 3-71 所示为打开万向联轴器装配体的 eDrawings 文件。

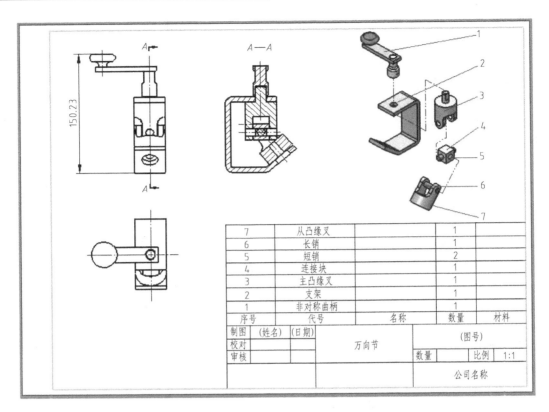

图 3-69　装配图

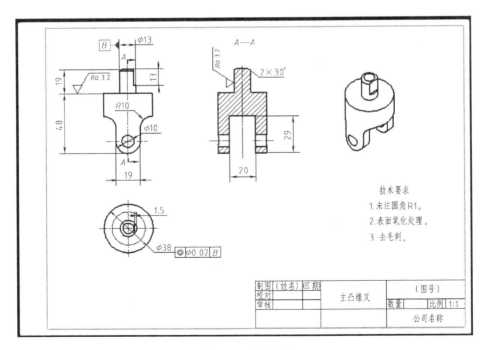

图 3-70　零件图

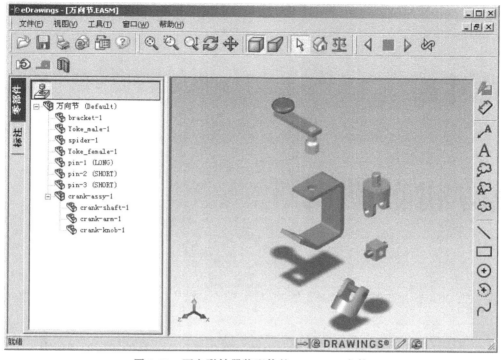

图 3-71 万向联轴器装配体的 eDrawings 文件

习 题

3-1 已知直线 AB 的两端点坐标分别为：$A(50, 65)$，$B(200, 150)$，利用直线生成算法，编写生成直线 AB 的程序。

3-2 求平面三角形

$$A: \quad \begin{pmatrix} 30 & 10 & 0 \\ 10 & 20 & 0 \\ 10 & 10 & 0 \end{pmatrix}$$

绕 Y 轴旋转 $30°$ 后的图形（即算出旋转后的三角形顶点坐标 A^*、B^*、C^*）。

3-3 常用的建模方法有哪几种？建模的基本原理是什么？

3-4 实体建模系统有哪两种通用技术？分别叙述其特点。

3-5 实体建模与特征建模的差异是什么？

3-6 使用 SolidWorks 软件设计一个三维轴类零件。

3-7 使用 SolidWorks 软件将第 6 题中产生的三维轴类零件输出到二维工程图。

3-8 根据身边的产品，利用 SolidWorks 建立零件、装配体和工程图，了解 SolidWorks 在产品设计中的优越性。

第4章

计算机辅助设计

4.1 概述

计算机辅助设计就是利用计算机强有力的计算功能和高效率的图形处理能力，辅助设计人员进行工程和产品的设计与分析，达到预期的目的或取得创新成果的一种技术。它以计算机、外围设备及其系统软件为基础，包括概念设计、方案设计、造型设计、优化设计、有限元分析、仿真模拟及产品数据管理等内容。随着 Internet/Intranet 和并行、高性能计算及事务处理的普及，异地、协同、虚拟设计及实时仿真也得到广泛应用。

在产品设计的过程中，计算机辅助设计既可以减轻设计人员的脑力、体力劳动，又能提高产品设计质量、缩短产品开发的周期、降低产品的设计成本。

计算机辅助设计系统对传统的机械设计方法和思路带来了极大的冲击，是机械设计一次大的革命。机械 CAD 系统除完成传统的设计步骤外，对于一些大量的计算，设计产品的形状结构模拟仿真，甚至产品的虚拟加工、装配以及运动仿真等在过去无法实现的内容，也能轻松完成。如参数的优化设计、结构的有限元分析、机件和机构的形状及运动的模拟仿真、机械图样的绘制等。计算机技术的引入，拓展了机械设计的思路，增加了设计的方法，同时又减轻了设计人员的工作强度，加快了设计的进度，缩短了产品的设计周期。机械 CAD 系统也在不断地改进和扩展自身的功能，现有的一些机械 CAD 系统功能不仅仅局限于机械产品的设计，同时系统也与其他技术相结合。如：与数据库技术结合，可以将每一项产品的全部信息都进行存储管理；提供二次开发的平台，为用户扩展系统的功能提供基础条件等。

在计算机辅助设计系统中，人机交互是一项关键的内容，要保证系统的正常运行，方便设计人员的使用，友好的人机交互界面是一个系统必备的前提条件。因此，在计算机辅助设计系统中，界面的设计是一项重要内容。同时，在计算机辅助设计中涉及大量的数据资料，可以充分利用计算机的高速处理数据的能力，实现对设计数据的自动处理和管理。本章将重点介绍界面的设计和 CAD 系统中数据处理的方法。

4.2 界面设计

计算机与用户进行联系和信息交流的接口就是用户界面，用户界面也是人机交互过程中必不可少的重要部分。系统通过界面显示能够实现的各项功能，用户也可以通过界面的功能来完成相应的工作。良好的界面设计为用户提供了极大的方便，也为软件系统的推广使用提供了基本条件。

4.2.1 界面设计的一般原则

用户界面又称人机交互界面，是实现用户与计算机之间的通信，以控制计算机或进行用户和计算机之间的数据传送的系统部件。

用户界面的差异直接影响用户对软件产品的评价，也关系到软件产品的竞争力、使用寿命、系统响应时间、用户帮助设施、出错信息处理、命令交互方式等。不同的用户对系统界面的要求也存在区别。因此，在进行界面设计时应充分考虑不同用户的使用特点。

1. 计算机使用用户的分析

目前，计算机技术的应用范围日益扩大，不同领域和不同层次的用户，其本身的技能、使用习惯、对计算机知识的熟练程度以及对系统的期望值都存在较大的差异，对人机交互界面的要求也不尽相同。因此，设计人机交互界面时应尽可能满足不同用户的使用要求。

对于普通计算机用户，不可能都要求其具有较高的计算机知识和操作水平，设计人员在界面设计时应充分考虑界面的功能，尽量满足不同人群的需要。通常将计算机使用者分为三种类型：生疏型用户、熟练型用户、专家型用户。

（1）生疏型用户 生疏型用户一般不具备或具备较少的计算机专业知识，对计算机系统的性能及操作缺乏了解，很少使用计算机，对计算机表现出神秘感和陌生感。在界面设计时应简单明了，减少操作，便于该类用户较快地熟悉新系统的功能，方便使用。当然，该类用户随着经验的增加，也可以变成熟练型用户甚至专家型用户。

（2）熟练型用户 熟练型用户一般是专业技术人员，他们拥有一定的计算机知识，对使用的计算机系统所具备的功能、完成的任务都有清楚的了解和思路，对计算机系统的使用也有一定的经验，并且能熟练地操作。一般来说，这类用户使用计算机系统的积极性、主动性较高，计算机系统已成为他们完成专业工作的一个重要辅助工具。

（3）专家型用户 专家型用户对使用的计算机系统的功能、结构十分了解和精通，拥有较高的计算机软硬件知识，能熟练操作、使用计算机系统，甚至具有维护、扩展系统功能的能力。该类用户通常是计算机专业用户，如系统程序员、系统开发人员或者应用领域的计算机专家。

通过上述对不同用户特点的分析，要设计出能够让不同用户满意的界面存在较大的困难。但是，在设计人机交互界面时，必须考虑不同类型用户因素的影响，才能使设计出的计算机系统界面尽可能地满足不同用户的使用要求和使用习惯。

2. 界面设计的一般原则

人机交互界面是交互式应用软件系统重要的组成部分，随着计算机应用的日益普及，人机交互界面的设计也越来越得到重视。设计一个好的人机交互界面，既要考虑人的因素，又要考虑界面的风格和使用方便，以及可使用的软、硬件技术和应用系统本身的特点。优秀的界面应该简单、方便，易于用户使用，界面设计过程中一般应该遵循以下设计原则。

（1）界面一致性　界面一致性是指在系统界面的设计中各交互界面具有相似的界面外观、布局、人机交互方式及信息显示格式等，主要体现在输入、输出方面的一致性。一致性原则有助于用户学习，减少用户的学习量和记忆量。保持系统一致性的目的是能让用户由系统某个方面的知识推广到其他方面。因此，界面设计需要遵从统一的、简单的规则，不应出现例外和特殊的情况。

（2）有用信息的反馈　信息反馈是人机交互的一个重要部分，也是计算机对用户操作的反应。反馈信息可以根据不同的反馈级别以不同方式表示。在设计用户界面时应考虑到各种反馈，并在程序中实现。一般根据设计过程中的功能设计、顺序设计和连接设计等三步骤，给出三级反馈。设计人员必须考虑到每一级，并明确指出是否提供反馈以及以何种形式给出反馈。通常在屏幕上一个固定的区域显示反馈信息，也可以采用声音或在事件发生地弹出一个反馈窗口，显示警告信息、确认信息、出错信息等。

（3）减少用户操作记忆的信息量　用户在使用计算机时，必须对计算机的系统功能、操作命令等有一定的了解和掌握。一个设计良好的系统应尽量减少对用户的记忆要求，给用户提供尽量多的提示。如果用户有一些特殊、危险的请求，系统应及时作出提示。例如，删除文件或覆盖某些信息，或要求终止一个运行的程序，都应显示一条确认信息，保证用户能够正确地使用系统，尽量避免误操作。

（4）允许大部分操作能够返回上一级　用户在操作中会受到各种不确定因素的影响，有可能出现一些错误操作的现象，当出现错误操作时，系统应为用户提供返回到上一级的返回操作，尽量减小错误的影响。常用的出错时的恢复方法有五种：复原（UNDO）、重做（REDO）、中止（ABORT）、取消（CANCEL）和校正（CORRECT）。上述功能为用户提供改正的机会，同时节省大量时间。

（5）提高对话、动作的效率　用户在使用中击键的次数应尽可能减少。在设计界面屏幕的布局时，还应考虑鼠标在两个选取点间必须移动的距离。在屏幕的组织布局中，尽量按功能将活动进行划区分类，同时将复杂功能隐藏起来，方便新用户尽快掌握系统基本功能和基本操作。对于一些命令，也可以提供合理的默认值代替任选参数项。

（6）提供有关的帮助　提供有关的帮助可使用户在有关主题的执行、操作中进行选择，减少用户获取帮助的时间并增加界面友好性。

3. 交互式界面的一般交互方式

随着计算机图形学的迅速发展和计算机硬件设备性能的提高，计算机交互技术由菜单交互方式发展为图形交互界面。Windows丰富多彩的图形界面使人机交互技术达到了一个新的高峰，成为目前流行的人机交互环境，即使不熟悉计算机的用户，也能很快地通过图形交互界面使用计算机完成自己的工作。人机交互方式一般可以分为以下几种。

（1）问答式对话界面　问答式对话界面是一种最简单的人机交互方式，首先由系统启动对话功能，使用类似自然语言的提问形式，提示用户，用户一般通过键盘输入字符串进行回答。最简单的问答式对话采用的是非选择形式，即系统要求用户的回答限制为Yes或No；而较复杂些的是把回答限制在很小范围的答案集内，用户通过字符或者数码输入进行回答。这类用户响应也可称为菜单响应，适应对象主要是生疏型用户。

（2）菜单界面　交互方式的菜单界面可以让用户在一组多个对象中进行选择，各种可能的选择项通过菜单项的形式分层显示在屏幕上。菜单界面适用于熟悉系统功能，但又缺少计算机使用经验的用户，如熟练型或专家型用户，菜单界面的弱点是不如命令语言灵活和高效。

（3）图符界面　图符界面方式实际上也属于菜单界面方式，它使用图符来代表文本菜单的菜单项，可以形象、逼真地反映菜单的功能，使学习和操作变得更加容易。但使用图符方式必须具有图形硬软件环境的支持，图符的使用会占据较大的屏幕空间和附加较多的图符文字说明。

（4）填表界面　填表界面是由系统驱动的具有高度结构形式的输入表格，用户按系统要求输入数据进行填写，其特点是输入、输出信息同时显示在屏幕上。在进行填表操作时，允许用户在表格内自由移动光标定位到所需的字段进行输入。

（5）命令语言界面　命令语言界面是用户驱动的对话，即由用户发起和控制对话。用户按照命令语言文法，输入命令给系统，然后系统解释翻译命令语言，完成命令语言规定的功能，并显示运行结果。

（6）查询语言界面　查询语言通常是用户与数据库的交互媒介，是用户定义、检索、修改和控制数据的工具。查询语言界面只需给出需要进行操作的要求，不必描述操作的过程。用户在使用查询语言界面时一般不要求掌握通常的程序设计知识，因而方便了用户的使用。

（7）自然语言界面　自然语言界面能在人与计算机之间使用自然语言进行通信、交互，是最理想、最方便的人机交互界面。这样的界面应该能够理解用户用自然语言表达的请求，并将系统的理解转换成系统语言，进而执行相应的功能。由于自然语言存在语义二义性、依赖应用领域知识和编程实现困难等缺点，要真正实现自然语言界面，仍有很多工作要做。

人机交互界面也是 CAD/CAM 系统中的关键部分。本书以 Microsoft Windows 操作系统和 C++高级编程语言为基础，介绍图形用户界面设计的基本知识。

4.2.2　Windows 图形用户界面

Windows 应用程序的界面是一个图形化的用户界面，既可以方便地使用高级语言开发具有图形用户界面的应用程序，又能够提供设计风格相同的应用程序开发接口。Windows 应用程序的用户界面分为三种类型，即单文档界面、多文档界面和基于对话框的应用程序。单文档界面的应用程序只有一个文档窗口，每次只能读写一个文件或文档，如 Windows 附件中的记事本（Notepad）和写字板（Wordpad）。多文档界面的应用程序在程序运行时允许同时打开两个或两个以上的文档窗口，在每个文档窗口中读写一个文件或文档，如 Windows 中的字处理软件 Word。基于对话框的应用程序没有文档窗口，如 Windows 附件中的计算器。

AutoCAD 是微型计算机上应用较为广泛的计算机辅助绘图文件，在 AutoCAD R14 及以前版本采用了单文档用户界面，即一次只能编辑一个图形文件，从 AutoCAD 2000 版本开始采用了多文档用户界面。下面以 AutoCAD 2000 为例来介绍 Windows 应用程序用户界面的基本组成元素。AutoCAD 2000 的基本用户界面如图 4-1 所示。

从图 4-1 中可以看出，Windows 应用程序用户界面的基本组成要素有：标题栏、菜单栏、工具栏、状态栏、绘图区以及图中没有显示的对话框和各种控件。

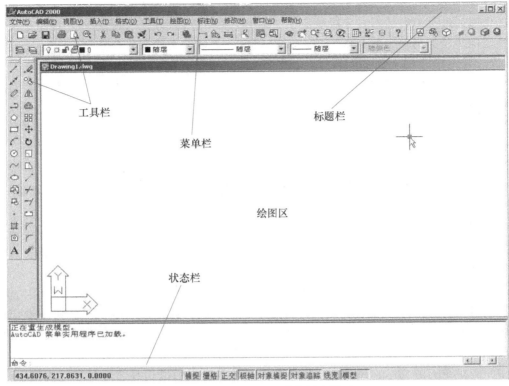

图 4-1　AutoCAD 2000 基本用户界面

标题栏位于应用程序主窗口上部，显示当前应用程序名称（AutoCAD 2000）。标题栏的左侧为 Windows 控制菜单，右侧为最小化、最大化（还原）和关闭按钮。用户可以用鼠标拖动标题栏移动窗口的位置。

菜单栏位于标题栏下面。下拉式菜单是用户与应用程序交互的一种命令式工具。用户可以用鼠标在菜单中点取某一选项对应用程序进行操作。

工具栏是一种代替命令或下拉菜单的简单工具，可以停靠在应用程序主窗口的四周，也可以放在应用程序窗口内部的任意位置。

状态栏位于应用程序主窗口底部，用于指示应用程序的工作状态，并显示帮助信息。

绘图区占用了用户界面的主要区域，应用程序用它来显示文字和图形等内容。

对话框是一种弹出式窗口，其作用是向用户显示应用程序的各种消息并接收用户的输入，用于需要用户输入或需要与用户进行交互的场合，如"打开文件"对话框允许用户输入和选择文件，"关于"对话框给出软件的一些版本信息。

控件是 Windows 操作系统内部定义的能够完成特定功能的控制程序单元，在应用程序中调用控件不仅简化了编程，还能完成常用的各种功能。在对话框中，除了标题栏之外，还可以包含许多控件，常见的控件有按钮、静态文本、滚动条、列表框、编辑框和组合框等。

4.2.3　Windows 应用程序模型

1. 事件与消息

Windows 的应用程序由事件驱动。在 Windows 应用程序运行过程中，只要用户进行了影响窗口的动作，就会触发一个相应的"事件"（Event）。当 Windows 检测到事件发生时，就会给程序发送一个"消息"（Messages），通知应用程序有事件发生。

操作系统向应用程序传递输入。Windows 有一个叫做窗口过程的函数，只要有输入，操作系统就调用它们。窗口过程处理输入后，将控制返回给操作系统。

操作系统以消息的形式将输入传递给窗口过程。消息由系统和应用程序产生，每当输入事件发生（如敲击键盘、移动鼠标或单击滚动条），系统就会产生消息。当应用程序改变系统字体资源或者改变它的一个窗口时，系统用消息响应由应用程序引起的变化，例如，应用程序产生消息使其窗口执行一些任务或者与其他应用程序的窗口通信。

Windows 定义了三种类型的消息，即窗口消息、命令消息和控件消息。

（1）窗口消息 窗口消息一般与窗口的内部运作有关，它是操作系统和控制其他窗口的窗口所使用的消息（如创建窗口、绘制窗口和销毁窗口）。这类消息是以 WM_为前缀的（WM_COMMAND 例外）。例如，WM_MOVE、WM_QUIT 等。

（2）命令消息 命令消息一般与处理用户请求有关，是一种特殊的窗口消息，它从一个窗口发送到另一个窗口以处理来自用户的请求。例如，当用户单击一个菜单项或工具栏时，命令消息产生，并被发送到能够处理该请求的类对象。命令消息以 WM_COMMAND 为消息名，在消息中含有命令的标识符 ID，以区分具体的命令。

（3）控件消息 控件消息类似于命令消息，当用户与控件窗口交互时，这一类消息从控件窗口发送到其上一级窗口。控件消息的作用不在于处理用户命令，而是为了让上一级窗口能够改变控件。例如，当用户打开一个组合框时，父窗口可以用一些信息填充组合框。控件消息以 WM_COMMAND 为消息名。由编辑框、列表框、子窗口发送给父窗口通知消息，在消息中包含控件通知码，以区分具体控件的通知消息。

2. Windows 应用程序框架

MFC（Microsoft Foundation Classes）是用 VC 开发 Windows 应用程序的基础类库。该类库封装了大部分 Windows API 函数，并以层次结构组织起来，所包含的功能涉及整个 Windows 操作系统。

MFC 提供了 CWinApp、CFrameWnd、CDocument 和 CView 四个类库作为应用程序框架的基本类，应用程序中的框架类由这四个基本类派生，具体使用哪些类取决于所创建的应用程序类型。

（1）CWinApp 负责初始化并启动、运行应用程序。该类封装了 Windows 应用程序的入口函数 WinMain，是应用程序运行时创建的第一个对象。启动后，该类负责创建应用程序的其他对象，并在应用程序运行的过程中最后一个终止。

（2）CFrameWnd 负责显示、跟踪用户命令及显示应用程序的主窗口，是应用程序运行时创建的一个对象。

（3）CDocument 负责加载和维护文档，是应用程序创建的一个对象。该类负责将文档加载到其成员变量中，并允许 CView 类编辑这些成员变量。这里的文档可以是文本文件、二进制文件、图像文件、网络设置等任何内容。

（4）CView 负责为文档提供一个或多个视图。文档类对象创建之后，会创建一个或多个视图类的对象。该类负责描述文档的内容，并允许用户编辑文档。

基于对话框的应用程序，仅包含了 CWinApp 的派生类，界面用 Cdialog 类创建，但文档界面应用程序包含了上面介绍的全部四种基本类。多文档应用程序除了使用以上四个基本类外，还增加了两个 CFrameWnd 的派生类 CMDFrameWnd 和 CMDIChildWnd。

3. MFC 消息映射

Windows 是由消息驱动的，做好消息处理是 Windows 编程的关键，用 VC 制作 Windows 程序同样离不开消息的处理。虽然 VC++的类向导可以完成绝大部分工作，但它不能完成所有的工作，这就要求用户对 VC 中消息的处理有一个清晰的认识。

在 MFC 中，消息是通过消息映射机制来处理的。其实质是一张消息及其处理函数的对应表以及分析处理这张表的应用框架内部的一些程序代码。

MFC 应用程序的消息处理过程如下。

1）由 CWinApp 应用类检索和分发消息。

2）由 MFC 应用框架根据消息所属窗口，搜索其消息映射表，如果检索到当前消息的入口，则调用相应的消息处理函数。

3）如果该窗口类对象没有相应的消息映射表入口，则由应用程序框架自行调用基本类的默认处理。

消息映射表示 CCmdTarget 派生类独有的特征，所有由 CCmdTarget 派生的类都可以处理应用中的命令消息，同一条命令消息可以被多个对象处理。消息映射表由一些 MFC 宏定义组成，每一个表项包括一条消息和一个消息处理函数的入口地址。通常，消息映射表由 VC++中的 ClassWizard 向导负责创建和维护。

4. VC++常用向导和编辑工具

VC++提供一些向导和编辑工具，使用这些向导和编辑工具可以简化应用程序开发，提高开发效率。这些向导和编辑工具主要有以下几种。

（1）AppWizard 应用程序向导　用于生成应用程序所需的类及相应的文件。所产生的类均派生于 MFC 库链接创建应用程序。

（2）ClassWizard 类向导　用于创建应用程序所用到的专用类，并能够为已有的类添加新的成员函数和变量。由类向导创建的类必须由 MFC 类派生。

（3）Dialog Editor 对话框编辑器　用于创建对话框模板。开发者可以直接将控件图标拖到对话框中的适当位置，被创建的对话框模板作为应用程序的资源存储，用于在程序运行时创建对话框。

（4）Toolbar Editor 工具栏编辑器　用于创建工具栏和位图资源。

（5）Custor、Icon 和 Bitmap Editor 图像编辑器　用于创建应用程序所使用的光标、图标和位图资源。

（6）Menu Editor 菜单编辑器　用于创建应用程序使用的下拉式菜单和弹出式菜单。

（7）String Editor 字符串资源编辑器　用于创建字符串资源。它可以将文本字符串从应用程序中分离出来，并且可以很方便地将应用程序从一种语言转变为另一种语言（如从英文转变为中文）。

（8）Text Editor 文本编辑器　用于文本的编辑。

4.2.4　Windows 常用控件介绍

控件也称为表单，是 Windows 图形用户界面的重要组成部分。控件可以分为通用控件和专用控件，应用程序常用的通用控件有静态控件、按钮控件、文本框控件、列表框控件、组合框控件和滚动条控件。如图 4-2 所示为 Windows 各类常用控件。

1. 静态控件

静态控件（Label）是常用的控件之一。一般情况下，静态控件用于没有固定标题文本属性的控件（如文本编辑控件、列表框等）的标签，也可用来为控件分组，或者用来显示一些提示性的文件。实际上，静态控件除了显示静态文本这一基本功能外，还有许多其他的特殊功能，如在静态控件中，可以显示图标、位图，甚至可以在静态控件中显示动画。

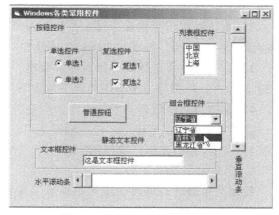

图 4-2　Windows 各类常用控件

2. 按钮控件

按钮控件在 MFC 中用 CButton 表示，CButton 包含了三种样式的按钮：普通按钮（Push Button）、复选按钮（Check Box）和单选按钮（Radio Box）。所以在利用 CButton 对象生成按钮窗口时，需要指明按钮的样式。

3. 文本框控件

文本框也称编辑框或文本编辑框（Text Box）。用户通过它可以输入各种文本、数字或者口令，也可使用它来编辑和修改简单的文本内容。当编辑框被激活且具有输入焦点时，就会出现一个闪动的插入符，表明当前插入点的位置。

4. 列表框控件

列表框控件（List Box）用来列出一系列的文本，每条文本占一行。在为用户提供的一系列选项中，选择一个或者多个选项的控件窗口。当列表框中选项数目较多，不能一次显示全部内容时，可以自动提供滚动条扩展显示范围。

5. 组合框控件

组合框控件（Combo Box）由一个输入框和一个列表框组成。由于组合框内包含了列表框，所以列表框的功能都能够使用。组合框分为三种类型：简单组合框、下拉式组合框和下拉式列表框。简单组合框和下拉式组合框包含了列表框控件和文本框控件，其区别是简单组合框的列表不是下拉的。下拉式列表框具有下拉列表，但不具有编辑功能。

6. 滚动条控件

滚动条控件（Scroll Bar）一般不单独使用，当窗口绘图区中显示比自身大的对象时，用户可以通过滚动条进行观察。滚动条控件分为水平滚动条和垂直滚动条。

4.2.5　菜单的设计

1. Windows 应用程序菜单介绍

利用菜单编辑器可以进行菜单的添加、删除和修改。而对基于对话框的应用程序，则不能自动生成菜单栏，如果需要，开发者可以自行创建菜单。

在设计 Windows 应用程序菜单时，应遵守以下规则。

1）在菜单栏中的菜单和下拉式菜单中的选项均应设置热键，并将这些热键用下划线标出，如"视图（V）"。用户使用时，如果要打开某一下拉式菜单，先按住<Alt>键，然后按下热键字母即可打开。当下拉式菜单打开后，用户可直接键入热键字母选中相应的选项。

2）为了加快用户操作，对一些使用频繁的菜单项应提供快捷键方式，并将这些快捷键标在菜单项的右侧。如<Ctrl+N>组合键通常对应于"文件"下拉式菜单中的"新建"选项。

3）如果一个菜单项被选择后需要弹出一个对话框与用户进一步交互，则应在这些选项后边加上"…"符号，提醒用户选中该项后会显示一个对话框。

4）某些菜单项暂时不能使用时，应将其置成灰色，表明此时该项功能不能使用。

除了菜单栏外，Windows 应用程序还可以使用快捷菜单。快捷菜单通常在用户单击鼠标右键时，在鼠标的光标位置显示，方便用户操作。

2. 菜单编辑器的使用

使用菜单编辑器可以创建菜单栏和其中的选项，为菜单或选项定义热键、状态栏提示等。此外，还可以创建快捷菜单。

（1）打开菜单编辑器　在资源浏览窗口双击一个要编辑的菜单资源，即可打开菜单编辑器编辑菜单。选择"Insert"下拉式菜单中的"Resource"选项，选择"Menu"，然后单击"New"按钮，此时，VC++创建一个新的空白菜单并自动打开菜单编辑器。

（2）创建菜单项　选择前面创建的空白菜单项，然后左键双击空白菜单项，弹出"Menu Item Properties"选项，如图 4-3 所示。

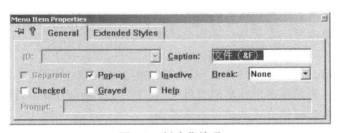

图 4-3　创建菜单项

在"Caption:"编辑框中输入菜单项的名称。其中"&"符号起定义热键的作用。图 4-3 中的字母"F"就是定义的热键，则在菜单上就会显示成"文件（F）"。

在"ID:"编辑框中输入菜单项的命令 ID。如果选择了弹出（Pop-up）选项，则该菜单项没有命令 ID。命令 ID 的命名应该以"ID_"开始，尽可能采用大写字母，保持良好的命名习惯。

在"Prompt:"编辑框中输入该菜单项的帮助信息。应用程序运行时，如果光标处于该菜单项上，状态条上将会显示这里输入的帮助信息，提示用户该命令的功能。如果选择了弹出（Pop-up）选项，则不能为该菜单输入帮助信息。创建的菜单如图 4-4 所示。

属性对话框中其他选项的意义见表 4-1。

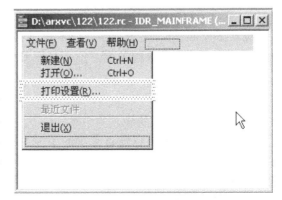

图 4-4　创建的菜单

表 4-1 菜单属性选项的意义

选 项	意 义
Separator	选中该选项,则相应的菜单项是一条菜单分割线。如果选择了 Pop-up 选项,则不能再选择该项
Pop-up	选中该选项,表示相应菜单项含有下拉子菜单。对于菜单条上的菜单项,该选项默认为选中
Inactive	选中该选项,相应菜单项在初始化时为非激活状态。如果选择了 Grayed 选项,则不能再选择该项,系统默认选中该选项
Checked	选中该选项,相应菜单项在初始化时为选中状态
Grayed	选中该选项,相应菜单项被初始化为灰色,即非激活状态
Help	选中该选项,相应菜单项以后的菜单在菜单条中右对齐。该选项只对菜单条中的菜单项起作用

（3）定义菜单项的快捷键 打开"Insert"下拉式菜单中的"Resource"选项,选择"Accelerator",然后单击"New"按钮,此时,VC++创建一个快捷键资源编辑器,鼠标双击空白项打开属性编辑器,如图 4-5 所示,在"ID："编辑框中输入菜单项命令 ID,单击"Next Key Typed"按钮,然后再输入相应的快捷键。也可以使用属性对话框中的相应选项来设置快捷键。

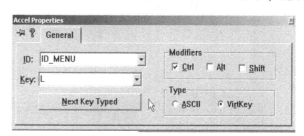

图 4-5 快捷键属性对话框

4.2.6 对话框的设计

对话框就像是一个容器,只有将一些控件添加到这个容器中,才能实现用户与对话框之间的交互。下面介绍使用 VC++实现对话框设计的步骤。

1. 对话框的组成及设计原则

（1）对话框要简洁有效 控件数目一般要控制在 15 个左右,不能过多,否则会使页面杂乱,无法很快地选择任务。如果所需任务太多,可以通过按钮方式将一个大对话框分解为多个小对话框。

（2）控件分组 如果遇到相同控件的形式,用户可以将这些控件按组的形式进行管理。

（3）合理分配对话框空间 一个对话框可以分成不同区间,将重要的任务放置在醒目的部位。

（4）风格统一 由于 CAD 系统中对话框很多,所以必须使它们风格统一,包括对话框的背景颜色、文本颜色、语言与按钮等。

（5）测试 通过专业测试和应用测试来保证系统功能的实现,同时符合用户的要求,在测试过程中,程序编制人员需要虚心听取用户意见,认真协商和修改。

2. 对话框设计

应用程序的对话框设计需要使用对话框资源编辑器和类向导。

（1）创建对话框资源模板 创建对话框资源模板,首先选择"Insert"下拉式菜单中的"Resorce…"选项,打开"Insert Resource"对话框;在对话框的"Resource Type："列表中,选择"Dialog"选项;然后单击"New"按钮。如图 4-6 所示,用 VC++创建一个空白对话框资源模板并自动打开对话框资源模板编辑器，在资源模板上可以添加控件。

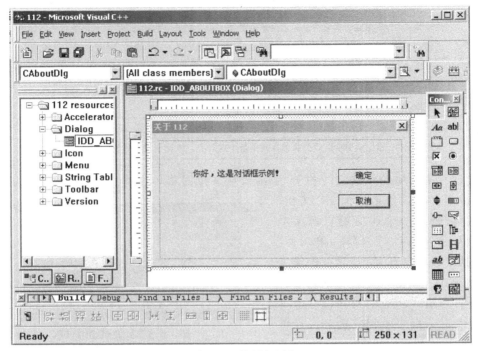

图 4-6 对话框示例

将鼠标移动到对话框资源模板上，单击鼠标右键，从弹出的快捷菜单中选择"Properties"项，弹出属性对话框。用户可以修改它的 ID 号，在"Caption"中，输入对话框标题，并设置上面的字体。也可以通过 Styles 标签进行风格设置等。

（2）创建对话框资源模板对应的对话框类　对于对话框资源模板，需要创建相应的类和派生类，实现对话框功能。创建对话框类时，首先选中对话框资源模板，然后单击"View"下拉式菜单中"ClassWizard"选项，弹出"MFC ClassWizard"对话框，并随之弹出"Adding a class"对话框。选择"Create a new class"单选按钮，单击"OK"按钮，在弹出的"New Class"对话框的"Name"文本框中，输入新建类名称，单击"OK"按钮，显示"MFC ClassWizard"对话框。

（3）创建各个控件相应的变量和必要的消息处理函数　在"MFC ClassWizard"对话框中，单击"Member Variables"菜单，选择"Control Ids"列表框中的相应条目，单击"Add Variables"按钮，添加新的成员变量。单击"OK"按钮，返回到"MFC ClassWizard"对话框。

通常，应用程序框架提供了对话框和各个控件的默认消息处理函数。如果有特殊需要，可以通过 MFC ClassWizard 增加相应的消息处理函数。

（4）显示对话框　首先，在使用对话框的程序处说明该对话框模板的实例对象，然后调用 DoModal 函数或者 Create 函数，显示该对话框。

（5）对话框数据交换　MFC ClassWizard 可以自动生成对话框类的相关文件，包括类的说明、一个消息映射表、一个对话框构造函数和一个 CWnd∷DoDataExchange 重载函数，该函数用于对话框数据交换和数据合法性检验。当 MFC ClassWizard 增加或者删除一个变量或者函数时，该函数会自动更新。实现对话框的数据交换，需要通过 Add Variables 操作添加变量。

4.3 常用设计数据的处理技术

人们在对客观世界进行描述和对各种实体对象进行说明时，都是通过数据来刻画它们的性质和关系的。在计算机辅助机械设计中需要使用大量的设计资料，而这些设计资料通常都是以数据的形式存储于计算机中。机械设计中的数据形式是多种多样的，而且数据是海量的。在现代的计算机辅助机械设计中，必须充分利用计算机的高速处理能力，实现对设计资料和数据的自动化处理。如何组织这些数据、建立它们之间的联系，就是数据结构所要研究的问题；而如何高效地收集、处理、保存和应用这些数据，就是数据库所要研究的问题。本章将重点介绍计算机辅助机械设计中的资料和数据处理问题，并介绍数据结构和数据库的相关知识。

4.3.1 设计数据的处理

1. 设计数据的分类和处理方法

计算机辅助机械设计的过程，从本质上可以认为是对所设计中的各种数据流的处理过程，从设计要求、设计参数到设计完成的结果都表现为大量相关设计数据的流动。数据流包括输入数据、设计资料、输出数据，如图 4-7 所示。

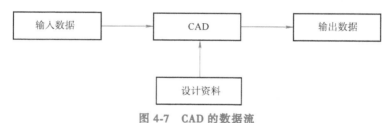

图 4-7 CAD 的数据流

设计资料可以归结为数表和线图两类，设计资料在计算机中的处理和存储方式通常有以下四种。

（1）公式化 设计资料中的数表、线图以及大量的实验数据如果能够拟合成一系列计算公式，则可以使用计算机高级编程语言来描述它们。公式化方法程序简洁，占用空间和内存小，但是数据和公式改变时需要重新编程。

（2）数组化 如果一组数据是单一、严格、无规律可循的数列，可以用数组的形式存储，当程序运行时，对所需数据直接检索使用。这种方法的优点是简单易用；缺点是数据融入源程序，数组占用内存大，数据不易修改，这种方法适用于数据量小、数据固定不变的场合。

（3）数据文件 将数表和经过离散化后的线图按照一定格式存放在数据文件中，数据以文件的形式保存在外存储器中，数据和程序之间有一定的独立性，应用程序各自组织和使用各自的数据，数据修改较为方便。这种方法的优点是应用程序简洁，占用内存小，数据更改方便；缺点是数据文件管理和控制缺乏统一性和可靠性，共享性较差。该方法适用于表格数据较多的场合。

（4）数据库 数据库管理采用结构化的数据模型来建立一系列结构关系清晰、逻辑性强的数据文件，并将它们组成一个具有通用性、综合性且数据独立性高的集合，称为数据库；数据操作和控制由数据库管理系统来完成，数据库管理和应用程序相互独立，因此具有很好的灵活性。数据库系统的主要特点是：结构性强，冗余度低，独立性高，共享性好，灵活性高，管理、控制、维护等方便、可靠、安全。因此，数据库管理方法是目前工程数据管理最理想、最有效的方式，应尽量采用数据库管理技术来管理工程数据。

2. 设计数据的输入、输出

计算机辅助机械设计涉及大量数据的运用。数据流动的过程离不开数据的输入、输出。数据的输入、输出就是指将设计数据导入应用程序以及从应用程序中输出。

（1）数据的输入 数据的输入可以通过直接赋值、交互式赋值、数据采集、数据文件、数据库文件和数据库接口六种方式完成。

1）直接赋值就是利用宏定义为程序中的数据直接赋值，在编译程序时就已经将数据赋予程序。例如，

```
#define    PI       3.14159
#define    MINSTR  2000
```

也可以用赋值语句为变量赋值，当程序在运行到该语句时将数据赋予变量。例如，

```
PI = 3.14159;
float M[] = {1, 1.5, 2, 2.5, 3, 4, 5, 6, 8, 7, 9, 10, 12, 16};
float KA[4][6] = { {1.0, 1.1, 1.2, 1.3, 1.4, 1.5}
                   {1.1, 1.2, 1.3, 1.4, 1.5, 1.6}
                   {1.2, 1.3, 1.4, 1.5, 1.6, 1.7}
                   {1.3, 1.4, 1.5, 1.6, 1.7, 1.8} };
```

2）交互式赋值也称为人机对话方式赋值，就是通过计算机与用户之间的提示和应答来输入数据，如图4-8所示。需要说明的是，计算机给出的提示必须是明确的，否则用户可能不知道如何操作或者可能输入不正确的数据。程序提示输入参数时应说明其含义、数据类型、量纲、取值范围，如果可能，最好能给出默认值；让用户输入的信息应尽量简短；对于输入较为复杂的情况，应提供在线帮助。

交互式赋值方法通常采用图形用户界面（GUI）对话框。它的特点是人机交互界面友好，图文并茂，信息量大，操作方便，功能强大，开发容易。

3）数据采集通过具有数据采集功能的系统（如采集卡）实现，然后通过数据采集接口得到数据，如数据动态检测系统、录像系统等。

4）数据文件是纯文本形式，文件的扩展名可以是".txt"、".dxf"或者".dat"等。将需要的数据存放在数据文件中，程序打开数据文件即可从中读取数据。

注意：数据文件的格式必须与程序中的读语句格式对应统一；程序中打开数据文件时必须首先判断文件打开是否成功，对没有成功打开的文件进行操作必然会造成错误。

5）数据库文件是利用高级编程语言和数据库之间的接口进行数据的输入，图4-9中存储的是深沟球轴承的结构尺寸和性能参数等数据，图中数据库文件的数据结构与设计手册中

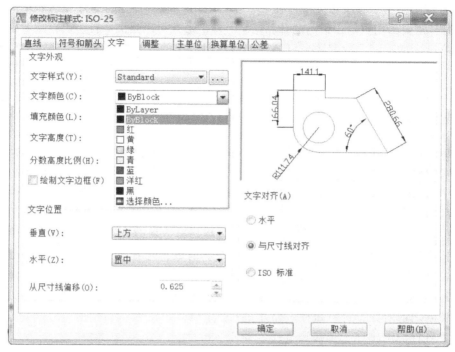

图 4-8 交互式赋值对话框

bear: 表

代号	内径	外径	宽度	轴肩直径	挡肩直径	基本额定动载
6204	20	47	14	26	41	12.80
6205	25	52	15	31	46	14.00
6206	30	62	16	36	56	19.50
6207	35	72	17	42	65	25.50
6208	40	80	18	47	73	29.50
6208	45	85	19	52	78	31.50
6209	50	90	20	57	83	35.00
6210	55	100	21	64	91	43.20
6211	60	110	22	69	101	47.80
6212	65	120	23	74	111	57.20
6213	70	125	24	79	116	60.80
6214	75	130	25	84	121	66.00
6215	80	140	26	90	130	71.50
6216	85	150	28	95	140	83.20
6217	90	160	30	100	150	95.80
6218	95	170	32	107	158	110.00
6219	100	180	34	112	168	122.00

记录: 1 共有记录数: 20

图 4-9 数据库文件内容

的形式是一致的。该数据库文件是使用 Access 数据库软件完成的，也可以使用其他的数据库软件（SQL Server 2000、Oracle、Sybase 等）完成数据库的建立。

6）数据库接口是目前许多高级编程语言提供的与数据库连接的接口。例如，VC++提供了对 Microsoft Jet 数据库操作的 MFC DAO（数据访问对象）类，也提供了不依赖于具体数据库管理系统的开放式数据连接（ODBC）统一接口，以便于访问各种数据库。

（2）数据的输出 程序在运行过程中，需要给用户输出必要的运行提示和中间结果；在运行结束时，需要给用户输出最后的计算结果。输出形式可以是文本行、表格或者消息框等。

根据输出通道不同，数据输出可分为屏幕输出、文件或数据库输出。通常，中间结果和最后结果需要在屏幕上输出，而最后结果还需要向数据文件或数据库输出以便长期保存。

一般情况，从文件中读取的数据格式是自由的，而文件中写入的数据应该有格式要求。

4.3.2 常用的数据排序算法和查找算法

计算机辅助设计中存在大量的数据，要在海量的数据中准确及时地查找出需要的数据，首先应该对数据进行按规律存储和排列，再查找所需要的数据。

1. 数据的排序算法

数据的排序就是将一个数据序列中的各个元素根据某个给出的关键值进行从大到小（称为降序）或从小到大（称为升序）排列的过程。排序将改变数据序列中各元素的先后顺序，使之按升序或降序排列，大多数机械设计资料的数据是有序排列的，而有些数据则是无序的。当 CAD 软件需要对这些数据进行频繁访问时，如果数据排列是无序的，那么就会浪费大量的时间来查找所需数据，特别是对于数据量很大的情况，运算量将会非常大。因此，有必要在访问之前对数据进行排序。常用的排序方法主要有冒泡法排序、选择法排序、插入排序及快速排序等。

（1）冒泡法排序 冒泡法排序的基本思想：把数据序列中的各相邻数据进行两两比较，当发现任何一对数据间不符合要求的升序或降序关系则调换它们的顺序，保证相邻数据间符合升序或降序的排列关系。相邻两个数之间的比较和交换，使数值较大（或较小）的数逐渐从底部移向顶部，即升序（或降序），而数值较小（或较大）的数逐渐从顶部移向底部，就像水底的气泡一样逐渐向上冒，因此称为冒泡法。冒泡法排序的流程图如图 4-10 所示。

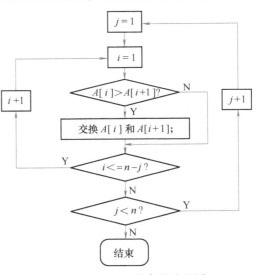

图 4-10 冒泡法排序的流程图

设任意实数数组 A 的长度为 n。利用冒泡法对 A 进行排序的程序如下。

```
void Sort(in n, float A[])
{
    int i, j;          //排序索引变量
    float temp;        //数据交换临时变量
    for(j=1; j< n; j++)
        for(i=1; i<= n-j; i++)
            if(A[i]>A[i+1])
                {temp=A[i]; A[i]=A[i+1]; A[i+1]=temp;}
}
```

（2）选择法排序　选择法排序的基本思想是把数据序列划分成两个子序列，一个子序列中是已经排好序的数据，另一个子序列中是尚未排序的数据；程序开始时有序子序列为空，而无序子序列包含了全体数据；从无序子序列中选择一个合适的数据，例如，将无序子序列中的最小数据放到有序子序列中，这样有序子序列增加一个，而无序子序列减少一个，这就是一次选择过程；重复这个选择过程，每次都在无序子序列剩余的未排序数据中选择最小的一个放在有序子序列的尾部，使得有序子序列不断增长而无序子序列不断减少，最终无序子序列减少至空，所有数据都在有序子序列中按要求的顺序排列，整个排序的操作也就完成了。图 4-11 所示为选择法排序流程图。

根据流程图所示，选择法排序的程序举例如下。

```c
# include<stdio.h>
void main()
{
    int a[15],b[15] = {12,23,54,66,34,22,78, 89,65,99,66,55,46,88,58};
    int i,n,k,t;
    for(i = 0;i<15;i++)
    {
        for(k = i;k<14;k++)
        {
          n = k+1;
        if(b[i]>b[n])
        {
        t = b[i];
        b[i] = b[n];
        b[n] = t;
        }
        }
        a[i] = b[i];
        printf("% d \t",a[i]);
    }
}
```

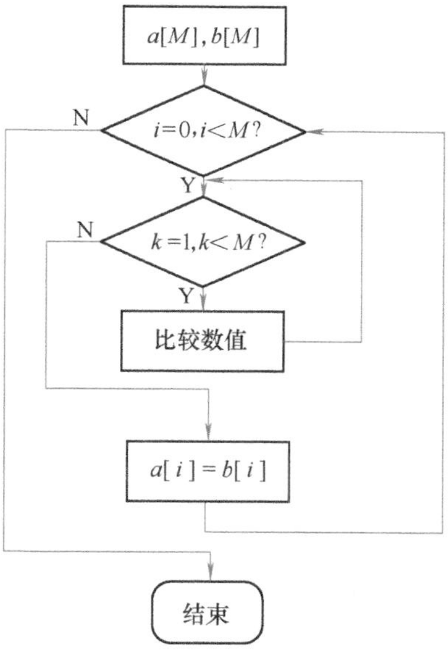

图 4-11　选择法排序流程图

（3）插入排序　插入排序同样是把待排序的数据序列划分成有序子序列和无序子序列两部分，程序开始时有序子序列为空，而无序子序列包含了全部数据。与选择排序不同的是，插入排序不是从无序子序列中选择一个合适的数据（如无序子序列的最小数据）放到有序子序列的固定位置（如有序子序列的最后面），而是把无序子序列中固定位置的数据（如无序子序列最前面的数据）插入到有序子序列的合适位置中，使得插入这个数据之后的有序子序列仍然能保持有序。插入排序的任务就是找到这个合适的位置。当所有的无序子序列中的数据都插入到有序子序列中时，插入排序就完成了。

（4）快速排序　快速排序的主要原理是先选定一个标志值，对数组进行粗排序，小于这个标志值的排在左边，大于这个标志值的排在右边，再对两边进行粗排序，一直到每个数都被排序。在这种方法中，n 个元素被分成三段（组）：左段 left、右段 right 和中段 middle。中段仅包含一个元素，左段中各元素都小于或等于中段元素，右段中各元素都大于或中段元素。因此 left 和 right 中的元素可以独立排序，并且不必对 left 和 right 的排序结果进行合并。middle 中的元素被称为支点（pivot）。

上述几种排序算法各有特点，其中冒泡法比较简单，使用较广，适合于排序数据数目不是很多的情况，但是它的操作代价较高。如果有 n 个数据参加排序，则使用冒泡法的运算次数是 n^3。选择排序和插入排序两种算法的代价比冒泡法低一个数量级，运算次数为 n^2。其中选择排序中的比较操作多，数据移动操作少，插入排序的比较操作少，数据移动操作多。综合来看，二者的排序效率基本相同。快速排序比选择排序和插入排序还要再低一个数量级，可以达到 $n\log n$ 的数量级，但是它要进行多次递归调用，也要花费很多的时间。

选择排序方法时，应根据数据量大小确定适当的算法。

2. 常用的查找算法

数据的查找过程就是计算机利用给出的关键值，在一个数据集合或数据序列中找出与关键值匹配的一个或一组数据的过程。由于查找需要处理大量的数据，所以查找过程可能会占用较多的系统时间和系统内存。为了提高查找操作的效率，需要利用有效和快速的查找算法来降低执行查找操作的时间和空间代价。较常用的查找算法有人工查找法、线性查找法、折半查找法等。

（1）人工查找法　通过人机对话方式对所需的数据进行查找，这种方法适用于计算机自动处理较为困难或需要用户参与的场合。

（2）线性查找法　按顺序逐个扫描数据表的每一项，直到查找到所要求的数据为止。这种方法运算简单，既可查找有序数表，也可查找无序数表。在表（a_1, a_2, a_3, $\cdots$, a_{i-1}, a_i, a_{i+1}, $\cdots$, a_n）中查找 a_i，就必须从第一个数据元素开始，逐个进行比较直到找到为止。如图 4-12 所示为线性查找法的流程图。

当查找表中最后一个数据元素时，需要遍历整个数据表。当数据表很长时，查找时间就会很长，查找效率会很低。所以，这种方法适用于数据表较短的场合。

（3）折半查找法　当数据表的记录按升序排列后，首先找到位于数据表中的数据中间值，将表的中间值 M 与待查找的值相比较：如果待查找的值小于 M，则待查找的值位于表的前半区域；如果待查找的值与 M 相等，则待查找的值就是要找的记录；如果待查找的值大于 M，则待查找的值位于表的后半区域。不断将剩余的数据进行折半，在新的查找区域内重复上面的过程，直到找到所要求的数据为止。

在表（a_1, a_2, a_3, $\cdots$, a_{i-1}, a_i, a_{i+1}, $\cdots$, a_n）中用折半查找法查找 a_i。假如查找区域序号的下界为 L，上界为 H，中间为 M，那么查找过程可以直观地用图 4-13 表示，程序流程图如图 4-14 所示。

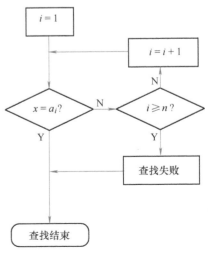

图 4-12　线性查找法的流程图

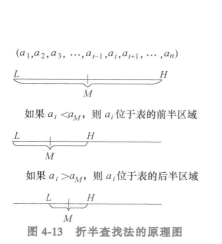

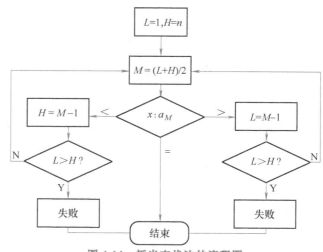

图 4-13　折半查找法的原理图

图 4-14　折半查找法的流程图

折半查找法每一步都跨越查找区域的一半，而线性查找法是"迈小步"，每一步只向目标靠近一个记录。因此，折半查找法比线性查找法的查找效率要高得多，适用于大型数据表的查找。但折半查找法所处理的数据表必须是有序的。因为一般机械设计中所用的数据表常常是有序的，所以折半查找法是一种极为有效的查找方法。

（4）其他查找法　对数据表中有规律分布的数据的查找，线性查找法和折半查找法显得比较烦琐，因为查找都必须从开头或中间开始。如果在查找数据时能够大概估计它在数据表或数据序列中的位置，然后只在临近区域进行查找，这样就可以极大地提高查找效率。因此，根据数据分布的规律，出现了概率查找法。此外，针对无序数据的查找，还有散列法、链接线性表等方法。

3. 数据的插值

在机械设计过程中会使用大量的数据，这些数据往往处于离散化或用数列、数据表表示，缺乏对应的表示数据的函数公式。由于这些数据只能表示在给出自变量的节点 x_1，x_2，…，x_i，…，x_n 处的函数值 y_1，y_2，…，y_i，…y_n，所以当需要得到自变量介于给出的节点中间的函数值时，就会出现困难。数据插值的方法能够根据相邻的节点函数值求解所需的节点间的相应函数值。

插值方法的基本思想：在插值点附近根据需要选取合适的节点个数，通过这些节点构造一个简单函数 $h(x)$；在所确定的区域用 $h(x)$ 代替原来的函数 $f(x)$；插值点的函数值由 $h(x)$ 的值来代替。因此，插值的关键问题就是如何构造一个既简单又能够满足精度要求的函数 $h(x)$ 来代替原来的函数 $f(x)$。常用的数据插值方法有线性插值、抛物线插值和拉格朗日（Lagrange）插值等。

（1）线性插值　线性插值就是在插值点前后选取两个节点，利用节点已知的坐标值构造一个线性函数 $h(x)$ 代替原来的函数 $f(x)$，构造函数的步骤如下：

设插值点在所选已知两节点之间，该已知两节点分别为 (x_i, y_i) 和 (x_{i+1}, y_{i+1})，$x_i < x < x_{i+1}$。连接两节点构造一直线，该直线方程为一维线性插值公式：

$$y = y_i + \frac{y_{i+1} - y_i}{x_{i+1} - x_i}(x - x_i)$$

如图 4-15 所示为一维线性插值原理示意图。从图 4-15 中可以看出，一维线性插值的结果存在一定的误差 $\Delta = y - f(x)$，当数据表中自变量的间隔很小时，插值精度能够满足一般机械设计的要求。在程序中利用线性插值时，首先要检索查找插值区域 (x_i, x_{i+1})，然后利用一维线性插值公式进行插值计算。

如图 4-16 所示为一维线性插值的程序流程图。

其中的符号含义如下：

N——给定的插值节点个数；

X——自变量节点数组，由小到大排列；

Y——函数节点数组；

T——插值点自变量数值；

F——插值结果。

从该流程图可以看出，此插值程序包含了列表函数两端的外插值。即当 $T \leqslant x_1$ 时，插值点位于左边界之外，程序只能利用最接近插值点的两节点 (x_1, y_1) 和 (x_2, y_2) 进行插值；当 $T \geqslant x_n$ 时，插值点位于右边界之外，程序只能利用最接近插值点的两节点 (x_{n-1}, y_{n-1}) 和 (x_n, y_n) 进行插值。

（2）抛物线插值　线性插值仅仅利用两节点信息来构造函数 $h(x)$ 代替原来的函数 $f(x)$，其实就是利用直线代替曲线，因此可能会出现较大误差。为了尽可能减少误差，则需要尽量多的节点信息，抛物线插值采用了三个节点的信息来构造一抛物线函数 $h(x)$ 代替原来的函数 $f(x)$。

根据插值点所在的区域，选择三个节点分别为 (x_{i-1}, y_{i-1})、(x_i, y_i) 和 (x_{i+1}, y_{i+1})，利用这三个节点构造抛物线方程，得到一维抛物线插值公式：

$$y = y_{i-1} \frac{(x-x_i)(x-x_{i+1})}{(x_{i-1}-x_i)(x_{i-1}-x_{i+1})} + y_i \frac{(x-x_{i-1})(x-x_{i+1})}{(x_i-x_{i-1})(x_i-x_{i+1})} + y_{i+1} \frac{(x-x_{i-1})(x-x_i)}{(x_{i+1}-x_{i-1})(x_{i+1}-x_i)}$$

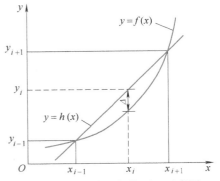

图 4-15　一维线性插值原理示意图

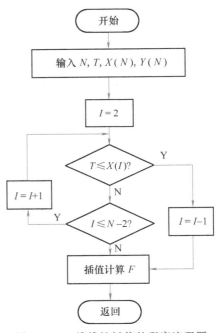

图 4-16　一维线性插值的程序流程图

构造插值函数时，需要注意的是，要选取距离插值点最近的三个节点，以减小插值误差。如图 4-17 所示，在进行插值计算时，首先确定插值点所在位置，判断它与前后两点间的距离，如果距离 $I+1$ 点更近，则取 I、$I+1$、$I+2$ 三点进行插值；如果距离 $I-1$ 点更近，则选取 $I-1$、I、$I+1$ 三节点进行插值。

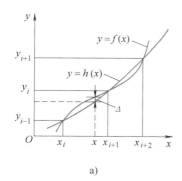 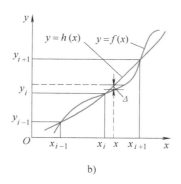

图 4-17　一维抛物线插值

a）$x-x_i \geqslant x_{i+1}-x$　b）$x-x_i < x_{i+1}-x$

图 4-18 所示为一维抛物线插值的程序流程图。

其中的符号含义如下：

N——给定的插值节点个数；

X——自变量节点数组，由小到大排列；

Y——函数节点数组；

T——插值点自变量数值；

F——插值结果。

在一维抛物线插值程序的编写过程中，还应考虑当插值点位于函数两端及两端之外的情况，即当 $T \leqslant x_2$ 或插值点位于左边界之外时，插值点应利用 $(x_1，y_1)$、$(x_2，y_2)$ 和 $(x_3，y_3)$ 三点进行插值计算；当 $T \geqslant x_{n-1}$ 或插值点位于右边界之外时，插值点应利用 $(x_{n-2}，y_{n-2})$、$(x_{n-1}，y_{n-1})$ 和 $(x_n，y_n)$ 三点进行插值计算。

（3）拉格朗日插值　线性插值和抛物线插值都是利用有限节点信息来构造函数 $h(x)$ 代替原来的函数 $f(x)$，所构造的函数与原函数之间必定存在误差，并且，大量节点的信息不能在插值函数中体现，如果能够利用所有节点信息来构造插值函数，所构造的函数能够尽量多地反映原函数的性质，利用所有节点信息构造插值函数的方法则称为拉格朗日插值。

已知函数 $y=f(x)$ 的 $n+1$ 个节点 $(x_0，y_0)$，$(x_1，y_1)$，…，$(x_i，y_i)$，…，$(x_n，y_n)$。使用这 $n+1$ 个节点构造一个 n 次代数多项式：

$$y=g(x)=a_0+a_1 x+a_2 x^2+\cdots+a_{n-1} x^{n-1}+a_n x^n$$

用上式来代替原来的函数 $f(x)$，并经推导得出 n 次多项式插值公式：

$$L_n(x)=\sum_{i=0}^{n} \frac{(x-x_0)(x-x_1)\cdots(x-x_{i-1})(x-x_{i+1})\cdots(x-x_n)}{(x_i-x_0)(x_i-x_1)\cdots(x_i-x_{i-1})(x_i-x_{i+1})\cdots(x_i-x_n)}$$

$$=\sum_{i=0}^{n} y_i \left(\prod_{j=0, j \neq i}^{n} \frac{x-x_j}{x_i-x_j} \right)$$

由 n 次多项式插值公式可以推导出线性插值和抛物线插值公式。n 次多项式插值公式通过所有已知节点，一般情况下，其插值精度比较高；但对于急剧变化的数组，插值可能造成较大误差。

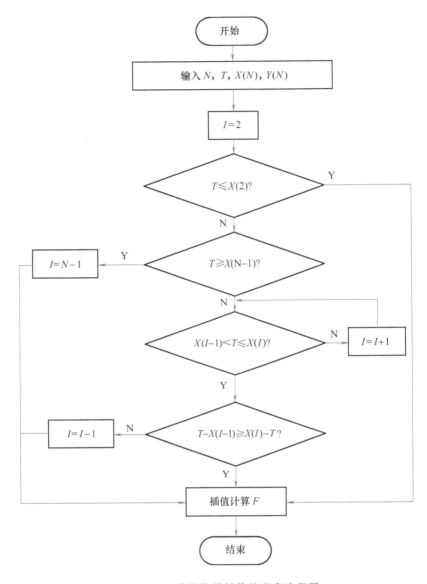

图 4-18 一维抛物线插值的程序流程图

图 4-19 所示为一维拉格朗日插值的程序流程图。其中的符号含义如下：

N——给定的插值节点个数；

X——自变量节点数组，由小到大排列；

Y——函数节点数组；

$Q1$——分子；

$Q2$——分母；

T——插值点自变量数值；

F——插值结果。

从该流程图可以看出，此插值程序不需要检索插值区间，它包含了列表函数两端的外插值。

适当提高插值公式的阶数可以提高插值精度，但并非阶数越高越好，应用时应根据实际情况而定。

4. 曲线拟合

在机械设计和工程设计中，往往需要对获得的实验数据进行一些处理，但是由于问题的复杂性，这些实验数据有时很难用数学公式表达，因此需要用曲线公式（即拟合方程）近似反映数据之间的关系，再根据拟合方程画出曲线。由于所得到的拟合公式只是近似地表示了数据之间的关系，与真实的数据之间的关系必然存在一定的误差，若误差太大，就不能满足设计要求；如果对构成的拟合公式精度要求太高，又会使求解困难，故拟合方程的误差应控制在允许范围内。对于复杂的数据关系，可利用分段方法，降低拟合方程次数，减少误差，提高精度。建立一个能近似表达列表函数或曲线函数变化规律和关系的公式，这个过程称为公式拟合或曲线拟合。最小二乘法是最简单、最常用的曲线拟合方法。

最小二乘法基本原理：由实验得到或将图线经离散后得到 m 个点：$(x_i，y_i)$，$i=1，\cdots，m$。假设这些节点代表的拟合公式为 $y=f(x)$，每个节点存在与 $y=f(x)$ 函数曲线的偏差为：$e_i=f(x_i)-y_i，i=1，\cdots，m$，如图 4-20 所示。

如果将每个点的偏差值代数相加，则有可能因为正负偏差的相互抵消而不能准确表示整个误差的存在，所以拟合公式的精确度达不到要求。因此，为消除因正负符号而造成的误差，将所有节点的偏差取平方值并求和，得到如下公式

$$\sum_{i=1}^{m} e_i^2 = \sum_{i=1}^{m} \left[f(x_i)-y_i\right]^2$$

让偏差平方和达到最小值，即最小二乘法的曲线拟合。

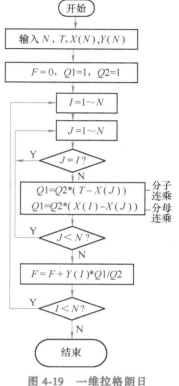

图 4-19　一维拉格朗日
插值的程序流程图

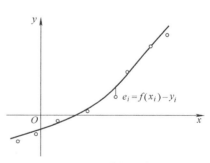

图 4-20　曲线拟合

使用最小二乘法拟合的公式函数类型有很多种，包括线性方程、对数方程、代数多项式、指数函数等。

（1）线性方程　将 n 组 $(x_i，y_i)$ 实验数据用最小二乘法拟合成线性方程。

设线性方程的形式为

$$y=a+bx \tag{4-1}$$

根据最小二乘法定理，拟合的各节点偏差平方和为最小值。

设 $s(a，b)$ 为偏差平方和，则

$$s(a,b) = \sum_{i=1}^{n} (y_i - a - bx_i)^2 \tag{4-2}$$

只要求出 s 最小时的 a、b 并代入式（4-1）中，所得到的方程就是偏差平方和极小的拟合方程。s 为最小时是一个极值问题，可对式（4-2）取偏导并使之为零，即

$$\frac{\partial s}{\partial a} = -2\sum_{i=1}^{n}(y_i - a - bx_i) = 0$$

$$\frac{\partial s}{\partial b} = -2\sum_{i=1}^{n}(y_i - a - bx_i)x_i = 0$$

求得 a、b 数值，分别为

$$a = \frac{\displaystyle\sum_{i=1}^{n} y_i - b\sum_{i=1}^{n} x_i}{n}$$

$$b = \frac{\displaystyle\sum_{i=1}^{n} y_i x_i - \sum_{i=1}^{n} x_i \sum_{i=1}^{n} y_i / n}{\displaystyle\sum_{i=1}^{n} x_i^2 - \left(\sum_{i=1}^{n} x_i\right)^2 / n}$$

然后对线性方程拟合，编制相应的程序。

（2）对数方程　将 n 组 (x_i, y_i) 实验数据用最小二乘法拟合成对数方程。

设对数方程形式为

$$y = a + b\ln x \tag{4-3}$$

令 $X = \ln x$，代入式（4-3）得

$$y = a + bX \tag{4-4}$$

式（4-4）与式（4-1）一样，同理可以求出系数 a、b 的数值，即

$$a = \frac{\displaystyle\sum_{i=1}^{n} y_i - b\sum_{i=1}^{n} x_i}{n}$$

$$b = \frac{\displaystyle\sum_{i=1}^{n} y_i x_i - \sum_{i=1}^{n} x_i \sum_{i=1}^{n} y_i / n}{\displaystyle\sum_{i=1}^{n} x_i^2 - \left(\sum_{i=1}^{n} x_i\right)^2 / n}$$

其偏差平方和为

$$s(a, b) = \sum_{i=1}^{n}(y_i - a - b\ln x_i)^2$$

然后，可以对对数方程拟合，编制相应的程序。

（3）代数多项式　设有 m 个点 (x_i, y_i)，$i = 1, \cdots, m$，用 m 个点拟合的代数多项式为

$$y = f(x) = a_0 + a_1 x + a_2 x^2 + \cdots + a_n x^n$$

要求 $m \gg n$。所有节点偏差的平方和为

$$\sum_{i=1}^{m} e_i^2 = \sum_{i=1}^{m} \left[f(x_i) - y_i \right]^2 = F(a_0, a_1, \cdots, a_n)$$

可见，偏差平方和是系数 $a_0, a_1, \cdots, a_n$ 的函数。为了使偏差平方和最小，取 $F(a_0, a_1, \cdots, a_n)$ 对 $a_0, a_1, \cdots, a_n$ 的偏导数，并令其等于零，即

$$\frac{\partial F}{\partial a_i} = 0 \quad (i = 0, 1, \cdots, n)$$

也即

$$\frac{\partial \left\{ \sum_{i=1}^{m} \left[(a_0 + a_1 x + a_2 x^2 + \cdots + a_n x^n) - y_i \right]^2 \right\}}{\partial a_j} = 0 \quad (j = 0, 1, \cdots, n)$$

分别求出各个偏导数，整理后得到

$$\left(\sum_{i=1}^{m} x_i^j \right) a_0 + \left(\sum_{i=1}^{m} x_i^{j+1} \right) a_1 + \left(\sum_{i=1}^{m} x_i^{j+2} \right) a_2 + \cdots + \left(\sum_{i=1}^{m} x_i^{j+n} \right) a_n = \sum_{i=1}^{m} x_i^j y_j$$
$$(j = 0, 1, \cdots, n) \quad (4-5)$$

若令

$$s_k = \sum_{i=1}^{m} x_i^k \quad (k = 0, 1, \cdots, 2n)$$

$$t_l = \sum_{i=1}^{m} x_i^l y_i \quad (l = 0, 1, \cdots, n)$$

那么式（4-5）可以改写成下面的方程组

$$\begin{cases} s_0 a_0 + s_1 a_1 + s_2 a_2 + \cdots + s_n a_n = t_0 \\ s_1 a_0 + s_2 a_1 + s_3 a_2 + \cdots + s_{n+1} a_n = t_1 \\ s_2 a_0 + s_3 a_1 + s_4 a_2 + \cdots + s_{n+2} a_n = t_2 \\ \vdots \\ s_n a_0 + s_{n+1} a_1 + s_{n+2} a_2 + \cdots + s_{2n} a_n = t_n \end{cases}$$

这样，就得到 $n+1$ 个关于拟合公式中 $n+1$ 个系数（$a_0, a_1, a_2, \cdots, a_n$）的线性方程组，利用高斯消元法或者其他方法可以求解得到系数，从而确定拟合方程。

在设计中，曲线拟合是经常遇到的工作。当需要找出一些数据表或线图的函数关系或近似函数关系时，通常就需要利用曲线拟合的方法。曲线拟合的过程可分两步进行，第一步是将数据表或者线图按照比例画在坐标纸上，观察分析数据点或线图的分布情况及其变化形态，由此推断采用何种拟合公式，是确定多项式拟合，还是指数曲线拟合。如果数据分布具有阶段性，也可以采用分段拟合方法，在不同区间用不同的拟合公式。第二步是根据所建立的数学模型和已知数据（线图需要预先经过离散化，取一些关键节点的数据）使用最小二乘法来得到拟合公式。

4.3.3 数据动态存储的常用方法

数据的存储管理是计算机操作系统必备的一项重要功能，也是一个非常复杂的处理过程。在程序执行过程中，每个数据元素都占有确定的内存位置，数据元素的存取过程是通过

对应的存储单元进行的。

数据的存储管理通常分为两种方式：静态存储方式和动态存储方式。静态存储方式指的是在程序运行期间由系统分配固定存储空间，所分配的存储区间直到程序执行完毕才能释放。例如，全局变量、静态变量等就属于此类存储方式。动态存储方式是在程序执行过程中，系统根据需要进行动态分配存储空间的方式。也就是当有数据需要存储时才分配存储单元，在使用完毕后立即释放存储的空间，如函数形式参数、自动变量等。下面主要介绍数据动态存储管理的常用方法。

数据的动态存储管理涉及的主要问题是：分配内存和释放内存。在程序执行过程中，用户提出请求，分配内存，也有可能仅是一个动态变量或进入系统的一个作业，请求分配的内存量大小可以不同。当用户不再使用已分配的内存，系统应及时释放内存区域以便用于重新分配。

在系统内存区域里存在两种类型：已分配给用户的内存区域一般称为占用块；还未分配或使用的内存区域一般称为空闲块（也称为可利用块）。动态存储分配的方法较多，不同的方法具有各自的特点，这里主要介绍可利用空间链表结构的数据动态存储分配方法。

可利用空间表结构数据动态存储分配方法的基本原理是，可利用空间表包含了全部可分配的空闲块，每一个块就是可利用空间表中的一个结点，在用户请求分配存储空间时，系统根据所需内存的大小从空闲块中寻找，再从可利用空间表中删除寻找到的块所处的结点，从而完成分配。当用户释放所使用的内存时，系统将释放的占用块收回并且将其插入到可利用空间表内，以备下次分配使用。可利用空间表就是一个链表，每个空闲块就是链表中的一个结点。动态存储管理过程中的内存块及可利用空间链表结构如图 4-21 所示。

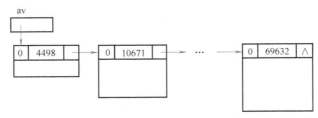

图 4-21　动态存储管理过程中的内存块及可利用空间链表结构

常用的可利用空间表一般有以下不同的结构形式。

（1）系统运行中，用户请求分配的内存区域大小相同　在系统运行初始，将可利用的存储空间按照需要分割为大小相同的可利用块，并且用指针链链接为可利用空间表。在进行动态分配时，由于链表中可利用块的大小相同，可直接将处于空间表的第一个结点分配给用户使用，完成动态分配。当用户释放内存时，系统只需要将用户所释放的空闲块插入表头完成收回即可。这是一种比较简单的动态存储管理方式。

（2）系统运行中，用户请求分配的内存区域大小不同　对于需要大小不同的存储空间时，一般是系统建立若干个可利用空间表，同一链表的空闲块大小是相同的。在进行动态分配时，需要根据请求的内存空间大小查找相应的可利用空间表，分配和释放过程与第一种情况相同。但是，当结点大小与请求分配的量大小相同的可利用空间表中没有空闲块时，则需要查找结点较大的可利用空间表，在其中取出一个结点，将一部分内存分配给用户使用，剩余的部分又插入相应大小的链表表头中。回收释放的空间，将释放的空闲块插入到大小相同的链表表头中去。

（3）系统运行中，分配给用户内存区域大小可随请求的变化而不同　系统运行开始时，整个内存区域是一个大空闲块，链表中只有一个大小为整个内存空间的结点，随着分配和回收的不断进行，链表中的结点大小和个数也随之动态变化，链表中的结点大小也出现了不同。因此，结点中除标志域和链域之外，还需要有结点大小域，用于保存空闲块的大小。在分配空闲块的过程中，必须考虑用户的逻辑要求、请求分配量的大小分布、分配和释放的频率以及效率对系统的重要性等因素，根据不同的条件情况采用不同的方法。一般常用的有三种分配策略：首次拟合法、最佳拟合法和最差拟合法。

1）首次拟合法（First Fit）。当用户提出内存区域分配请求时，系统从可利用空间表的表头指针开始查找，将找到的第一个不小于用户需要的空闲块，根据用户所需要的大小，分配给用户，剩余的部分仍然作为一个空闲块结点处于链表中。在回收时，只需要将释放的空闲块插入在链表的表头即可。首次拟合法的显著特点在于在进行内存分配时是随机的，而回收时将释放出来的空闲块直接插入到表头。

2）最佳拟合法（Best Fit）。系统在分配内存前，首先对整个可利用空间表从头到尾进行扫描，当找到一个不小于用户请求并且最接近用户大小需要的空闲块，按照用户的需要将其中的一部分分配给用户，剩下部分仍然作为一个空闲块结点。为了避免每次分配都需要进行全链表扫描，一般预先将可利用空间表的结构按照空闲块的大小由小到大进行排序，在分配时，只要找到第一个大于所需要的空闲块就可以进行分配。在回收时，必须将释放的空闲块插入到链表的合适位置。

最佳拟合法适用于请求分配的内存块大小范围较广的系统。在进行分配的过程中，由于一直采用寻找大小最接近用户请求的空闲块，系统很容易产生一些存储量很小的的内存碎片而无法利用，同时也会保留一些很大的内存块，造成整个链表结点大小相差甚远的现象。最佳拟合法无论分配与回收，都需要通过查找链表完成，会比较费时。

3）最差拟合法（Worst Fit）。首先将可利用空间表的结构按照空闲块大小从大到小预先排序。在分配时，只需将最大的空闲块，也就是链表中第一个结点删除，其中的一部分分配给请求的用户，剩余的部分又作为一个新结点按照大小插入到可利用表的恰当位置。回收时，只需要将释放的空闲块插入到链表的合适位置上去。

系统在运行过程中，不断地进行内存区域的分配和回收，大的空闲块不断分割，以至于出现大量小的空闲块不能满足大容量的分配请求。因此，为了能够有效地利用内存，系统在回收的过程中需要将相邻的空闲块尽量进行合并，形成大的结点，满足请求分配量的需要。

1. 边界标识法

边界标识法（Boundary Tag Method）是属于系统分配给用户内存区域大小可随请求的变化而变化的方法，是操作系统能够根据用户请求动态分配内存的一种存储管理方法。边界标识法的基本原理是系统将所有的空闲块采用双重循环链表结构链接为一个可利用的空间表，动态分配时前面所述的几种方法，即首次拟合法、最佳拟合法及最差拟合法都可以根据分配的需要选用。

边界表示法特点是：在每个内存区域的头部、底部的两个边界上分别设置标识，以标识该区域为占用块或空闲块，块回收时易于判别在物理位置上与其相邻的内存区域是否为空闲块，便于将所有地址连续的空闲存储区合并成一个尽可能大的空闲块。

（1）可利用空间表结点结构　可利用空间表设为双重循环链表结构，结点由三部分组成，包括内存区域、结点头部及结点尾部。如图 4-22 所示。

内存区域 space 通常为一组地址连续的存储单元，其大小由图 4-22 中的 size 指示。结点头部 head 和结点尾部 foot 是 space 的两个边界。结点头部 head 中的 Llink 和 rlingk 分别指向前结点和后续结点的地址指针。tag 为标志域，当 tag = 0，该内存单元为空闲块，可参与分配；tag = 1 则为占用块，无法参与分配，size 表示内存单元

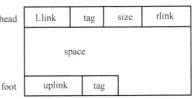

图 4-22　可利用空间表结点结构

的大小。结点尾部 foot 的 uplink 也是地址指针，指向本结点，foot 中的 tag 与结点头部中的 tag 含义相同。在可利用空间表中不设置头结点，任意一个结点都可以视为链表的第一个结点。以下是利用 C 语言完成的可利用空间表结点结构的定义说明。

```
typedef  struct word
｛  Union
｛  struct word * llink;
struct word * uplink;
｝;
int tag;
int size;
struct word  * rlink;
OtherType other;
｝WORD, head, foot, * Space;
#define FootLoc(p) p+p->size-1
```

（2）分配算法　在分配算法中，可以采用前面三种方法中的任意一种进行算法分配。当选用首次拟合法，在边界表示法中还需要做如下的约定，能够使系统的运行更加有效。

1）设定一个适当的常量 e，假设待分配空闲块的容量为 m，请求分配空间的大小为 n。

当 $m-n \leqslant e$ 时，将容量为 m 的整个空闲块都全部分配给用户；

当 $m-n > e$ 时，只分配其中请求的容量大小 n 给用户。

采用上述的分配方式可以尽量减少空闲块链表中出现容量 $\leqslant e$ 的小碎片，提高分配的效率，也可以减少对空闲块链表的维护工作。同时为了避免修改指针，约定将高地址部分分配给用户。

2）在完成空闲块的分配过程中，可利用空间表中小容量的结点数量可能会逐步增多，如果每次分配过程总是从可利用空间表的同一个结点开始，就会在该结点附近造成存储量小的结点密集聚集，同时也增加了查找大空闲块的时间。因此，为避免上述问题的出现，在进行空闲块分配查找时采用从不同的结点开始，即从刚分配完的结点的后结点开始分配查找，使得分配后的剩余的小空闲块可以均匀地分布在可利用空间表中。下面利用 C 语言编写出实现分配算法的程序，其中 pav 是表头指针，其他符号的含义与上面相同。

```
Space AllocBoundTag( Space  * pav, int n )
｛  p = pav;
for  (; p &&p->size<n && p ->rlink! =pav; p=p->rlink )
```

```
if ( ! p || p->size<n ) return NULL;
else
{ f = FootLoc( p ); Pav = p->rlink;
  if ( p->size - n<=e )
    { if ( pav = = p )  pav = NULL;
      else
        { pav->llink = p->link;
          p->llink->rlink = pav;  }
      p->tag = f->tag = 1;
    }
  else
    { f->tag = 1; p->size-=n; f = FootLoc( p );
      f->tag = 0; f->uplink = p; p = f+1;
      p->tag = 1; p->size = n;
    }
  return p;
}
}
```

（3）回收算法 动态存储的特点就是，用户使用完存储内存后就释放占用的内存，以便系统进行下一次的分配，有效地提高了内存的使用效率。当用户释放占用块后，系统回收的过程不是简单地将空闲块插入可利用空间表即可，还需要考虑空闲块所处物理位置的相邻处是否也存在空闲块，如果存在，则需要将相邻的空闲块合并为一个大的空闲块以备下一次系统分配使用。

回收用户释放内存块时，判断相邻前后是否有空闲块在边界标识法里是比较容易的。边界标识法每个结点的头部和尾部都设定了标识域，可以方便地判断相邻的内存区域是否存在空闲块，如果有，则需要进行合并处理为大的空闲块待用。

首先假设所释放块的头地址为 p，与其相邻的前结点块的尾部地址为 p-1；与其相邻的后结点块的头地址为 p+p->size，它们中的标志域已表明了两个相邻块的使用状况：(p-1)->tag = 0，前结点块为空闲块；(p+p->size)->tag = 0，则后结点块为空闲块。在进行回收的过程中分为四种情况考虑。

1）当所释放块的前、后相邻块均为占用块时，只需要将新的空闲块作为一个结点插入可利用空闲链表中即可。用 C 语言编写出算法程序如下。

```
p->tag = 0; FootLoc(p)->uplink = p;
FootLoc(p)->tag = 0;
if ( ! pav )  pav = p->llink = p->rrlink = p;
else
{ q = pav->llink;  P->rlink = pav;
p->llink = q; q->rlink = pav->llink = p;
Pav = p;
}
```

2）当释放块的前相邻块是空闲块，后相邻块为占用块时，则释放的块与前相邻块合并为一个新的空闲块，只需要改变前相邻块的结点，重新设置合并后块结点的底部，并且改变前相邻块的 size 域的值即可完成。用 C 语言编写出算法程序如下。

```
n = p->size; s = (p-1)->uplink; s->size += n;
f = p+n - 1; f->uplink = s; f->tag = 0;
```

3）当释放块的前相邻块为占用块，而后相邻块是空闲块时，释放块与后相邻块合并成一个大的空闲块。由于释放块的尾部指针指向后相邻块的头部地址，合并后的大空闲块需要重新设置结点的头部和改变 size 域大小。用 C 语言编写出算法程序如下。

```
t = p+p->size; p->tag = 0; q = t->llink; p->llink = q;
q->rlink = p; q1 = t->rlink; p->rlink = q1;
q1->llink = p; p->size += t->size; FootLoc(t)->uplink = p;
```

4）当释放块的前、后相邻块均为空闲块时，则需要将释放块与前后相邻块一起合并为一个大的空闲块，合并后要重新设置结点尾部，通过改变前相邻块的 size 域即可实现。下面是用 C 语言编写的算法程序。

```
n = p->size; s = (p-1)->uplink; t = p+p->size;
s->size += n+t->size;  q = t->llink; q1 = t->rlink;
q->rlink = q1; q1->llink = q;
FootLoc(t)->uplink = s;
```

2. 伙伴系统

伙伴系统（Buddy System）也是一种动态存储管理方法。它是一种非顺序内存的动态存储管理方法，不是以顺序片段来分配内存，而是根据需要将一个大内存块分为大小相等的两个存储区域，这两个由同一个大块分裂出来的小块就称为"互为伙伴"。只有满足伙伴条件，这两部分才可以合并在一起。伙伴系统与边界标识法类似的是：当用户提出申请时，根据用户的需要分配一个大小恰当的内存区域给用户；当用户释放出内存区域后，系统会及时收回。伙伴系统与边界标识法最大的区别是：无论占用块或空闲块，其大小均用 2 的 k 次幂表示。

（1）可利用空间表的结构 伙伴系统中可利用空间表仍然选用双重链表结构。系统运行初始时，内存区域是一个大的空闲块，系统运行过程中根据用户请求完成内存分配后，则大块的内存区域逐步分隔为若干占用块和空闲块。为了后续查找方便，将大小相同的空闲块建立为一个子表，子表的结构是双重链表结构，再将所有的子表表头指针用向量结构组成为一个表，即构成伙伴系统可利用空间表。伙伴系统可利用空间表中的结点构成如图 4-23 所示。

假设系统不断接受用户的内存分配请求，在系统的运行中产生了很多容量为 2^n 的内存块，为了在后续分配时查找方便，伙伴系统将大小相同的空闲块分别建立各自双重链表结构的子表。对于初始容量为 2^n 的一整块存储空间来说，形成的链表就有可能能有 $n+1$ 个。为了方便对这些子链表的管理，

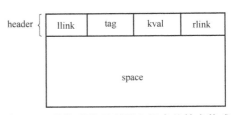

图 4-23 伙伴系统可利用空间表的结点构成

系统将这 $n+1$ 个链表的表头存储在数组中，则类似于邻接表的结构。伙伴系统的初始状态如图 4-24 所示。

（2）分配算法 伙伴系统的分配算法比边界标识法简单。当用户向系统请求分配大小为 n 的存储区域时，首先在可利用空间表中查找大小与 n 相匹配的子表，则存在如下情况：

当 $2^{k-1}<n\leqslant2^{k}$，需要查看可利用空间表中大小为 2^{k} 的链表中有没有可利用空间结点，如果该链表不为空，则将子表中的任意一个结点分配给用户使用；若大小为 2^{k} 的子链表为空，就需要查看比 2^{k} 大的子链表，找到后从子链表中删除，选取大小对应的存储区域分配给用户使用，剩余的部分根据大小插入到相应的子链表中。

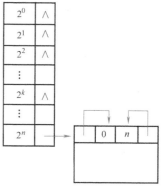

图 4-24 伙伴系统的初始状态

例如，用户向系统申请 9 个字的空闲块，系统总的内存为 2^{n} 个字，根据伙伴系统的分配算法得出：$2^{3}<9<2^{4}$，此时需要查看可利用空间链表中大小为 2^{4} 的子链表内是否有空闲结点：

1）2^{4} 的子链表内有空闲结点，从该子链表中直接分配给用户使用；

2）如果 2^{4} 的子链表内没有空闲结点，需要依次查看 $>2^{4}$ 的各个链表中是否有空闲结点。假设在大小为 2^{5} 的链表中存在空闲块，直接分配给用户 2^{5} 个字的空间，该剩余的空闲块添加到大小为 2^{4} 的链表中。伙伴系统的分配过程如图 4-25 所示。

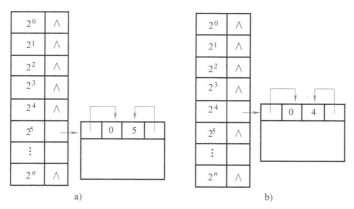

图 4-25 伙伴系统的分配过程

a）分配前 b）分配后

（3）回收算法 当用户释放不需要使用的占用块时，系统则需要完成对其的回收。回收不是简单地将释放的内存块直接插入可利用空闲链表内，还需要判断是否可以和其他的空闲块进行合并。在伙伴系统中合并空闲块与边界标识法具有明显区别，因为伙伴系统中只有互为伙伴的空闲块才能合并。每一个空闲块或者占用块都有各自的"伙伴"，当用户释放占用块时，只需要判断该占用块的伙伴是否为空闲块，如果是，则可以将其合并为新的空闲块。如果不是由同一个大的内存区域分裂而成的，即使是大小相同并且地址相邻的两个空闲块也不能合并，直接将空闲块根据大小插入到可利用空间表中的相应子表即可。

空闲块回收时，首先需要判断是否有一个伙伴存在，如果有，则需要查询伙伴的位置，

一般采用的方法为：如果该内存块的起始地址为 p，大小为 2^k，则其伙伴所在的起始地址为

$$\begin{cases} p+2^k\,(若\ p\,MOD\,2^{k+1}=0) \\ p-2^k\,(若\ p\,MOD\,2^{k+1}=2^k) \end{cases}$$

例如，当大小为 2^8，起始地址为 512 的伙伴块的起始地址的计算方式如下。

由于 $512\ MOD\ 2^9=0$，所以，$512+2^8=768$，如果该内存块回收时，只需要查看起始地址为 768 的内存块的状态，是否是空闲块，如果是空闲块则两者合并，反之直接将回收的释放块链接到大小为 2^8 的链表中。其回收的算法思路是：查找到地址后就要判断"互为伙伴"的两个空闲块是否为空，若不为空，仅将要回收的空闲块直接插入到相应的子表中；如果为空时，需要根据空闲块的伙伴，在合并过程中先在相应子表中找到其伙伴并删除，再进行两空闲块的合并，重复合并的过程，直到合并后的空闲块的伙伴不是空闲块为止，结束合并。

使用伙伴系统进行动态存储区域的管理过程中，当用户请求分配内存区域时，由于大小不同的空闲块处于不同的子链表中，所以分配完成的速度会更快，算法相对简单。但是伙伴系统在回收内存空间时，对于空闲块的合并不是取决于该空闲块的相邻位置的块的状态，而是完全取决于其伙伴块。虽然伙伴系统具有算法简单、速度快的优势，但由于在合并时只能够考虑伙伴，容易产生存储的碎片，这就是伙伴系统的显著缺点。

习　　题

4-1　简述界面设计的一般原则。

4-2　Windows 应用软件是如何通过用户界面与用户交互的？

4-3　简述设计资料的类型和处理方法。

4-4　根据折半查找法，试编写该算法程序。

4-5　试列出线性插值和抛物线插值公式。

4-6　试编写一维抛物线插值程序。

第5章

计算机辅助工艺设计

5.1 计算机辅助工艺设计的概念

从产品设计到产品的制造，其中有一个重要的环节就是产品生产加工中不可缺少的工艺设计，工艺设计在机械制造过程中是连接产品设计与生产加工的重要纽带。不同的产品，加工方式和加工设备有所不同，产品加工工艺的设计决策过程具有很强的经验性，且因加工环境的不同而存在明显差异。通常，机械产品市场是以多品种小批量生产为主导，传统的工艺设计方法远不能适应制造业发展的要求，主要表现为：

1）传统的工艺设计是人工编制的，劳动强度大，效率低，是一项烦琐的重复性工作。

2）设计周期长，不能适应市场瞬息多变的需求。

3）工艺设计是经验性很强的工作，它随产品种类、生产环境、资源条件、工人技术水平、企业及用户的技术经济要求而变化。相同的零件在不同的企业，其工艺也可能不一样，即使在同一企业，也因工艺师不同而存在差异，工艺设计质量依赖于工艺师的水平。

4）工艺设计的标准化和最优化较差，工艺设计经验的继承性困难。

随着制造业信息化的推广和应用，传统的工艺设计方法已远远不能满足要求，计算机辅助工艺设计（CAPP）应运而生。

CAPP 是利用计算机技术辅助工艺师完成零件从毛坯到成品的设计和制造过程，是将产品的设计信息转换为制造信息的一种技术。CAPP 是通过向计算机输入被加工零件的几何信息（形状、尺寸等）和工艺信息（材料、热处理、批量等），由计算机自动输出零件的工艺路线和工序内容的过程。

与传统的工艺设计方法相比，CAPP 技术具有以下优点：

1）缩短工艺设计周期，保证工艺设计的质量，提高产品在市场上的竞争力。

2）将工艺师从繁重的、重复性的手工劳动中解放出来，使其能将主要精力投入到新产品的开发、工艺装备的改进及新工艺的研究等创造性的工作中。

3）继承老工艺师的丰富经验，以保证企业工艺设计的可继承性。

4）有利于实现企业工艺设计的标准化和最优化。

5）满足现代制造业的需要，并为实现计算机集成制造系统创造必要的技术基础。

5.1.1 CAPP 的发展和趋势

CAPP 的研究与开发始于 20 世纪 60 年代末，1969 年挪威推出了世界上第一个 CAPP 系统 AUTOPROS。1976 年，CAM-I 公司推出 Automated Process Planning 系统，在 CAPP 发展史上具有里程碑的意义，取各词的首字母，称为 CAPP 系统。目前对 CAPP 的公认解释为计算机辅助工艺设计。

我国自 20 世纪 80 年代初开始进行 CAPP 的应用研究。目前，已开发出许多实用的 CAPP 系统。其中早期开发的 CAPP 系统主要采用检索方式，即操作式 CAPP 系统。随着计算机技术的发展，成组技术和逻辑决策技术引入 CAPP，开发出以成组技术为基础的派生式系统和混合式系统，以及以决策规则为基础的半创成式系统。近年来，又研究出以人工智能为基础的 CAPP 专家系统和 CAD/CAPP/CAM 集成制造系统。

20 世纪 90 年代以来，随着网络、数据库、面向对象方法、分布计算、系统集成等与计算机相关技术的飞速发展，企业对 CAPP 提出了更高的要求。传统的 CAPP 系统是从 CAD 系统中获取零件的几何拓扑信息、工艺信息，从工程数据库中获得生产条件、资源情况及工人技术水平等信息，进行工艺设计，形成工艺流程卡、工序卡、工步卡及 NC 加工控制指令，CAPP 在 CAD、CAM 中起纽带作用。现代的 CAPP 系统要求与相关设计或信息系统（如 CAD、PDM、ERP 等）实现在产品信息方面的全面集成，即从产品的概念设计、方案设计、详细设计、工艺设计、加工制造、销售维护直至产品消亡的全生命周期内的信息集成。其开发重点从注重工艺过程的自动生成，转为向工艺师提供辅助的工具，同时为企业的信息化建设提供服务。

CAD、CAPP、CAM 技术的日益成熟，促使 CAPP 系统向智能化、集成化和实用化方向发展。当前，研究开发 CAPP 系统的热点问题有：

1）产品信息模型的生成与获取。

2）CAPP 体系结构研究及 CAPP 工具系统的开发。

3）并行工程模式下的 CAPP 系统。

4）基于分布型人工智能技术的分布型 CAPP 系统。

5）人工神经网络技术与专家系统在 CAPP 中的应用。

6）面向企业的实用化 CAPP 系统。

7）CAPP 与自动生产调度系统的集成。

5.1.2 CAPP 的基本类型

CAPP 技术的发展过程也是由简单到复杂，由低级到高级。对于 CAPP 系统而言，不断将新技术、新知识融汇其中，适用于不同的生产对象和不同的工作方式，特别是近些年来随着计算机软硬件技术的飞速发展，CAPP 技术也得到明显的发展。在不同的发展阶段中，CAPP 系统的结构组成也带有明显的特征，因此在对 CAPP 系统分类时存在多种思路。在此按其工作原理将 CAPP 的基本类型分为五种。

1. 检索式 CAPP 系统

这种 CAPP 系统适用于大批量生产模式，工件的种类少，零件变化不大且相似程度高。

检索式 CAPP 系统不需要进行零件编码，只需要将各类零件的工艺规程输入计算机，对已建立的工艺规程进行管理即可。如果需要编制新零件的工艺规程，则将同类零件的工艺规程调出并进行修改即可。它是最简单的 CAPP 系统。

2. 派生式 CAPP 系统

派生式 CAPP 系统是建立在成组技术基础上的 CAPP 系统。根据成组技术（几何形状和工艺上的相似性）将各种零件分类归组，形成零件族；对零件族构造一个并不存在但包含该组中所有零件特征的零件为标准样件，再编制标准工艺规程，并将该标准工艺规程存放在数据库中。使用时先输入该零件的成组技术代码或输入零件信息，由系统自动检索出该零件族的标准工艺规程，再根据零件的结构形状特点、尺寸和公差进行修改编辑，最后得到所需的工艺规程。派生式 CAPP 系统具有结构简单、系统容易建立、便于维护和使用，以及系统性能可靠、成熟等优点，所以应用较广泛。目前大多数实用型 CAPP 系统都属于这种类型。

3. 创成式 CAPP 系统

创成式 CAPP 系统中不存在标准工艺规程，它有一个收集工艺数据的数据库和一个存储工艺专家知识的知识库。当输入零件的有关信息后，系统可以模仿工艺专家，应用各种工艺决策规则，自动生成该零件的工艺规程。创成式 CAPP 系统理论目前尚不完善，因此，尚未出现一个纯粹的创成式 CAPP 系统，但是基于人工智能和专家系统理论的创成式 CAPP 系统将是今后研究的重点。

4. 半创成式 CAPP 系统

半创成式 CAPP 系统是派生式和创成式 CAPP 系统的综合，它是在派生式 CAPP 系统的基础上，增加若干创成功能而形成的系统。这种系统既有派生式 CAPP 系统可靠成熟、结构简单、便于使用和维护的优点，又有创成式 CAPP 系统能够存储、积累及应用工艺专家知识的优点。该系统便于结合企业的具体情况进行开发，是一种实用性很强并且很有发展前途的CAPP 模式。

5. 智能型 CAPP 系统

智能型 CAPP 系统是将人工智能技术应用在 CAPP 系统中所形成的 CAPP 专家系统。智能型 CAPP 系统及创成式 CAPP 系统都可自动地生成工艺规程，但是，它与创成式 CAPP 系统有一定的区别，创成式 CAPP 系统是以逻辑算法加决策表为特征，而智能型 CAPP 系统则以推理加知识为特征。

5.1.3 CAPP 系统的基本构成

对于不同类型的 CAPP 系统，其详细结构存在一些差异，但是也具有一些共同的特点。CAPP 系统利用计算机运算速度快和可以保存大量已有数据的特点，根据具体零件的形状结构和加工的技术要求，通过比较、计算、判断、匹配等操作，独立或辅助工艺人员制定出最佳的加工零件的工艺文件。因此，无论哪一类 CAPP 系统，尽管面向不同的运用，或采用不同方法以及运用在不同环境，但是它们都具有一些相同的基本功能和结构。CAPP 系统包括的基本模块有：信息输入界面、零件信息输入模块、工艺决策模块、工艺文件输出模块，如图 5-1 所示。

（1）信息输入界面 即 CAPP 系统与用户进行交互的工作平台，包括工艺设计界面、编辑管理界面、数据输入界面、工艺文件显示界面等。

（2）零件信息输入模块　CAPP 系统对具体零件进行工艺设计时，必须拥有零件的详细结构形状及工艺信息描述，零件信息可以从 CAD 系统直接获取，也可以通过人机交互形式，将零件信息输入，零件信息输入模块的主要功能就是实现零件信息的输入。

（3）工艺决策模块　工艺决策模块是 CAPP 系统最核心的模块。根据输入的零件信息，系统调用相关的程序、数据和知识进行比较、计算、判断、决策等运算，生成零件的加工工艺流程、工艺过程卡以及形成 NC 加工控制指令所需的刀位文件，供加工及生产管理部门使用。

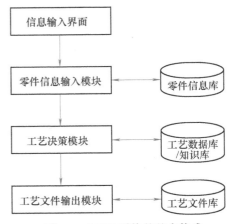

图 5-1　CAPP 系统的基本构成

工艺数据库/知识库是 CAPP 系统的支撑工具，它包括 CAPP 系统在进行零件工艺设计时所需要的工艺数据和工艺规则，并且对这些数据和知识进行有序的组织和管理。

（4）工艺文件输出模块　该模块可输出工艺流程卡、工序卡、工步卡、工序图及其他文档，也可从现有工艺文件库中调出各类工艺文件，利用编辑工具对现有工艺文件进行修改，得到所需的工艺文件。

有的系统还有 NC 加工程序生成模块，该模块依据工艺决策模块所提供的刀位文件，调用 NC 指令代码系统，产生 NC 加工控制指令。

5.2　零件信息和计算机辅助工艺设计的步骤

5.2.1　零件信息包含的内容及描述方法

在计算机辅助工艺设计中，根据不同的零件制定出相应工艺文件的关键是，输入的零件信息准确无误，并且按照系统能够理解的模式准确地描述。

零件输入的信息应包括零件的几何信息和零件的工艺信息。零件的几何信息主要包括零件的详细结构形状，如零件的表面形状、零件上各种基本几何元素之间的结合形式和相互位置关系等。再有就是零件的尺寸，零件的尺寸是对构成零件的基本几何元素形状的限制和基本几何元素间位置的约束。零件的工艺信息包括零件的材料、尺寸精度、表面粗糙度、热处理及其他的技术要求等。

要将零件的基本信息准确地传递给计算机 CAPP 系统，零件的信息必须按照系统规定的描述方法输入，才能得到计算机系统的认可。现有的零件信息描述有多种不同的方法，如零件分类编码法、零件特征描述法、零件表面描述法、知识表示描述法等。

（1）零件分类编码法　零件分类编码法基于成组技术原理，采用的是有序排列的字符数字描述零件的信息。这种方法的优点是简单易行，但是零件分类编码法对零件的信息描述只能是粗略的，不能对零件的形状结构、尺寸、加工精度要求等进行详细描述，容易造成 CAPP 系统所需的信息出现一些欠缺，无法合理地进行工艺决策。当增加零件分类编码法中的码位时，可以实现增加信息的承载量，但又容易降低编码效率和增加输入的出错现象。零件分类编码法一般用在检索式和派生式 CAPP 系统中。

（2）零件特征描述法 零件的信息可以视为由不同的基本特征构成，如形状特征、材料特征、精度特征等。将这些特征按照系统的要求顺序输入，计算机就可以获得所需要的零件特征信息。计算机再根据零件的各项特征信息在工艺知识库和数据库中寻找对应的加工方法和工艺规则进行比较、匹配、决策，最后制定出零件的加工工艺。采用特征描述的方法对零件的描述比较完整，在 CAPP 系统中得到了较多的应用。

（3）零件表面描述法 零件表面描述法中的零件被看成由若干表面构成，在描述零件的几何信息和工艺信息时，通过描述构成零件的各表面来实现，不同的表面采用不同的一组参数描述，它也对应了不同的加工方法和工艺要求。如外圆柱表面的加工可以采用车削加工，精度要求高时还可以采用磨削加工；内圆柱表面的加工可以是钻孔、镗孔等加工方法。

（4）知识表示描述法 将零件的信息用人工智能的知识表示方法来描述，例如，采用人工智能的框架表示法、谓词逻辑表示法、产生式规则法等知识表示方法来描述零件信息。

上述各零件信息描述方法都存在一定的局限性，对于 CAPP 系统中零件信息的描述和输入，最佳的方法是将 CAD/CAPP/CAM 集成，实现各系统之间数据、信息的无缝隙连接，建立一个能够满足产品生命周期中各阶段数据、信息需求和传递的产品模型。这也是当今的研究方向，需要更加深入的研究。

5.2.2 计算机辅助工艺设计的步骤

计算机辅助工艺设计的步骤，如图 5-2 所示。

1. 零件信息输入

输入零件信息是进行 CAPP 工作的第一步，对零件信息描述得是否准确、科学和完整将直接影响所设计的工艺过程的质量、可靠性和效率。因此，对零件的信息描述应满足以下要求：

1）信息描述的完整性是指要能够满足 CAPP 工作的需要，而不是描述全部信息。

2）信息描述要易于被计算机接受和处理，界面友好，使用方便，工作效率高。

3）信息描述要易于被工艺师理解和掌握，便于被操作人员运用。

4）CAPP 信息描述系统（模块或软件）应考虑 CAD、CAM、CAE 等多方面的要求，以便实现信息共享。

2. 工艺路线和工序内容拟定

该项工作的主要内容包括：定位和夹紧方案的选择、加工方法的选择和加工顺序的安排等。通常，先考虑定位基准和夹紧方案的选择，再进行加工方法的选择，最后进行加工顺序安排。应该指出，零件工艺路线和工序内容的拟定是 CAPP 的关键工作，工作量大，目前多采用人工智能、模糊决策方法等求解。

3. 加工设备和工艺装备确定

根据所拟定的零件工艺过程，从制造资源库中寻找各工序所需要的加工设备、夹具、刀具及辅助工具等。如果是通用的，库中没有，可通知有关部门采购；如果是专用的，则应提出设计任务书，交有关部门安排研制。

图 5-2 计算机辅助工艺设计的步骤

4. 工艺参数计算

工艺参数主要是指切削用量、加工余量、时间定额、工序尺寸及其公差等。在加工余量、时间定额、工序尺寸及其公差的计算中，当涉及求解工艺尺寸链时，可用计算机来完成，最终生成零件的毛坯图。

5. 工艺文件输出

工艺文件的输出可按工厂要求使用表格形式输出，在工序卡中应该有工序简图。工序简图可根据零件信息描述系统的输入信息绘制，也可从产品 CAD 中获得。工序简图可以是局部图，只要能表示出该工序所加工的部位即可。

5.3 派生式 CAPP 系统

5.3.1 成组技术概述

成组技术在 20 世纪 50 年代由苏联科学家研究提出，到 60 年代，欧洲其他国家也陆续开始对成组技术进行探讨研究。在欧洲国家进行研究的同时，苏联已经将成组技术运用于生产实际中并获得了成功。到了20世纪70年代，成组技术得到越来越多的国家的重视，并且在机械制造业中得到广泛的推广和运用。成组技术在各国的实践和发展中不断丰富和完善，目前成组技术的运用范围已遍布与产品制造有关的各职能领域。

成组技术的理论基础是相似性，核心是成组工艺。成组工艺与计算机技术、数控技术、相似论、方法论、系统论等相结合，就形成了成组技术。

成组工艺是把尺寸、形状、工艺相近似的零件组成一个个零件族，按零件族制定工艺进行生产，这样就扩大了批量，减少了品种，便于采用高效率的生产方式，从而提高了劳动生产率，为多品种、小批量的产品生产开辟了一条经济性能好、效益高的新途径。

零件在几何形状、尺寸、功能要素、精度和材料等方面的相似性为基本相似性。以基本相似性为基础，在制造、装配的生产、经营、管理等方面所导出的相似性，称为二次相似性或派生相似性。因此，二次相似性是基本相似性的发展，具有重要的理论意义和实用价值。

零件的相似性是实现成组工艺的基本条件。成组技术揭示和利用了基本相似性和二次相似性，使企业得到统一的数据和信息，获得经济效益，并为建立集成信息系统奠定基础。

5.3.2 成组技术的核心技术

1. 零件的相似性

成组技术的理论基础是"相似性原理"，利用零件的相似性，将相似问题归类成组以便提出最佳解决方案。机械零件大致可分为三类：

（1）复杂件或特殊件 结构差别大，再用性低（如机床床身），约占零件总数的5%~10%。

（2）相似件 在不同产品中相似而具有一定通用性的零件（如轴类），属中等复杂程度，品种多，数量大，约占零件总数的70%。

（3）标准件 可以合理地对零件进行分类编组，识别零件的相似性，产生零件的分类编码系统。

2. 成组技术的分类编码系统

成组技术的关键是按照一定的规则进行分类编码，实现产品的数字化表示。零件分类编码系统，就是用数字、字母或符号，将机械零件图上的各种特征进行描述和标识的一套特定的法则和规定。这些特征包括零件的几何形状、加工形式（如回转面加工、平面加工、轮齿加工）、尺寸、精度和热处理等。通常，分类编码系统只使用数字，在成组技术实际应用中，有三种基本编码结构。

（1）层次结构 在层次结构中，每一个后级符号的意义取决于前级符号的值。这种结构称为单码结构或树状结构。由层次代码组成的层次结构具有相对密实性，能以有限的数字传递大量的有关零件信息。

（2）链式结构 在链式结构中，那些有序符号的意义是固定的，与前级符号无关，这种结构也称为多码结构。它要复杂些，可以方便地处理具有特殊属性的零件，有助于识别具有工艺相似要求的零件。

（3）混合结构 大多数商业零件编码系统是由上述两种编码系统组合而成，形成混合结构。混合结构具有层次结构和链式结构的优点。典型的混合结构是由一些较小的链式结构构成，这些结构链中的数字是独立的，混合结构与层次结构相同，需要用一个或几个数字来表示零件的类别。混合结构能很好地满足设计和制造的需要。

目前，已有 100 多种编码系统在企业中使用，其中常用的分类编码系统有 Opitz 和 KK—3 两种编码系统。

（1）Opitz 编码系统　Opitz 编码系统是一个十进制 9 位代码的混合结构编码系统，是由德国亚琛工业大学 H. Opitz 教授提出的。在成组技术领域，它起着开创性作用，是著名的分类编码系统。

该方法采用的前 9 个码位中，第 Ⅰ～Ⅴ 位用于描述零件的形状，称为形状代码；第 Ⅵ～Ⅸ 位用于描述零件的尺寸、精度和材料，称为增补代码。其基本结构如图 5-3 所示。

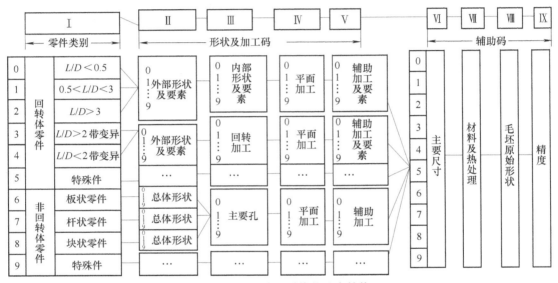

图 5-3　Opitz 编码系统的基本结构

其中，第 Ⅰ 位码是零件类别码，第 Ⅰ 位码包括 0～9 共 10 个数字，0～5 代表长径比不同的回转体零件，6～9 代表非回转体零件。

第 Ⅱ～Ⅴ 位码描述零件的内、外部形状要素及零件总体的形状，以及对应的加工方法。

第 Ⅵ～Ⅸ 位码分别表示零件的主要尺寸、材料及热处理、零件毛坯形状、精度。描述零件主要尺寸时，又分为 10 个代码，表示由小到大的零件尺寸间隔；材料及热处理又分 10 类，如铸铁、合金钢、碳素钢等，以及热处理方法（如淬火、回火等）；毛坯的原始形状也包含 10 类，如管材、棒料、铸锻件等；精度用 10 个代码表示，表示零件的加工精度。

图 5-4 所示为一个法兰盘，材料选用的是 45 钢，属于回转体零件，长径比 $L/D<0.5$，内部为半径不等、同轴线的阶梯孔，外部由半径、轴向长度不等的两回转体叠合而成。

按照 Opitz 编码系统的编码规则，法兰盘的编码为 013124279，详细含义如下。

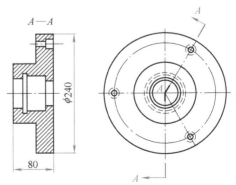

图 5-4　法兰盘

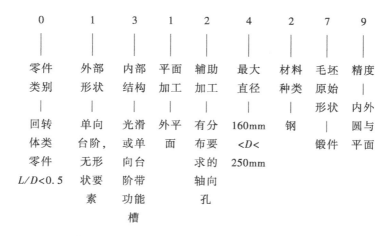

一组代码表示具有相似特征的一组零件，代码的作用是使这组零件的各有关特征字符化、明朗化，为成组技术的相似性分析和处理提供必要条件。

Opitz编码系统具有以下特点：

1）系统结构简单，便于记忆和手工分类。

2）系统的分类标志虽然形式上偏重零件结构特征，但实际上隐含着工艺信息。例如，零件的尺寸标志，既反映零件在结构上的大小，又反映零件在加工中所用的机床和工艺设备的规格大小。

3）虽然系统考虑了精度标志，但只用一位码来表示尚不充分。

4）系统的分类标志尚欠严密和准确。

5）系统总体结构虽然简单，但局部结构仍很复杂。

（2）KK—3编码系统　KK—3编码系统是由日本机械技术研究所提出，经日本机械振兴协会成组技术研究会下属的零件分类编码系统分会多次讨论修改而成，是一个供大型企业使用的十进制21位代码的混合结构系统，其基本结构见表5-1和表5-2。

表5-1　KK—3机械加工零件分类编码系统基本结构（回转体）

码位	I	II	III	IV	V	VI	VII	VIII	IX	X	XI	XII	XIII	XIV	XV	XVI	XVII	XVIII	XIX	XX	XXI
	名称		材料		主要尺寸			各部形状与加工													
									外表面					内表面			辅助孔			
分类项目	粗分类	细分类	粗分类	细分类	L（长度）	D（直径）	外廓形状与尺寸比	外廓形状	同轴螺纹	功能槽	异形部分	成形（平）面	周期性表面	内廓形状	内曲面	内平面与内周期面	端面	规则排列	特殊孔	非切削加工	精度

表 5-2　KK—3 机械加工零件分类编码系统基本结构（非回转体）

码位	I	II	III	IV	V	VI	VII	VIII	IX	X	XI	XII	XIII	XIV	XV	XVI	XVII	XVIII	XIX	XX	XXI
	名称		材料		主要尺寸		外廓形状与尺寸比	各部形状与加工													精度
								弯曲形状		外表面				主孔		主孔以外的内表面	辅助孔			非切削加工	
分类项目	粗分类	细分类	粗分类	细分类	L（长度）	D（直径）	外廓形状与尺寸比	外廓形状	同轴螺纹	功能槽	异形部分	成形（平）面	周期性表面	内廓形状	内曲面	主孔以外的内表面	方向	形状	特殊孔	非切削加工	精度

KK—3 编码系统具有以下特点：

1）在位码排列顺序上，考虑到各部分形状加工顺序关系，结构与工艺并重。

2）系统的前 7 位代码作为设计专用代码，便于设计使用。

3）在分类标志配置和排列上，采用"三要素完全组合"的原理，便于记忆和应用。

4）以零件功能作为分类标志，便于设计部门检索。

5）系统的缺点是环节多，在某些环节上零件出现率低，说明这些环节设置不当。

3．零件的分组方法

按编码系统将零件编码后进行分组，即采用不同的相似性标准，将零件划分为具有不同属性的零件族。目前应用的零件分组方法主要包括视检法、特征指标逐项比较法和编码分类法等。

（1）视检法　视检法是由有经验的人员通过仔细阅读零件图样，把具有某些特征的一些零件归结为一类，它的效果取决于个人的经验，常带有主观性和片面性。

（2）编码分类法　编码分类法也称相似特征分类法，它是根据零件特征，按照相似标准直接编码进行分类。编码分类法中常见的有：特征位法、体征码域法、特征位码域法。这里仅介绍特征位码域法的分类方法。

特征位码域法就是对一类零件选取某些特征性强的位码，对这些位码并不是确定一个具体的结构数字，而是规定了这个位码的允许范围，将它作为零件分组的依据。

运用特征位码域法时，先对一组零件编制出能够包含该组零件结构特征的特征矩阵，也是该组零件的典型代码。在对一个零件进行分类时，根据需要分类零件的结构形状等编制出一组代码，将该代码与不同族零件的典型特征矩阵代码进行比较、匹配，确定出该零件归属的零件族，零件分类完成。因此，该特征矩阵是作为零件分类的一个依据。例如，一个零件编码为 031213412，该零件的特征矩阵如图 5-5 所示，通过与不同零件族的典型特征矩阵比较，可以得出该零件的特征矩阵与图 5-6 所示的零件族的特征矩阵相匹配，因此，该零件归属于该零件族。

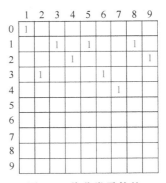

图 5-5　待分类零件的特征矩阵

零件编码分类的特点之一就是在分类前，要将待分类零件的设计信息、制造信息和管理信息等转译成代码。编码分类法是比较科学的方法，特别是使用计算机分类时效果更佳。但其难点是相似性标准的确定，相似性标准太高，零件难以汇集成组，而且容易掩盖实际存在并可利用的相似性；相似性标准过低，归属同一族的零件数量多，零件间差异性大，从而妨碍零件相似性的利用。

4. 派生式 CAPP 系统的工作原理

基于成组技术的 CAPP 系统利用了相似性原理对零件进行分类归族。派生式 CAPP 系统具有一个适合本系统的零件分类编码系统。首先，按照一定的相似准则对零件进行分类、归纳，分为不同的零件族，针对每一个零件族构造一个主样件，

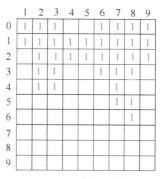

图 5-6 一个零件族的特征矩阵

主样件包含这一个零件族的所有结构特征的零件，是该零件族中结构最复杂的零件。然后，针对主样件制定工艺过程，由于主样件是该零件族最复杂的零件，主样件的工艺过程能够满足该零件族所有零件加工的工艺要求。这样得到的就是该零件族的典型工艺过程。再将主样件设计出的典型工艺文件存入工艺数据库，用于该零件族的典型工艺设计数据。在对一个新零件进行工艺设计时，系统根据输入零件的信息制定代码，分类编码系统将零件按照相似准则进行分类归族，系统在工艺数据库搜索出该零件所属零件族的典型工艺规程文件，从典型工艺规程中筛选出与零件结构工艺匹配的工艺规程，并且从工艺数据库中调用相关工艺数据，对零件的工艺规程文件进行必要的编辑、修改或补充，最后得到的就是该零件的工艺文件。

5.4 创成式 CAPP 系统

创成式 CAPP 系统根据输入的零件信息可以自动为新零件制定出工艺规程。系统模拟人工制定零件工艺规程时采用的推理决策方法，依靠系统计算，使决策过程自动生成零件的工艺规程。创成式 CAPP 系统能够根据输入的零件信息自动获取所需要的零件几何信息和工艺信息，自动制定出零件的加工路线以及各个工序和工步的加工内容，选择装夹定位工具，确定机床及相关加工参数等，系统运用决策逻辑，模拟工艺设计人员的决策过程制定出零件的工艺规程。

零件工艺规程的制定是一个复杂的过程，在人工制定零件工艺时，对同一零件而言，不同的工艺人员制定出的加工工艺规程都存在差异和优劣。由于零件工艺设计的复杂性，采用创成式 CAPP 系统实现工艺决策的全部自动化相当困难，尽管也有一些系统自动化程度较高，但是对于某些工艺决策仍然需要一定的人工干涉。随着技术的发展和进步，在将来可能会有不需要人工干预的 CAPP，即能够自动完成零件工艺设计的 CAPP 系统出现，但是，在短期内要开发出功能完备、自动化程度很高的创成式 CAPP 系统还有较大困难。

由于创成式 CAPP 系统的开发面临一些暂时无法解决的难点，也有人采用检索与自动决策相结合的工作方式生成工艺规程，这种 CAPP 系统称为半创成式 CAPP 系统。半创成式 CAPP 系统以单件、中小批量生产企业为应用对象，在设计工艺时，系统首先设计工艺路线，再设计工序。零件工艺路线的设计是通过检索其零件族的标准工艺，由计算机根据具体

零件的几何形状、加工精度和工艺参数经过一系列的删除选择得到，而每一工序的内容是根据零件的输入参数经过工序创成而得到的，较充分地体现了检索与创成相结合的优点。

5.4.1　创成式 CAPP 系统的构成及工作原理

创成式 CAPP 系统是根据输入的零件信息在工艺知识库和工艺数据库的支持下，通过一系列的决策运算，自动生成设计零件的工艺文件。创成式 CAPP 系统要完成零件工艺设计的全过程，系统需要有相关计算机技术的支持和能够满足决策计算的程序模块。创成式 CAPP 系统应包括零件信息输入部分、工艺知识库/数据库、逻辑决策运算程序部分、零件工艺生成输出部分。逻辑决策运算程序部分是创成式 CAPP 系统的核心部分，零件工艺设计过程就在该部分完成，创成式 CAPP 系统的总体结构如图 5-7 所示。

创成式 CAPP 系统能够自动生成零件的工艺文件，系统中的工艺知识库和工艺数据库需要在系统工作前将知识和数据存入库中，系统在编制零件工艺文件时从工艺知识库/数据库中查找、调用需要的数据。系统工作时通常按下述步骤进行：

1）正确输入零件的几何信息、工艺信息和加工要求。

2）根据零件输入的全部信息，从工艺知识库里调用有关的知识并且进行决策判断、匹配，制定出零件的加工顺序。

3）按照零件的加工顺序，从工艺数据库中调用机床、夹具、刀具及切削等数据进行逻辑决策判断，确定加工中所需要的数据。

4）生成零件的工艺文件并且输出文件。

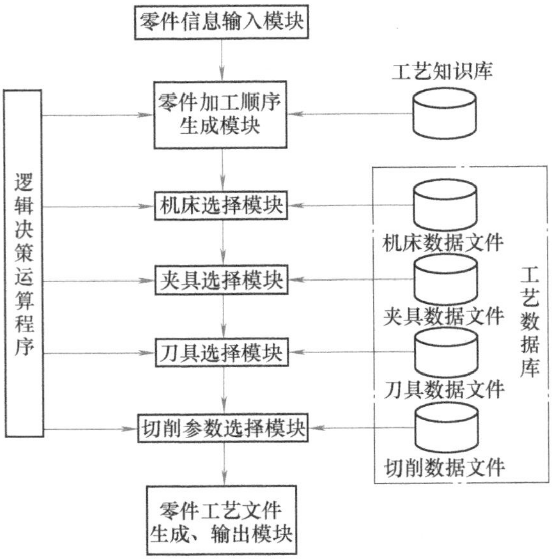

图 5-7　创成式 CAPP 系统的构成

5.4.2　创成式 CAPP 系统的工艺决策

创成式 CAPP 系统的结构决策逻辑部分是系统程序最核心的部位，控制了系统内程序的运行方向，用于零件的加工顺序、加工路线和加工方法的确定，以及设备的选型及加工参数的确定等工作。

1. 工艺决策的主要形式

不同的零件在结构形状和技术加工要求方面均存在不同，制定出的工艺规程也存在明显差异。创成式 CAPP 系统制定不同零件的工艺规程时，需要从工艺知识库和工艺数据库中调用不同的数据，而且在进行决策逻辑运算时是很复杂的，但是采用的表达方法有许多共同之处，常用的方法就是决策表和决策树。

（1）决策表　决策表就是采用表格表达的方式来表示一组工艺逻辑关系，方便人们使用计算机语言来表达该逻辑决策的方法。决策表的基本格式见表 5-3。

表 5-3 决策表的基本格式

条件项目	条件状态
决策项目	决策状态

决策表包含四个部分，分别用双线分隔开，上半部分表示的是条件，下半部分表示的是决策判断后得到的结果。决策表在设计过程中，表中内容一定要准确、完整、一致，各规则之间不能存在矛盾和重复的现象，决策表的大小可以根据实际情况进行分解、合并。

决策表包括了决策判断需要的条件。在决策表中，如果某一个条件得到满足，则取值为"真"或"是"，表中用 T 表示；如果某一个条件不满足，则取值为"假"或"否"，表中用 F 表示。在决策状态中，当决策得到的动作是无序时，在表中直接用 X 表示；当决策得到的动作是有序时，则需要用序号将动作的前后顺序表示出来。在条件项目内，有时也可以出现空格即不填写的情况，表明这一条件是否能够满足对这一规则无关。孔加工方法选择的决策表，见表 5-4。

表 5-4 孔加工方法选择的决策表

条 件	R1	R2	R3
尺寸精度低	T	F	F
尺寸精度高	F	T	T
位置精度低		T	F
位置精度高		F	T
加工方法	R1	R2	R3
钻孔	X	1	1
铰孔		2	
镗孔			2

当孔的尺寸精度低时，采用一种加工方法，即钻孔；当孔的尺寸精度要求高但是位置精度的要求低时，孔加工的方法是先钻孔，再铰孔，加工的动作有了顺序要求，表中需要用数字来表示两个动作的顺序，如加工方法中钻孔标注 1，铰孔标注 2。当尺寸精度、位置精度都高时，孔的加工的方法是先钻孔，再镗孔。工件车削装夹方法选择的决策表，见表 5-5。

表 5-5 工件车削装夹方法选择的决策表

条件	R1	R2	R3
长径比<4	T	F	F
4≤长径比<16		T	F
加工方法	R1	R2	R3
卡盘	X		
卡盘+尾顶尖		X	
顶尖+跟刀架+尾顶尖			X

工件车削装夹方法选择采用的决策逻辑是先判断工件的长径比是否小于 4，如果条件成立，则采用卡盘；若不成立，再继续往下进行，判断工件的长径比是否小于 16，条件成立

则采用卡盘+尾顶尖，否则采用顶尖+跟刀架+尾顶尖。

（2）决策树 决策树也是常用的工艺逻辑设计工具，是运用在工艺决策中的一种树状数据结构，与决策表的功能相似。相比决策表，决策树的建立和维护更容易，可以直观、准确地表达决策逻辑中复杂的逻辑关系，决策树和决策表可以进行转换。

决策树由节点和分支组成。根节点没有前驱节点，终节点没有后继节点，其他的节点都具有一个前驱节点和一个后继节点，节点表示一次测试或一个动作。连接两节点的是分支，分支上的数值表示向一种状态或动作转换的可能性和条件，条件满足则沿分支到下一节点，条件不满足则转向另一支分支。由根节点到终节点的一条路径就表示一条决策规则。图5-8和图5-9所示分别为孔加工方法选择的决策树和工件车削装夹方法选择的决策树。

图 5-8 孔加工方法选择的决策树

图 5-9 工件车削装夹方法选择的决策树

2. 创成式 CAPP 系统工艺决策的过程

创成式 CAPP 系统中，工艺决策过程包括根据输入零件信息确定该零件的加工方法、加工零件的工艺路线生成，以及确定加工中所需要的各类设备（如机床）、装夹方式和加工需要的参数，通过上述的决策过程生成零件的工艺规程。

（1）加工方法的选择 将零件信息输入到系统，系统根据零件的形状结构特征，从工艺知识库/数据库中直接查找到与零件各表面特征一致的对应加工方法，为零件工艺路线的生成提供了基础。不同的表面特征对应不同的加工方法，在系统运用前，各种表面特征的加工方法按照要求的格式已经存入工艺知识库/数据库中，使用时可以直接从库中查找。

（2）工艺路线的生成 确定零件各表面的加工方法后，需要将各加工方法按照一定的前后顺序进行排序，确定零件加工过程的工艺路线。在制定零件加工的工艺路线时，需要考虑各种因素和约束条件，同一个零件不同的工艺人员制定的工艺路线有可能存在差异，要制定出有效、合理的工艺路线具有较大的困难。对于创成式 CAPP 系统而言，这也是最重要的部分。

在前面介绍的零件的特征建模中，零件结构形状特征可以分为主要特征和辅助特征，在制定零件的加工工艺过程中，结合零件的结构形状特征，可以将加工工艺分解为主要工序和辅助工序。主要工序一般针对零件的主要形状特征，也就是零件上可以独立存在的形状特征，如柱面、球面、锥面等。辅助工序对应的是零件辅助特征，包括零件上不能独立存在的形状结构，如键槽、倒角、孔、凹坑等，以及热处理等加工工序。在对加工工序排序时，通常是辅助表面的加工排在主表面加工的后面。如在加工轴时，车圆柱面后加工倒角；铣键槽的工序和钻孔工序一般排在主要表面的粗、精加工工序后，但是又安排在淬火工序的前面。

对加工零件表面的各工序排序时，一般是先安排零件主要表面的加工方法，初步生成工艺路线的主干，再按照工艺规程的规律，在工艺路线的主干上插入辅助表面的加工方法以及其他辅助工序。工艺路线生成过程中，在初步确定排序结果时，需要工艺设计人员的确认，这时对初步结果可以进行编辑修改，最后形成满意的工艺路线，为工序设计做好准备。

（3）工序设计 零件的工艺路线生成后，需要进行的是工序的设计。工序的设计包括工艺装备的选择、工序顺序的编排、工序尺寸和公差的确定、切削用量的选择、工序图的生成和绘制等。

各工序的内容和工序的排序一般随着零件工艺路线的确定而确定。在工序的设计中，采用逻辑决策和各种运算时需要解决的问题主要是根据零件形状特征选择加工基准、确定装夹方式、确定加工余量、确定工序尺寸和公差及安排各表面的加工顺序等。

5.5 智能型 CAPP 系统

前面介绍的创成式 CAPP 系统与在它之前开发的 CAPP 相比较时有较大优势。创成式 CAPP 是将工艺设计决策知识用决策表、决策树或者公理模型等技术来实现，就是将工艺决策知识用是非判断的决策形式固化在系统中，以固化的是非逻辑代替人的判断。但是它在处理工艺设计时存在一定缺陷，因为工艺设计受生产环境影响很大，对于同一种零件，使用相同的加工要求和加工设备，在不同的工厂可能产生不同的工艺路线。因此，创成式 CAPP 系统也存在一定的局限性。随着计算机技术的发展，人们将人工智能技术引入 CAPP 系统，使用专家系统来解决创成式工艺设计中存在的缺陷，从而形成了工艺设计专家系统或者智能型 CAPP 系统。

5.5.1 人工智能技术

人工智能（Artificial Intelligence，AI）主要运用知识进行问题求解。它以知识为对象，研究知识的表示、知识的运用和知识的获取。

人工智能的研究领域包括分布式人工智能、知识工程和专家系统、自然语言处理、机器人、机器学习和人工神经网络、模式识别、定理证明、自动程序设计、智能数据库、智能检索等。

专家系统（Expert System）是人工智能的一个分支，它是一个智能的计算机程序，即运用知识和推理步骤来解决只有专家才能解决的复杂问题。目前专家系统的应用领域包括数学、物理、化学、生物、农业、地质、气象、交通、冶金、化工、机械、政治、军事、法律、空间技术、环境科学、信息管理系统、金融和信息高速公路等。

随着企业信息化对 CAPP 系统在集成化、网络化和自动化方面的要求不断增加，基于知识的智能型 CAPP 系统越来越引起人们的兴趣。目前，已经出现了一些以专家系统为核心的智能型 CAPP 系统。

5.5.2 专家系统的基本构成

传统的软件系统是数据+算法=软件系统，而专家系统是知识+推理=专家系统，它以知识库（Knowledge Base，KB）和推理机（Inference Engine，IE）为主体，再加入知识获取、解释系统、人机交互界面等功能模块，即构成专家系统的基本结构，如图 5-10 所示。

1. 工艺知识库

在专家系统中按一定形式存放的工艺专家或工艺工程师的知识、经验的集合称为工艺知识库。工艺知识库中保存常识性的工艺知识，同时还有工艺专家或工艺工程师积累的经验性的工艺知识，这类知识往往是工艺专家或工艺工程师从大量的工作实践中总结归纳出来的，在解决某些难题时具有很强的针对性和明显的效果。建立某一专业领域的知识库是一个复杂的过程。通常，先建立一个子集，然后再利用

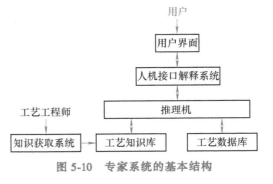

图 5-10　专家系统的基本结构

知识库开发系统修改和扩充工艺知识库，并对其中的知识进行检验和排错。

工艺知识库系统作为一种使用工具，为人们提供了保存、传播、应用和评价知识的现代化手段，它的主要特点如下：

1）它所保存的知识是永久性的。

2）借助计算机网络的功能，知识的复制与传播不受时间和空间限制。

3）能集中某一领域中所有专家所长，综合取优，避免单个专家知识的局限性。

2. 推理机

推理机由一组程序组成，实现对工艺问题的推理求解。推理机根据用户输入的数据，调用工艺知识库中的知识，尽量模拟工艺专家设计零件工艺时的思维过程，解决工艺设计中的问题。在系统运行中通常是根据有关问题的数据，从工艺知识库/数据库中选择工艺规则，将规则与事实进行匹配，控制并利用知识进行推理，求解问题。通常从选择规则到执行操作分为三步：匹配、冲突解决和操作。其中，匹配器负责判断规则条件是否成立；冲突解决器负责选择可调用的规则；推理机负责执行规则的动作，在满足结束条件时终止系统的运行。

3. 解释系统

解释系统根据工艺推理的结果，向用户说明推理的过程，解答产生结论的理由。解释功能可以对系统的推理行为做出解释，解释不仅使结论易于为用户所理解、接受，帮助用户建立系统、调试系统，而且还可以对缺乏相关领域知识的用户起到传授知识的作用。

4. 知识获取系统

知识获取的任务是把这些知识提取出来，转化为计算机内部能识别的符号，经检测后装入工艺知识库，知识获取系统也可修改和扩充工艺知识库中的原有知识。知识获取系统是建立、修改、扩充工艺知识库的一种重要工具，它还具有对获取的工艺专家等的知识进行整理、归类、组织和检验等功能，并且将系统的运行结果归纳出的新的工艺知识存入知识库。

5. 人机接口

人机接口是将专家和用户的输入信息翻译成系统可以接受的内部形式，同时把系统向专家或用户输出的信息转换为人们易于理解的形式。

综上所述，专家系统是一个计算机程序，它对某一领域的问题提供具有领域专家水平的解答，并具备启发性、透明性、灵活性等特点。

5.5.3 知识表示及推理

知识是智能型 CAPP 系统的基础，为了使计算机能够模拟人类的思维模式，它首先应具有相关的知识。怎样将人类拥有的知识存储到计算机中，并且存储的知识能够让计算机方便地调用，就要求在知识存储时必须采用适当的模式表示，这是知识表示要解决的问题。知识表示是对知识的一种描述或者说是一种约定，这些描述和约定是计算机可以接受的，同时也便于计算机的存储和利用。

在人工智能领域内，用于知识表示的方法有许多种，常见的知识表示方法有谓词逻辑表示法、语义网络表示法、产生式规则表示法、框架表示法、状态空间表示法、特征表示法、过程表示法和面向对象表示法等。由于上述知识表示方法各有优缺点，不同领域的各种知识表示方法及其推理机所获得的效果也各不相同，所以，在专家系统中往往是混合使用几种表示方法。下面介绍常用于工艺设计专家系统的产生式规则表示法和框架表示法。

1. 产生式规则表示法

产生式规则表示法就是将知识表示为规则的集合，每条规则由一组条件和一组结论两部分组成，当满足某些条件时，就可以得到对应的结论（或动作）。在 CAPP 系统中，产生式规则表示工艺专家的知识方式就是将工艺知识表示成"如果<条件>成立，则<结论>"的格式。产生式规则的一般表达式为

```
IF      <条件 1> AND／OR
        <条件 2> AND／OR
        <条件 3> AND／OR
        …
        <条件 n>
THEN    <结论 1> AND
        <结论 2> AND
        <结论 3> AND
        …
        <条件 m>
```

例如，加工一根轴的外表面，外表面为圆柱面，加工方法选择的规则为

```
IF {
        外表面为圆柱面；
    AND  材料：45 钢；
    AND  公差等级为：IT6~IT8；
    AND  表面粗糙度值为：0.8μm≤Ra≤1.6μm；
    AND  热处理：淬火；
    AND  普通机床加工。
    }
    THEN
```

加工方法：粗车；
　　　　　　　半精车；
　　　　　　　粗磨；
　　　　　　　精磨。

　　产生式规则表示法非常接近工艺设计专家解决工艺问题时的思路和方法，因此，相当多的CAPP专家系统在构建工艺知识库时采用产生式规则表示法，取得了较好的效果。而且，工艺知识库中各条规则都是相互独立的，这为系统进行查询、修改、补充也带来了便利。

　　在专家系统中，基于产生式规则表示法的运用建立了产生式系统。在产生式系统中，知识分为两部分：

　　1）用事实表示的静态知识，如事物、事件和它们之间的关系。

　　2）用产生式规则表示的推理过程和行为。由于这类系统的知识库主要用于存储规则，因此，这类系统又称为基于规则的系统（Rule-based System）。

　　产生式系统是专家系统中应用最多的一种知识表示方法。产生式系统是把一组产生式规则放在一起，互相配合，协同作用。一个产生式规则生成的结论可以供另一个产生式规则作为已知事实使用，以求得问题的解决。

　　产生式系统包含事实库、规则库和推理机三部分。

　　（1）事实库（综合数据库）　事实库用于存放当前已知的工艺信息数据，包括推理过程中形成的中间结论知识，即用于存储有关问题的状态、性质等事实的叙述型知识，又称为综合数据库或工作存储器。

　　事实库中的内容随着推理的进行而不断变化，当程序中要用到的某一条产生式规则的前提与事实库中的某些已知事实匹配时，该规则即被激活，并将用它推出的结论放入事实库中，作为其后推理的已知事实。事实库中的已知事实通常用字符串、向量、集合、矩阵、表等数据结构表示。

　　（2）规则库　规则库用于描述某一领域内产生式知识的集合，它是产生式系统进行问题求解的基础。其中的知识是否完整、一致，表达的是否准确，对知识的组织是否合理等，都直接影响到系统的性能和运行效率。

　　（3）推理机　推理机又称推理机制或规则解释，它由一组程序组成，根据有关问题的控制型知识、选择控制策略，将规则与事实进行匹配，控制并利用知识进行推理，求解问题。通常从选择规则到执行操作分三步：匹配、冲突解决和操作。

　　1）匹配。匹配是把当前事实库的内容与规则库中的条件部分进行匹配，如果两者匹配，则把这条规则称为触发规则。当按规则的操作部分去执行时，称这条规则为启发规则。被触发的规则不一定都是启发规则，因为可能同时有几条规则的条件部分被满足，这就要在解决冲突步骤中来解决这个问题。在复杂的情况下，事实库和规则的条件部分之间可能要进行近似匹配。

　　2）冲突解决。当有一条以上规则的条件部分和当前事实库相匹配时，需要决定首先使用哪一类规则，这称为冲突解决。例如，设有以下两条关于美式橄榄球的规则。

　　规则 R_1：

```
        IF
          ｛ fourth dawn;
            AND   Short yardage。
          ｝
      THEN
          ｛
        punt
          ｝
```

规则 R_2：

```
IF
  ｛
    fourth dawn;
    AND   Short yardage;
    AND   Within 30 yd( from the goal line)。
  ｝
THEN
  ｛
    field goal。
  ｝
```

其中规则 R_1 规定进攻一方如果在前三次进攻中前进的距离少于 10yd（Short yardage），那么在第四次进攻时（fourth dawn），可以踢悬空球（punt）。规则 R_2 规定，进攻一方如果在前三次进攻中前进的距离少于 10yd（1yd = 0.9144m），而进攻的位置又在离对方球门线 30yd 距离之内，那么就可以射门（field goal）。

如果当前事实库包含事实 "Short yardage" "fourth dawn" 及 "Within 30 yd"，则上述两条规则都被触发，这就需要用冲突解决来决定首先使用哪一条规则。冲突解决中有许多策略，其中一种策略是先使用规则 R_2，因为 R_2 的条件部分包括了更多的限制，因此规定了一种特殊的情况，即按照"专一性"来编排顺序的策略，称为专一性排序。除此之外，还有其他冲突解决策略，如规则排序、数据排序、规模排序和就近排序等。

3）操作。它是执行规则的操作部分，经过操作以后，当前事实库被修改，而其他的规则有可能被使用。

2. 框架表示法

框架表示法是一种结构化表示方法。框架通常由事物各个方面的"槽"和每个槽拥有的若干"侧面"以及每个侧面拥有的若干个值组成。槽用于描述对象的某一方面属性，侧面用于描述相应属性的一个方面。槽和侧面所具有的属性值分别称为槽值和侧面值。大多数实用系统必须同时使用许多框架，并可使它们形成一个框架系统。框架表示法已获广泛应用，然而并非所有问题都可以用框架表示法。

在一个用框架表示知识的专家系统中可以含有多个框架，形成框架网络，因此需要给它们赋予不同的框架名。同样，在一个框架内的不同槽和不同侧面也需要分别赋予不同的槽名和侧面名。一个框架中的槽值或侧面值可以是另一个框架的框架名。建立了联系之后的框架网络可以通过一个框架找到另一个框架。

一个框架的结构表示如下：

<框架名>

<槽 1> <侧面 11> <值 111>…<侧面 12> <值 121>…

<槽 2> <侧面 21> <值 211>…

…

<槽 n> <侧面 n1> <值 n11>…

…

<侧面 nm> <值 nm1>…

例如，在工艺设计中将铣刀的信息用框架表示，如图 5-11 所示。

框架表示法与其他表示法相比存在自身的特点，其最突出的特点在于框架表示法中的结构性、继承性和自然性。框架表示法的结构性特点在于它善于表达结构性知识，将知识的内容结构关系及知识间的联系表示出来，因此，它是一种组织起来的结构化的知识表示方法。这一特点是产生式规则表示所不具备的。框架表示法的继承性特点就是框架表示法通过使槽置为另一个框架的名字实现框架间的联系，建立起表示复杂知识的框架网络。在框架网络中，下层框架可以继承上层框架的槽值，也可以进行补充

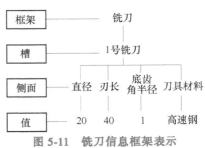

图 5-11　铣刀信息框架表示

和修改，这样不仅减少了知识的冗余，而且较好地保证了知识的一致性。框架表示法的自然性特点体现了人们在观察事物时的思维活动，当遇到新事物时，通过从记忆中调用类似事物的框架，并将其中的某些细节进行修改、补充，就形成了对新事物的认识，这与人们的认识活动是一致的。

用框架表示知识的专家系统主要由两部分组成，一是由框架网络构成的知识库；二是由一组程序构成的框架推理机。前者的作用是提供求解问题所需要的知识，后者的作用是针对用户提出的问题，运用知识库中的知识完成问题求解。

（1）框架推理的基本过程　在框架表示法的专家系统中，推理是通过框架匹配和填槽来实现的。首先用问题框架表示要求解的问题，然后把初始问题框架与知识库中已有的框架进行匹配，即把两个框架相应的槽名和槽值逐个进行比较，如果两个框架的各对应槽能够满足预先规定的某些条件，就认为这两个框架可以匹配。由于框架的继承关系，一个框架所描述的某些属性和值可能是从其上层框架继承过来的，因此，两个框架的比较往往要牵涉到它们的上层或上上层框架。

（2）框架的不确定性匹配　如果两个框架完全匹配，则称为确定性匹配；如果两个框架的对应槽值不能完全一致，但满足预先指定的条件，则称为不确定性匹配。

（3）框架推理　框架推理是以框架网络的层次结构为基础，按照一定的搜索策略，不断寻找可匹配的框架并进行填槽的过程。在此过程中，有可能找到合适的框架，得到问题的解而成功结束，也可能因找不到问题的解而被迫终止。

由于框架表示法不善于表示过程性知识，因此，框架表示法常与产生式表示法结合使用。

5.6 其他 CAPP 系统的简介

根据使用要求的差异，存在不同类型的 CAPP 系统。除了前面介绍的派生式 CAPP 系统、创成式 CAPP 系统和智能型 CAPP 系统外，还有其他一些典型系统，如检索式 CAPP 系统、半创成式 CAPP 系统及网络化 CAPP 系统等。下面对半创成式 CAPP 系统和网络化 CAPP 系统进行介绍。

1. 半创成式 CAPP 系统

半创成式 CAPP 系统以成组技术为基础，以单件、中小批量生产企业为应用对象，采用检索与自动决策相结合的工作方式自动生成工艺规程。在设计工艺时，系统首先设计工艺路线，再设计工序。零件工艺路线的设计是通过检索其零件族的标准工艺，由计算机根据具体零件的几何形状、加工精度和工艺参数经过一系列的删除选择得到，而每一工序的内容是根据零件的输入参数经过工序创成而得到的，充分地体现了检索与创成相结合的优点。

系统主要由八个模块构成，包括主程序模块、辅助编码模块、输入和编辑模块、数据准备与工艺路线设计模块、工序设计模块、工序尺寸计算模块、编辑输出模块、数据库维护模块，如图 5-12 所示。

系统在设计工艺时需要大量的基本工艺数据作为基础，基本工艺资源数据库用来存储所需的基本工艺数据和零件族的信息，主要有存放零件族的特征矩阵的数据库、标准工艺文件数据库、工艺基础数据库（存放各种工序、工步）、设备库（存放加工设备及其参数、夹具

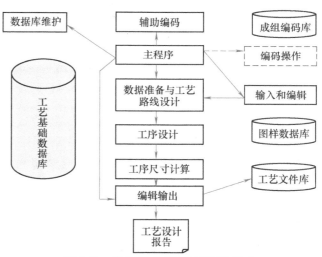

图 5-12 半创成式 CAPP 系统的构成

名称和量具、刃具的尺寸范围和名称）、加工余量库（存放各种加工工序间的余量值）、加工精度库（存放各类加工方法所能达到的经济精度）、成组编码库（存放零件号、成组编码及其所属族别）、图样数据库（存储零件的图样信息）和工艺文件库（存储设计完成的工艺文件）。

2. 网络化 CAPP 系统

随着企业信息化的发展，许多企业建立了局域网，从而要求 CAPP 系统网络化，实现企业内部信息资源协同作业、共享和通信，进行多用户工艺文档处理，保证数据的正确性、完整性和安全性。网络化 CAPP 系统分为服务器端和客户端，服务器端主要存储数据库和系统管理程序，客户端是具体的操作部分，其数据部分从服务器读取，生成的文件要传输到服务器进行保存。

网络化 CAPP 系统以网络数据库为基础，实现工艺卡片的制定、用户管理和工艺资源管理。在制定新工艺卡片时，可以由系统提供的模板生成，也可以应用成组技术，根据零件结

构的相似性，通过检索典型工艺库获得合适的典型工艺并进行编辑修改生成新的工艺卡片。

网络化 CAPP 系统的结构，如图 5-13 所示。服务器端包括知识库、工艺数据库、企业资源数据库和系统数据库；客户端包括主控模块、系统管理模块、工艺制定模块和工艺管理模块。

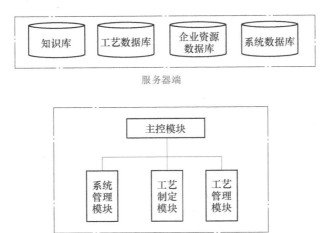

图 5-13　网络化 CAPP 系统的基本构成

5.7　开目 CAPP 系统

武汉开目信息技术有限责任公司（开目公司）是一家知名的制造业信息化软件公司。开目 CAPP 系统是在综合分析机械制造企业工艺规程设计特点的基础上，研究开发的计算机辅助工艺规程设计系统。

开目 CAPP 系统可以模仿工艺师在工艺规程制定中的习惯和顺序，采用交互式与派生式相结合的方法，即工艺规程可按需独立制定，也可通过检索典型工艺文件派生，快速而方便地获得所需的工艺文件。该系统具有掌握容易、通用性强的优点。数据资源库中有丰富、实用、符合国家标准的工艺资源以备引用，系统全面支持尺寸公差、表面粗糙度、几何公差以及加工、焊接等各种国家标准和规范的填写。

为了方便、快捷地得到工艺文件的各种文、图、表，开目 CAPP 系统还拥有开目 CAD 的基本绘图功能和丰富的图库内容，能迅速提取零件外部轮廓，方便绘制工序图，也可用于工、卡、夹、量具的设计绘图。

5.7.1　开目 CAPP 系统的功能特点

1. 方便实用，提高工艺规程编制的效率和标准化水平

开目 CAPP 软件将企业采用的标准、工程师的操作习惯、有关的工程原理等，体现在软件之中。开目 CAPP 强调工艺系统的实用性，减少工艺设计和管理的工作量，强调模仿工程师编制工艺的过程和习惯。工艺编制可以通过检索典型工艺，产生零件派生工艺，工艺内容可通过工艺资源数据库查询填写，从其他类型的文件中导入或直接利用键盘输入，提供多种

复制方法，可以支持 Windows 的复制、粘贴、剪切等快捷方式。

（1）工艺信息的自动一致性修改　对于零件的名称、重量、毛坯尺寸等总体信息，以及工艺路线、工序名称、工装设备等工艺信息，如果在同一工艺文件的多个卡片中重复出现，信息输入和信息修改时，只需对任意表格进行一次填写，即可达到信息自动一致性修改，无须手工反复填写。

（2）工序简图的生成简洁方便　开目 CAPP 系统内集成开目 CAD 绘图系统，可直接在工艺表格中绘制工序简图。提供了局部剖、局部放大功能以及工艺上的定位夹紧符号库，使得工序简图的生成简洁、方便。

开目 CAPP 可直接读取开目 CAD 绘制的图形，大部分工序简图可直接由零件图获得，无须工艺人员重新绘制。开目 CAPP 也能将其他 CAD 软件（AutoCAD、IGES）绘制的图形，经过图形文件数据转换模块直接转换到工艺表格中，进行复制、粘贴操作，还能方便地进行修改。

（3）可嵌入多种格式的图形、图像　在工艺简图中可灵活地插入多种图形格式（＊.dwg、＊.exb……），并使用相应 CAD 系统的绘图功能进行绘图。插入 ＊.dwg 图形时，可将表格底图带入到 CAD 系统的绘图界面，方便用户在简图区绘制图形。在工艺简图中可插入多种图像格式（＊.bmp、＊.jpg……），并可在开目 CAPP 的操作界面内用面向对象的方式动态链接其应用程序对这些对象进行编辑操作。

（4）标注特殊工程符号技术　全面支持尺寸公差、表面粗糙度、形位基准、几何公差、加工面符号等特殊工程符号的填写，并可快速新增其他用户所需的专用符号。编辑特殊工程符号如同编辑一般文字一样，可以进行剪切、删除、复制、粘贴、插入等操作。

（5）方便的公式计算和公式管理器功能　提供材料定额计算和工时定额计算公式库。用户可自行扩充专用公式。系统可自动筛选公式，并将计算的结果自动填入到工艺文件内。

（6）灵活的工艺文件输出方式　可将所有的工艺文件集中拼图输出，以实现工艺文档输出的集中管理，也可只输出某一工艺文件中的某几张工艺卡片，方便灵活。

2. 开放性好，通过定制和二次开发满足企业个性化的需求

在开目系列软件中，都采用了工具化的思想，即提供开放的手段，能够更好地满足企业不断变化的需求，也使用户具有自行维护的能力。

（1）可任意创建工艺表格样式，制定工艺规程　工艺人员按照实际尺寸画出工艺表格后，导入到表格定义工具中。通过表格定义工具制定表格，设计各种类型的工艺规程，对不同企业、不同类型的工艺具有普遍适应性。

（2）开放的企业资源管理器　企业资源管理器中包含大量丰富、实用、符合国家标准规范的工艺资源数据库，包括材料牌号、材料规格、机床设备、标准刀具、标准量具、切削用量、标准工艺术语等内容。企业资源管理器基于 Access、SQL-Server、Oracle 等数据库环境，工艺资源的结构和数据用户可以自行定义、扩充。可管理的数据类型包括数据表、图形、图表数据等。在填写工艺表格时，可查询录入，无须手工逐字输入。

（3）开放的零件分类标准和方便灵活的典型工艺检索机制　用户可创建自己的零件分类规则，如将零件按"盘套类""箱体类"等进行划分，分别建立标准工艺或典型工艺。典型工艺的检索方式可由用户自行扩充，可方便地按零件类别、零件名称、零件编码等检索标准工艺。

（4）提供多种二次开发接口　开目 CAPP 基于开放的体系结构，提供多种二次开发接

口，满足用户高层次的需求，并可为用户快速提供专用接口，开发接口可被其他应用系统直接调用，提取出各种工艺信息。

3. 集成性好，提供标准集成接口

（1）与 CAD/PDM/ERP 等软件的集成　开目 CAD/CAPP/PDM/BOM/ERP 等系列软件能够实现良好的集成，开目 CAPP 还能够通过 DWG、DXF、IGES 等接口与其他多种 CAD 软件和 PDM 软件集成，实现企业基础数据的自动输入。

（2）可以与多种数据库接口　填写工艺路线时，可以直接引入其他数据库软件，如 Access（*.mdb）、Foxpro（*.dbf）等，或其他表格工具软件，如 Excel（*.xls）等软件编写的工艺路线，而无须重新填写，并且，开目 CAPP 填写的工艺路线也可转换为上述文件格式，供在其他软件环境下使用。

（3）真正起到了工艺设计的桥梁作用　开目 CAPP 系统可以直接读取 CAD（包括开目 CAD、AutoCAD、IGES）的设计图样信息和图形信息，还可为 PDM、MIS 系统提供所需的工时、材料、工艺路线、工艺装备等工艺设计信息，实现了真正的信息集成。

4. 提供功能强大、开放性好的功能组件，快速拼装 CAPP 系统，实施周期短

开目 CAPP 系统由表格定义、工艺规程内容编制、工序简图绘制、图形文件数据转换、工艺文件浏览器、企业资源管理器、公式管理器、打印中心等部分组成，可以任意创建工艺表格，制定工艺规程，扩充企业的工艺资源库和公式库，操作简单方便，实施周期短。

5. 完全自主版权，可持续发展

所有开目软件都具有独立自主版权，不需要基于任何 CAD 平台，不仅为用户避免了版权问题，也使开目软件的持续发展具备了坚实的基础。

5.7.2　开目 CAPP 系统的功能模块

开目 CAPP 系统标准版含八个模块，包括工艺规程编制模块、图形绘制模块、企业资源管理器模块、公式管理器模块、表格定义模块（包含工艺规程类型管理）、图形文件数据交换模块、工艺文件浏览器模块和打印中心模块。另外，由于工艺规程编制模块、企业资源管理器模块及绘图的功能有所扩展，所以开目 CAPP 系统标准版的功能和适应性更强，更能满足企业各方面的个性化需求。

1. 工艺规程编制模块

工艺规程编制模块用于生成工艺过程卡和工序卡以及技术文档（如工艺装备设计任务书的填写），该模块的执行文件是 Kmcappwin 目录下的 Kmcapp.exe。图 5-14 所示为工序卡的编辑页面。

2. 图形绘制模块

图形绘制模块用于绘制工序简图或设计绘图工具。单击工具条上的 图标按钮，进入如图 5-15 所示的绘图界面。

3. 企业资源管理器模块

企业资源管理器模块用于企业资源管理。企业资源管理器中包含大量丰富、实用、符合国家标准规范的工艺资源数据库，包括材料牌号、材料规格、机床设备、标准刀具、标准量具、切削用量、标准工艺术语等内容；简洁、实用、覆盖面广，并可继续扩充内容。该模块的执行文件是 Kmres 目录下的 Kmres.exe。

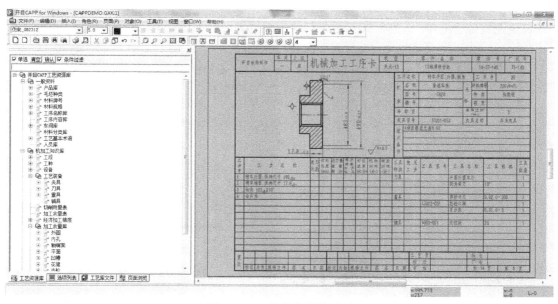

图 5-14　工序卡的编辑页面

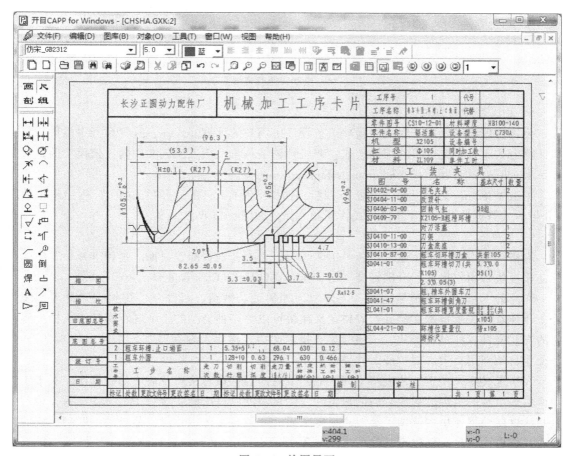

图 5-15　绘图界面

125

单击 Windows 桌面上的"开始"按钮，选择"程序"，在"开目 CAPP"程序组中选择"开目企业资源管理器"，进入开目企业资源管理器界面，如图 5-16 所示。

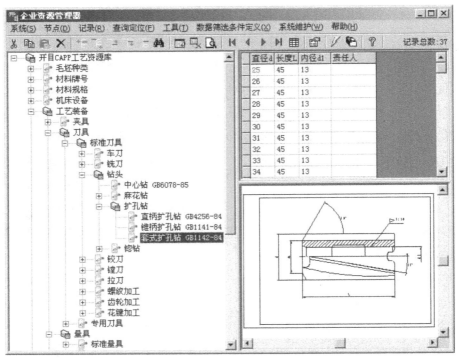

图 5-16　企业资源管理器界面

4. 公式管理器模块

公式管理器模块用于建立和管理工艺设计中用到的计算公式。公式管理器中提供材料定额计算公式库。系统可自动筛选公式，并将计算结果自动填入工艺文件内。该模块的执行文件是 Kmcappwin 目录下的 KmFormualrManager. exe。

单击 Windows 桌面上的"开始"按钮，选择"程序"，在"开目 CAPP"程序组中选择"开目公式管理器"，进入开目公式管理器界面，如图 5-17 所示。

5. 表格定义模块

表格定义模块用于企业定制各种工艺规程，为工艺规程配置封面、过程卡片、工序卡片等，该模块为用户提供了全部标准表格，执行文件是 KmCappTableDef. exe。

产品的工艺涉及多种类型的工艺规程，如铸造、锻造、机加工、焊接、热处理、装配等，还涉及相关的技术文档等。表格定义模块可以为多种类型的工艺规程和技术文档配置相应的工艺文件，如过程卡片、工序卡片、技术文档表格等。在编制工艺文件或技术文档时，系统能自动调用，大大地扩展了软件的应用范围。

表格定义用来指定工艺表格不同区域的填写内容、填写格式及对应的数据库。对于工艺表格里要填写的内容已形成专门的数据库，如材料库、机床设备库、工艺装备库等，填写时只需从这些数据库里提取即可。对表格定义后，在填写工艺卡片时，能自动关联到相应的数据库，选取内容后，能以定义好的格式填写到工艺文件里，一旦如"零件图号""材料牌号"等内容有所更改，同一工艺文件中其他表格的对应区域就会自动更新。

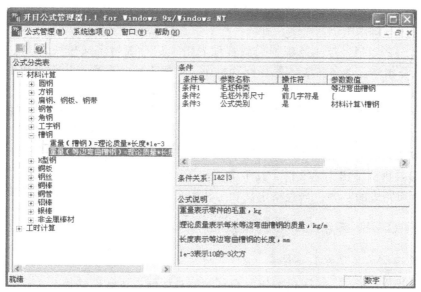

图 5-17 公式管理器界面

在表格定义模块中，能定义工艺汇总表的汇总内容和汇总要求，借助开目 BOM 软件，可生成满足企业要求的汇总表。

6. 图形文件数据交换模块

图形文件数据交换模块用于实现图形文件间数据的相互转换，使得 AutoCAD 生成的 DWG 图形文件和 I-DEAS、Solid Edge 生成的 IGES 图形文件可以方便地与开目 CAD 生成的 KMG 图形文件完成数据的相互转换。

使用开目 CAPP 系统标准版软件，可以直接打开 DWG、IGES 文件进行工艺设计。开目 CAPP 系统能提取图样的标题栏信息，如零件图号、零件名称、材料牌号等，直接填写在工艺表格的相应区域。打开的 DWG、IGES 图形放置在工序卡的"0"页面，用户可对图形进行复制、粘贴等操作，也可将图形的外轮廓提取到工序卡中，用于工艺图的绘制。

打开 DWG 及 DXF 文件是由"开目 DWG 转换"子模块来完成的，打开 I-DEAS 及 Solid Edge 文件是由"开目 IGES 转换"子模块来完成的。在开目 DWG、开目 IGES 转换子模块中，不仅可对多个文件进行转换，还可对整个目录的文件进行转换，并且可以预先设置转换方式。转换结束后，可根据颜色或层对转换结果进行修改或调整转换比例。

7. 工艺文件浏览器模块

工艺文件浏览器模块可以独立安装使用，为浏览工艺规程文件和技术文件提供了一个方便的工具。该模块的执行文件是 Cappview. exe。

8. 打印中心模块

打印中心模块用于方便、经济、快捷地输出图样，开目软件提供了既能输出 CAD 图形，又能输出文件的打印中心。该模块可在 A0 或 A1 幅面的绘图仪上拼图，并一次输出若干 CAD 图形和工艺文件，也可以用打印机分页输出 CAD 图形和工艺文件。该模块的执行文件是 Plot. exe。

5.7.3 一般的工艺设计流程

编制工艺规程的一般流程为：

（1）绘制工艺表格　确定企业所用到的工艺表格的形式，用开目 CAD 或开目 CAPP 画出来，存放到指定目录下。

（2）定义工艺表格，按工艺规程类型管理表格　运行表格定义模块，将以上指定目录下的卡片导入数据库。为各种工艺规程配置封面、过程卡片、过程卡片附页和工序卡片。定义工艺表格的填写内容、填写格式、对应的资源库节点等。

（3）建立工艺资源库　在企业资源管理器中建立 CAPP 需要用到的工艺资源库。

（4）建立公式库　在公式管理器中建立 CAPP 中用于计算的各种公式。

（5）编制工艺文件　编制工艺过程卡和工序卡，编写各种技术文档。

（6）打印或拼图输出工艺文件　其中第（1）、（2）步是企业第一次运行工艺规程内容编制系统所必须完成的步骤，当表格定义和工艺规程配置完成后就无须再做了。

5.7.4　开目 CAPP 系统工艺规程编制实例

1. 打开拟编制工艺规程的零件图

（1）打开操作　单击 📂 图标按钮，在打开的对话框中按文件路径、文件类型、文件名选择文件，单击"打开"即可；也可以双击文件名打开，例如，在 d：\kmsoft\kmcappwin\gxk 目录下双击"花键轴 .Kmg"文件，即打开"花键轴 .Kmg"文件。

（2）选择设计内容　在对话框中选中"工艺规程设计"后，再单击"确认"按钮，封面及过程卡被调出。所选零件的有关信息已自动进入封面和过程卡表头区，如零件图号、零件名称等，可通过工具条上的 🔲 、🔳 图标按钮在封面和过程卡间切换。

（3）显示图样　需编制工艺的零件图放在工序卡"0"页面，切换至工序卡"0"页面，如图 5-18 所示。

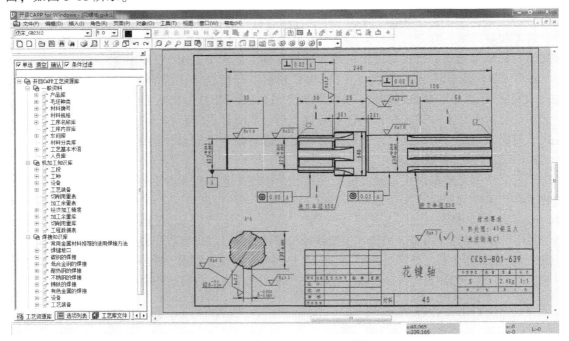

图 5-18　工序卡"0"页面显示界面

2. 填写封面

单击封面相应栏横线上的区域，填写相应内容。图 5-19 所示为封面输出样式。

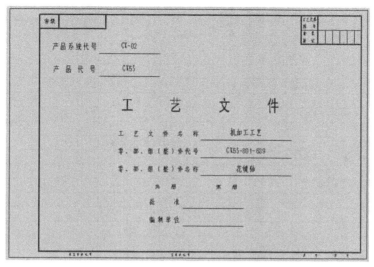

图 5-19 封面输出样式

3. 编制过程卡

（1）填写表头区 将光标放在表头区需填写的格内，单击鼠标左键（简称左键，下同），左边工艺资源库窗口会出现对应的库内容，双击所需项即可填入过程卡。无对应库时可自行输入内容。零件毛重可调用公式计算得到。

填写毛坯外形尺寸栏中"φ"等符号时，可用特殊字符库查询填写。单击 图标上的小箭头，在弹出的特殊字符选择框中选择。

（2）编辑表中区 可完成手工填写、库查询、复制和粘贴、插入/删除行、查找/替换等工序操作。

单击 图标按钮，进入表中区。在某列表头处双击左键，可收缩/展开此列。在第 1 列表头最前面的空白区双击左键，可以展开所有收缩的列内容。

1）手工填写。双击工序号格，自动生成工序号，然后顺序向右填写，方法同表头区的编辑。

2）工艺资源库查询填写。双击所选的库内容，可自动填写。

表面粗糙度、几何公差等可用特殊工程符号库查询填写。单击 图标，在打开的对话框中可选取表面粗糙度、尺寸公差、几何公差、型钢符号等特殊符号。填写公差时，按<Tab>键可以切换尺寸上、下极限偏差的填写。

如图 5-20 所示为由 10 道工序完成加工花键轴的机械加工工艺过程卡样式。

3）申请工序卡。将光标放在需申请工序卡的行内任意列中，依次单击"工序操作"→"申请工序卡"，即为该道工序申请到一张工序卡，该行的首格变红。工序名称中包含有"检"字时，则自动申请的工序卡为检验卡。

机械加工工艺过程卡片				产品型号		CK5S		零件图号		CK5S-801-639				
				产品名称		数控车床		零件名称		花键轴		共1页		第1页
材料牌号	45	毛坯种类	圆钢	毛坯外形尺寸		$\phi45\times244$		每毛坯可制件数	1	每台件数	1	单件毛重 3.05 kg		加工时 9.1

工序号	工序名称	工序内容	车间	工段	设备	工艺装备	工时 准终	工时 单件
1	备料		备料					
2	粗车	粗车各部,各外圆留余量4~5,各端面留余量2~3.	机加工	轴	C620	自定心卡盘	0.20	0.45
3	正火		热处理				0.20	1.5
4	半精车	车ϕ40外圆及端部花键外圆.	机加工	轴	C620	自定心卡盘	0.20	1.5
5	半精车	车中部花键外圆及ϕ22外圆.	机加工	轴	C620	自定心卡盘	0.30	2
6	铣	铣两处花键.	机加工	轴	5350		0.10	1
7	外磨	磨各ϕ,ϕ外圆至图要求.	机加工	轴	3151		0.30	1
8	花磨	磨花键至图要求.	机加工	轴	M8612		0.05	0.30
9	钳	去毛刺,作件号.	机加工	轴				
10	检查		检查处					

描图		设计(日期)	审核(日期)	标准化(日期)	会签(日期)
描校					
底图号		张强	刘睿	朱英	李华
装订号					

标记	处数	更改文件号	签字	日期	标记	处数	更改文件号	签字	日期

图 5-20 花键轴的机械加工工艺过程卡样式

4. 编制工序卡

将光标放在已申请工序卡的行内任意列中,单击 图标按钮,切换至工序卡。

1)当无零件图而需绘制工序图时,可借助图形绘制模块直接绘制。

单击 图标按钮进入绘图界面,可用画、尺、组、剖四类工具绘制工序草图,再依次单击"图库"→"夹具符号库"调取夹具符号。

2)当工序卡"0"页面存有零件图时,可直接从零件图中提取轮廓和加工面。

切换至工序卡"0"页面,选择"组"中外轮廓,采用框选方式将轴全部选中,将光标放在基点处(轴端中心线处),按<G>键,切换到第1张工序卡。

按住<Alt>键,再选择"( )"图标,将黄色图缩(放)到所需大小,再用转动键<D>键、<F>键旋转方向,用鼠标移动到工序卡中合适位置,单击左键,轮廓图生成。

再按<G>键切换到第2、3…张工序卡,将光标的黄色轮廓图放在工序卡的草图区中,方法同上。最后选择右键快捷菜单中的"重选",光标上的黄色图消失。

从零件图中提取加工面的步骤为:用"组"中合适的选择方式,选中所需加工面(图素),按<G>键,切换到所需工序卡,选中的图素以黄色线重叠在已有的轮廓图上,自动定位,单击左键,询问尺寸是否复制,选择"是"或"否",即生成。选择右键快捷菜单中的"重选",界面恢复原状。如复制了尺寸,应在"尺"状态下调整尺寸位置。

3)填写工序卡内容。单击 图标按钮切换到表格填写界面,填写第1行,方法与过程卡表中区的填写相同。

注意：每张工序卡编写完毕最好单击"保存"按钮，以免文件丢失。

5. 公式计算

表头区填写完后，将光标放在填写零件重量的格内，单击"工具"菜单中的"公式计算"，弹出如图 5-21 所示的对话框，选择其中一个公式，计算结果如图 5-22 所示，按"确定"按钮后，计算结果填入表格。

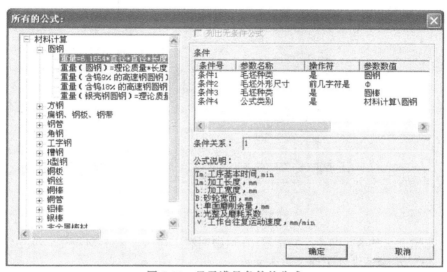

图 5-21 显示满足条件的公式

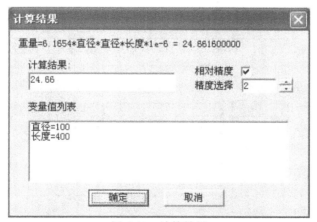

图 5-22 计算结果

6. 文件浏览

单击"工艺资源库"左下方的 ◄ ► 图标按钮，可以在"工艺资源库""页面浏览"两者之间切换。在"页面浏览"属性页中，通过树形结构管理工艺规程页面，工艺文件中的每 1 页面对应树上的 1 个节点，可方便地切换到某一指定页面浏览、检查。图 5-23 所示为浏览工序卡界面。

由已编制好的花键轴零件工艺过程卡可知，包括检验工序在内共有 10 道工序，除备料工序 1、粗车工序 2、热处理工序 3、钳工工序 9 省略外，半精车工序 4、5，铣工序 6，外圆

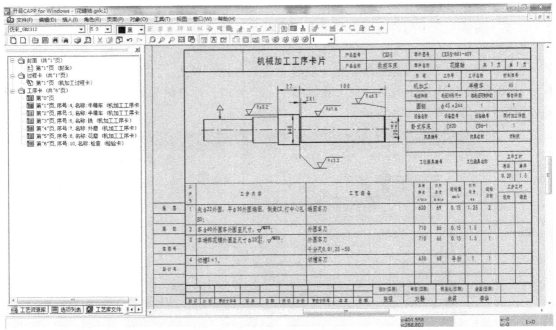

图 5-23 浏览工序卡界面

磨工序 7，花键磨工序 8，以及检验工序 10 均编制有工序卡。图 5-24 ~ 图 5-29 所示为检查合格后打印输出的花键轴零件工序卡技术文件。

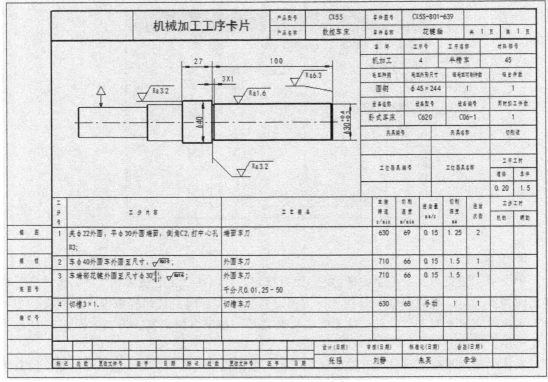

图 5-24 工序卡第 1 页输出样式

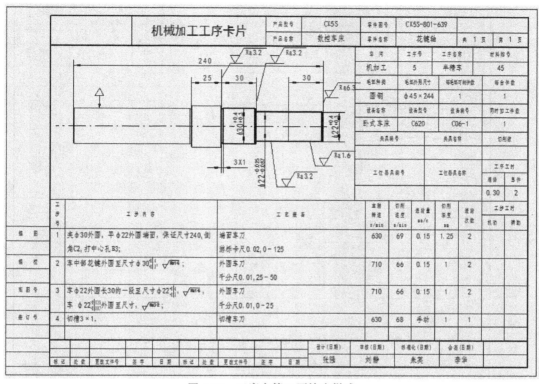

图 5-25　工序卡第 2 页输出样式

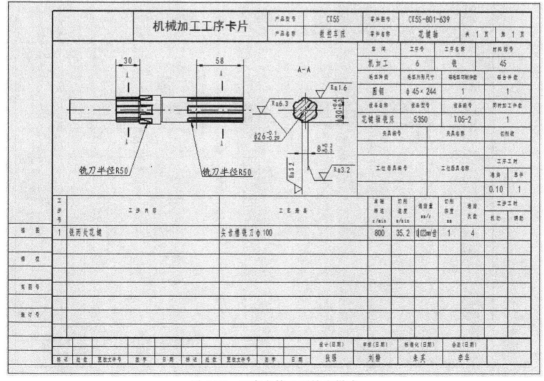

图 5-26　工序卡第 3 页输出样式

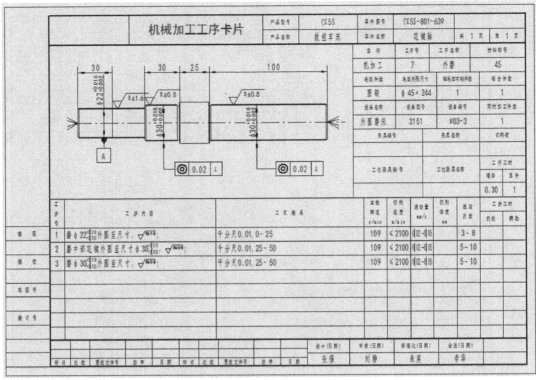

图 5-27　工序卡第 4 页输出样式

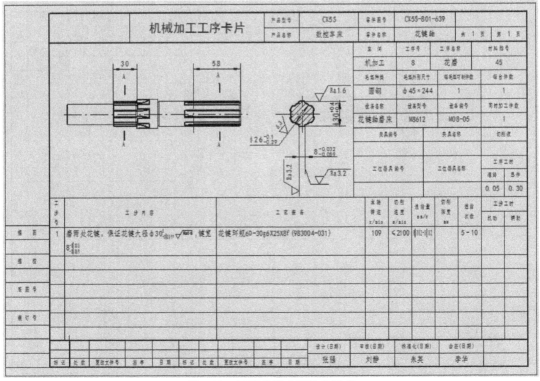

图 5-28　工序卡第 5 页输出样式

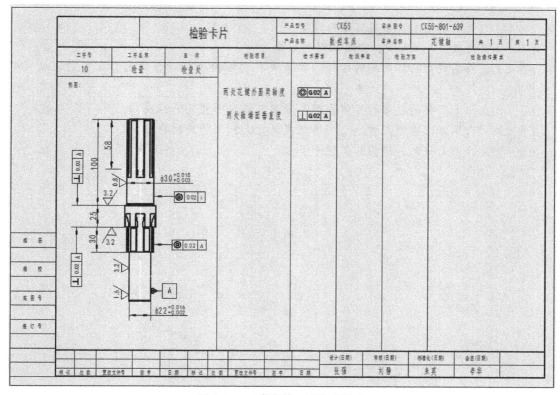

图 5-29 工序卡第 6 页输出样式

7. 文件存储

可存储为开目 CAPP 文件和典型工艺。

（1）存储为开目 CAPP 文件 存盘扩展名为 .gxk。单击 图标按钮，在打开的对话框中确定路径、文件名、保存类型后单击"保存"按钮即可。用户可以指定默认的存盘文件名方式，如将"零件图号"指定为默认文件名，则存盘时文件名为：CK5S-801-639.gxk。

（2）存储为典型工艺 可以将零件按形状或功能分类，创建零件分类规则。如将零件分为盘类、箱体类等，每类都可建一个典型工艺。新建工艺规程文件时，可按分类规则检索相对应的典型工艺，适当修改后，即可成为新的工艺文件。

依次单击"工具"菜单中的"典型工艺库"→"储存典型工艺"，弹出的对话框有两张属性页：

1）"当前工艺文件信息"页面，工艺文件的公有信息会自动映射到此页面。

2）"自定义信息"页面，此页面中定义的是存储典型工艺时的相关信息。

单击"确定"按钮，系统会弹出"典型工艺保存成功"的提示。

习 题

5-1 CAPP 的概念是什么？与传统工艺设计相比有何优势？

5-2 CAPP 有哪几种基本类型？

5-3 CAPP 有哪些步骤？

5-4 什么是成组技术？分类方法有哪些？

5-5 什么是派生式 CAPP？由哪几部分组成？

5-6 简述创成式 CAPP 系统的组成。决策表和决策树的特点分别是什么？它们之间有何差异？

5-7 什么是人工智能技术和专家系统？专家系统由哪些部分构成？

5-8 知识表示方法有哪几种？它们的组成是什么？怎样进行推理？

5-9 使用开目 CAPP 系统编制工艺卡。

第6章

计算机辅助制造技术

6.1 计算机辅助制造概述

6.1.1 计算机辅助制造的概念

计算机辅助制造有狭义和广义两个概念。

CAM 的狭义概念是指从产品设计到加工制造之间的一切生产准备活动，包括 CAPP、NC 编程、工时定额计算、生产计划及资源需求计划制定等。现在 CAM 的狭义概念缩小为NC 编程，即数控加工。

CAM 的广义概念除了包括上述 CAM 狭义定义的所有内容外，还包括制造活动中与物流有关过程（如加工、装配、检验、存储、输送）的监视、控制和管理。

CAM 技术常与 CAD 技术结合使用，使设计师和工艺师在计算机系统的辅助下，完成产品的设计和制造工作，它是传统技术与计算机技术的结合。设计师通过人-机交互操作方式进行产品概念设计、方案设计、技术设计和施工设计，并进行零件力学、热学、电学、磁学的性能分析和计算，输出零件的加工信息和技术文件。工艺师根据 CAD 过程提供的信息，进行零部件加工工艺路线的控制和加工过程的模拟仿真，生成控制零件的加工信息。

CAM 系统的目标是开发一个集成的信息网络来监测相互关联的制造作业范围，并根据总体管理策略控制施工作业。大规模的 CAM 系统是一个计算机分级结构的网络，它由两级或三级计算机组成。中央计算机控制全局，提供经过处理的信息；主计算机管理某一方面的工作，并对下属的计算机工作站或微型计算机发布指令和进行监控；工作站或微型计算机承担单一的工艺控制过程或管理工作。

6.1.2 数字化制造

数字化制造是用数字化定量、表述、存储、处理和控制产品生产的方法，支持产品全生命周期和企业的全局优化运作，它是 CAD/CAM/CAE 集成化技术，是以 MRP Ⅱ、MIS、PDM 为主体的制造信息支持系统。数字化制造使 CAM 技术得到更为广泛的应用，数控机床就是计算机辅助制造与数字化制造的应用典型。

数字化制造时代的到来是社会经济和科学技术发展的必然结果，主要表现为：

1）从社会经济角度来看，发展中国家制造业生产能力迅速提高，工业化国家制造技术不断进步，但制造业市场资源价格上扬，买方市场多变，各国制造业不断调整、改组，全球化的市场竞争日益激烈。制造企业要快速响应市场需求，面对当代社会、经济的挑战，企业对以计算机网络和相关软件为基础的数字化制造技术的需求十分迫切。

2）从科学技术发展来看，制造业的两大支柱技术是先进的制造工艺、装备及管理技术和计算机网络及相关软件技术。新材料制备、材料改性、精确成形、精密加工和质量保证等技术不断取得进展，已达到相当高的水平。计算机网络及相关的软件技术为制造信息的存储、处理和传递提供了崭新的手段，CAD/CAM、CAE、FMS、MIS、MRP Ⅱ、CIM、IMS、LP、AM、OAC、NGC、NGM 和 AMT 等相继产生，科学技术进步使得数字化制造的社会需求转变为现实。

数字化制造革新了制造的科学基础。数字化制造与传统制造不同，它力图从离散的、系统的、动力学的、非线性的和时变的观点研究制造的工艺、装备、技术、组织、管理、营销等问题。传统制造中的定性描述转化为数字化定量描述，在这一基础上逐步建立不同层面的系统的数字化模型，并进行仿真。制造正在从部分量化和部分经验化、定性化逐步转向全面数字定量化。制造信息系统、管理信息系统、市场信息系统和 CAD、CAM 等已成为制造系统不可或缺的组成部分。

数字化制造不仅要处理大量常规工程数据，还有大量的图形信息和经验知识需要处理。与处理常规数据相比，这部分信息量更大，且表述起来更复杂。数字化制造使信息与控制在制造科学基础中的重要性日益增加。

6.1.3 CAM 的发展与未来

CAM 作为整个集成系统的重要一环，向上与 CAD、CAPP 实现无缝集成，向下为数控生产提供方便、快捷、智能、高效的服务。随着制造业的发展，新技术、新工艺不断涌现，为此对 CAM 技术提出了更高的要求。特别是网络技术的发展促进了 CAD/CAPP/CAM/CAE/PDM 集成化体系的形成，也更好地适应了现代企业的生产布局及生产管理的要求。为适应集成化体系的要求，CAM 的结构体系与功能构成也必然会发生相应的变化，这将促使新一代 CAM 系统的兴起和发展。

下面对 CAM 技术的发展过程、发展趋势及应用现状等进行分析，并介绍新一代 CAM 系统结构体系的设想，以便为 CAM 的研究、选型及应用提供参考。

1. 新一代 CAM 系统产生的必然性与发展趋势

CAM 技术发展至今，在软件平台、硬件平台、系统结构以及功能特点上都发生了很大的变化。当今流行的 CAM 系统在功能上也存在很大差异。就其基本处理方式与目标对象上看，CAM 技术主要有两个发展阶段，即两代产品。

（1）第一代：APT　20 世纪 60 年代，在专业系统上开发的编程机及部分编程软件，如 FANOC、Semems 编程机，系统结构为专机形式，基本处理方式是人工计算或辅助计算数控刀具路径，编程目标与对象是数控刀具路径。其特点是功能较差，操作困难，专机专用。

（2）第二代：曲面 CAM 系统　其系统结构采用 CAD/CAM 混合系统，较好地利用了

CAD 模型，以几何信息作为最终的结果，自动生成刀具路径。自动化、智能化程度得到了大幅度提高，具有代表性的是 UG、DUCT、Cimatron、MarsterCAM 等。其特点是面向局部曲面的加工方式，编程的难易程度仅与零件的复杂程度有关，而与产品的工艺特征、工艺复杂程度等无关。

纵观 CAM 技术的发展历程，可以得出如下结论：

1）CAM 技术的发展是一个不断吸收和利用 CAD 及周边相关技术的应用成果而不断发展的过程，是自动化、智能化水平不断提高的过程，是 CAM 系统结构及基本处理方式不断向适应工程化概念的方向发展的过程。

2）系统的基本处理方式及编程的目标对象对系统的结构、智能化水平等起着决定性作用。CAM 系统在 APT 时代，编程的目标对象为直接计算刀路轨迹（即刀具路径）。第二代 CAM 系统以 CAD 模型为编程的目标对象，自动生成刀路轨迹，因而系统的自动化、智能化水平得到了大幅度提高，系统的操作也更符合工程规律。

3）第二代 CAM 系统的基本处理形式是以 CAD 模型的局部几何特征为目标对象，这已经成为其向智能化、自动化发展的制约因素。因此，只有突破其传统模式，发展新一代的 CAM 系统，才能促使 CAM 水平达到新的高度。

4）新一代 CAM 系统将采用面向对象、面向工艺特征的基本处理方式，使系统的自动化水平、智能化程度大大提高。系统结构将独立于 CAD、CAPP 系统而存在，为 CAPP 的发展留下空间，更符合网络集成化的要求。

2. CAM 技术的应用现状及存在的问题

CAM 技术作为应用性、实践性很强的专业技术，直接面向数控生产，故生产实际的需求是其技术发展与创新的原动力。分析总结当今 CAM 技术的应用现状与生产实际要求间的差距及其原因，新工艺、新技术对 CAM 技术的特殊需要和相关外围技术发展与要求等，有助于把握 CAM 技术的发展趋势。纵观市场主流 CAM 系统，无论其界面、功能等方面，都存在一些问题。

（1）CAD/CAM 混合化的系统结构体系　目前，CAD/CAM 混合化的系统结构体系没有将集成化特别是网络集成化的观念作为系统开发的主体思想；模型的建立与编程在同一地点由同一个操作者完成；CAD 功能与 CAM 功能交叉使用，而不是面向整体模型的编程形式；工艺特征需由人工提取，或需由 CAD 处理产生。由此会产生如下一些问题。

1）混合化系统的模块分布和功能不能与企业的组织形式、生产布局相匹配，不适应集成化的要求，不利于网络集成化的实现。

2）混合化系统不适合现代企业专业化分工的要求，无法在生产管理上实现设计与加工的合理分工，也阻碍了智能化、自动化水平的提高。另外，该系统要求操作者必须精通 CAD 与 CAM 两种技术才能完成工作，增加了学习、掌握与使用系统的难度。

3）混合化系统没有给 CAPP 的发展留下空间，众所周知，CAPP 是 CAD/CAM 一体化集成的桥梁，只有 CAD/CAPP/CAM 集成化体系才能实现系统的智能化与自动化。由于受到生产设备、刀具、管理等因素的影响，生产工艺的标准化程度低，至今没有一个成熟的、商品化的创成式 CAPP 系统。随着企业 CAD、CAM 等技术的成功应用，以及资源库、知识库的完善，CAPP 必然会有很大的发展，并将逐步实现 CAD/CAPP/CAM 的一体化集成，但是混合化系统从结构上不利于系统的一体化集成。

（2）面向曲面，以局部加工为基本处理方式　目前流行的曲面 CAM 系统是采用面向局部加工的处理方式，而数控加工是以模型为结果，以工艺为核心的工程过程。应该采取面向整体模型、面向工艺特征的处理方式。这种非工程化概念的处理方式会造成一系列的问题，如：

1）不能有效地利用 CAD 模型的几何信息，无法自动提取模型的工艺特征，只能够人工提取，甚至靠重新模拟计算来取得必要的控制信息，影响了编程质量与效率，致使系统的自动化程度与智能化程度很低。

2）局部加工计算方式靠人工或半自动进行防过切处理，由于编程对象不是面向整体模型，系统没有从根本上杜绝过切现象的产生，因而达不到在高速条件下对安全的要求。

3. CAM 系统在生产组织与管理上的问题

CAD/CAPP/CAM 需要在产品信息数据上集成，以实现无缝连接，但在操作中往往注重了产品数据的集成，忽略了企业在生产组织与管理上的要求，以及根据生产条件、操作人员、系统功能按照生产布局进行合理安排。CAM 系统及操作人员远离生产现场，因与现场情况不符而造成返工，既浪费了时间，又降低了效率，甚至造成废品。

传统的 CAM 系统要求操作人员有丰富的工艺知识背景，还需要掌握 CAD 应用技术，对 CAM 的应用普及造成了很大的困难。故企业迫切需要新一代的易学易用、易于普及、高智能化、专业性强的 CAM 系统。

4. 制造业新技术对 CAM 技术的特殊要求

近年来，制造业新技术的最大热点是高速加工技术。据最新的工艺研究表明，高速加工技术在简化生产工艺与工序、减少后续处理工作量、提高加工效率、提高表面质量等方面，具有显著的优势，它能够大大提高产品质量、降低生产成本、缩短生产周期。高速加工技术对 CAM 技术也提出了特殊要求。

（1）安全性要求　高速加工采用小吃刀量、小进给量、高进给速度，在高速进给条件下，一旦发生过切或几何干涉等现象，会造成严重后果，故生产的安全性要求是第一位的。传统的 CAM 系统靠人工或半自动防过切处理方式，没有从根本上杜绝过切现象的发生，故无法满足高速加工安全性的要求。

（2）工艺性要求　高速加工要求刀路轨迹具有较高的平稳性，避免刀路轨迹的尖角（刀路轨迹突然转向），尽量避免空刀切削，减少切入/切出等，故要求 CAM 系统具有基于残余模型的智能化分析处理功能、刀路轨迹光顺化处理功能、符合高速加工工艺的优化处理功能及进给量优化处理功能等。为适应高速加工设备的数控系统，CAM 应支持 NURBS 编程技术。

（3）高效率要求　高效率体现在以下两个方面。

1）编程的高效率。高速加工的工艺性要求比传统数控加工高出了很多，刀路轨迹长度是传统加工的上百倍，一般编程时间远大于加工时间，故编程效率已成为影响总体效率的关键因素之一。传统的 CAM 系统采用面向局部曲面的编程方式，系统无法自动提供工艺特征，故要求编程人员具有很高的工艺水平和编程技巧。因此，迫切需要面向整体模型的新一代 CAM 系统，它应具有高速加工知识库，智能化程度高。

2）优化的刀路轨迹确保高效率的数控加工，如基于残余模型的智能化编程可有效避免空刀，进给量优化处理可提高切削效率 30% 等。

综上所述，目前的 CAM 系统在生产管理和操作使用上与实际要求存在很大距离；在结构、功能等方面与网络集成化的要求不适应；基本处理方式阻碍了智能化、自动化水平的提高。面向对象、面向特征的 CAD 建模方式的成功开发，为新一代 CAM 系统的发展提供了参考模式。网络技术为 CAM 系统集成提供了可能，新一代 CAM 系统的大致轮廓已经显现。

5. 新一代 CAM 系统的基本结构与主要特征预测

（1）新一代 CAM 系统的软硬件平台　WinTel 结构体系因其良好的性价比、优异的表现、平实的外围软件支持，已逐步取代 UNIX 操作系统成为 CAD/CAM 集成系统的支持平台。OLE 技术及 D&M 技术的应用将会使系统集成更加方便。CAM 的软件采用 Windows 平台，硬件平台采用高档 PC 或 NT 工作站。随着高档 NC 控制系统的 PC 化、网络化，以及 CAM 在专业化与智能化上的发展，机上编程也会有较大的发展。

（2）新一代 CAM 系统的界面形式　新一代 CAM 系统将摒弃多层菜单式的界面形式，取而代之的是 Windows 界面，其操作简便，并附有项目管理、工艺管理树结构，为 PDM 的集成打下了基础。

（3）新一代 CAM 系统的基本特点　主要体现在以下几个方面。

1）面向对象、面向工艺特征的 CAM 系统。CAM 系统采用面向整体模型（实体）、面向工艺特征的结构体系，按照工艺要求（CAPP 要求）自动识别并提取所有的工艺特征及具有特定工艺特征的区域，使 CAD/CAPP/CAM 的集成化、一体化、自动化、智能化成为可能。

2）基于知识的智能化的 CAM 系统。CAM 系统采用智能判断工艺特征，而且具有模型对比、残余模型分析与判断功能，使刀具路径更优化，效率更高；面向整体模型的形式具有对工件包括夹具的防过切、防碰撞修理功能，提高了操作的安全性，更符合高速加工的工艺要求；与开放工艺相关联的工艺库、知识库、材料库和刀具库，有利于工艺知识的积累、学习和运用。

3）能够独立运行的 CAM 系统。CAM 系统与 CAD 系统在功能上分离，在网络环境下集成，系统采用智能化自动编程，降低了对操作人员的要求，也使编程过程更符合数控加工的工程化要求。

4）使相关性编程成为可能。CAM 系统采用了尺寸相关、参数式设计、修改灵活等 CAD 特征，在该方向的研究有两条不同的思路：一是以 PowerMILL 及 WorkNC 为代表，采用面向工艺特征的处理方式实现 CAM 编程的自动化。当模型发生变化后，只要按原来的工艺路线重新计算，即可由计算机自动进行工艺特征与工艺区域的重新判断并全自动处理，使相关性编程成为可能。二是将参数化的概念引入 CAM 系统中，即采用数据库的方式来解决参数化编程问题。由于实体的参数化设计是在有限参数下的特殊概念，而 CAM 系统是按照工艺要求对模型进行离散化处理，具有无限化（或不确定）参数的特性，故与参数化 CAD 有着完全不同的特点，造成 CAM 的参数化面临巨大的困难。按加工的工程化概念，CAM 系统不是以几何特征，而应是以工艺特征为目标进行处理。几何特征与工艺特征之间没有必然的、唯一的相关关系，而当几何参数发生变化时，工艺特征的变化没有相关性，存在着某些工艺特征消失或新的工艺特征产生的可能性。所以要实现参数式 CAM 系统，必须对几何参数与工艺特征间的相关性进行深入研究，得出确切的且唯一的相关关系之后，才能真正实现。

5）提供更方便的工艺管理手段。CAM 系统的工艺管理采用树结构，为工艺管理及实时修改提供了条件。它拥有的 CAPP 开发环境或可编辑式工艺模板，可供工艺师进行产品工艺设计，CAM 系统可按工艺规程全自动批处理。另外，该系统能自动生成图文并茂的工艺文件，以超文本格式进行网络浏览。

6. 对生产与管理方式产生积极的影响

CAM 系统将智能化、自动化、专业化推到一个新的高度，能够满足生产与管理的要求，同时，新手段的引入也会使管理方式发生相应的变化，使生产过程更规范、更合理。CAM 系统在网络下与 CAD 系统集成，利用了 CAD 的几何信息，又能按专业化分工，合理地安排系统在空间的分布，提高了对操作人员的专业化要求而降低了综合性要求。同时，CAM 系统专业化、智能化、自动化水平的提高，将导致机侧编程（Shop Programming）方式的兴起，改变 CAM 编程与加工人员及现场分离的现象。

经过多年的技术积累，CAM 在市场需求、理论基础及外围技术等方面的准备已经成熟，CAM 技术将作为应用性终端技术，形成群雄并起、多种系统并存的局面。未来 CAM 的发展一定会朝着网络化、专业化、集成化、智能化、自动化的方向发展。

6.2　数控加工技术及数控机床

6.2.1　数控加工技术

1. 数控加工的概念

数控加工（Numerical Control Machine）是一种自动化加工技术，包括了计算机技术、自动控制技术以及电气传动、测量、监控和机械制造等学科的内容。也有人定义数控加工是在数控机床上进行零件加工的工艺过程。由此可见，在数控加工中，数控机床是一个重要的条件，是应用数字化信息实现机床控制的一种技术。数控机床是一种加工效率和加工精度都很高的自动化加工设备，它能够按照加工要求自动完成工件的加工过程。

2. 数控加工的发展阶段

数控加工始于 20 世纪 40 年代的后期，随着第一台数控机床于 1952 年在美国诞生，数控技术的应用得到迅速的推广。我国在 1958 年也开始了数控机床的研制工作，并取得了一定的成效。数控机床中的控制系统是其核心系统，数控机床的一切运动、动作都受到控制系统的指挥。数控系统到目前为止已经历了两个阶段和六代的发展历程。

（1）数控（NC）阶段（1952—1970 年）　在 1952 年，计算机技术应用到机床上，在美国诞生了第一台数控机床，使传统机床发生了质的变化。早期计算机的运算速度低，不能适应机床实时控制的要求。人们采用数字逻辑电路"搭"成一台机床专用计算机作为数控系统，称为硬件连接数控（HARD-WIRED，简称数控 NC）。随着元器件的发展，该阶段历经了三代，即 1952 年的第一代——电子管、1959 年的第二代——晶体管和 1965 年的第三代——小规模集成电路。

（2）计算机数控（CNC）阶段（1970 年—现在）　计算机数控阶段也经历了三代，即 1970 年的第四代——小型计算机、1974 年的第五代——微处理器和 1990 年的第六代——微型计算机（英文称为 PC-BASED）。

1970 年，随着通用小型计算机的出现并成批生产，将它移植过来作为数控系统的核心部件，从此进入了计算机数控（CNC）阶段。到 1971 年，美国 Intel 公司将计算机的两个核心的部件——运算器和控制器，采用大规模集成电路技术集成在一块芯片上，称为微处理器（Micro Processor），又称为中央处理单元（简称 CPU），微处理器被应用于数控系统。早期的微处理器速度不太快、功能不太强，但可以通过多处理器结构来解决。由于微处理器是通用计算机的核心部件，故仍称为计算机数控。1990 年，PC 的性能已发展到很高的阶段，可以满足作为数控系统核心部件的要求，从此数控系统进入了 PC 阶段。

需要指出的是，虽然国外早已改称为计算机数控（CNC）了，在我国仍习惯称数控（NC）。所以人们日常讲的"数控"，实质上是指"计算机数控"。

3. 数控未来发展的趋势

（1）向开放式、基于 PC 的第六代方向发展　PC 具有的开放性、低成本、高可靠性、软硬件资源丰富等特点，更多地被数控系统生产厂家所采用。可以采用 PC 作为其前端机，处理人机界面、编程、联网通信等问题，由原有的系统承担数控的任务。

开放式数控系统即模块化、可重构、可扩充的软硬件系统。这一系统不仅能够快速、经济地适应新的加工需求，而且提供了与其他技术或产品进行集成的可能性。

（2）向高速化和高精度化发展　由于采用了高速 CPU 芯片、RISC 芯片、多 CPU 控制系统以及带高分辨率绝对式检测元件的交流数字伺服系统，同时采取了改善机床动态、静态特性等有效措施，机床的速度、精度和效率得到了很大提高。

在加工精度方面，近 10 年来，普通级数控机床的加工精度已由 $10\mu m$ 提高到 $5\mu m$，精密级加工中心则从 $3{\sim}5\mu m$ 提高到 $1{\sim}1.5\mu m$，超精密加工精度已达到纳米级（$0.01\mu m$）。

（3）向智能化方向发展　随着人工智能在计算机领域的不断应用，数控系统的智能化程度也不断提高。

1）应用自适应控制技术。数控系统能检测制造过程中的信息，并自动调整系统的有关参数，达到改进系统运行状态的目的。采用通用计算机组成总线式、模块化、开放式、嵌入式体系结构，便于裁剪、扩展和升级，可组成不同档次、类型和集成程度的数控系统。由于制造过程是一个具有多变量控制和加工工艺综合作用的复杂过程，包含诸如加工尺寸、形状、振动、噪声、温度和热变形等各种变化因素，因此，要实现加工过程的多目标优化，必须采用多变量的闭环控制，在实时加工过程中动态调整加工过程变量。加工过程中采用开放式通用型实时动态全闭环控制模式，能够将人工智能技术、网络技术、多媒体技术、CAD/CAM 集成、伺服控制、自适应控制、动态数据管理、动态刀具补偿及动态仿真等高新技术融于一体，从而实现制造过程的集成化、智能化和网络化。

2）应用专家系统指导加工与故障诊断。数控专家系统是以知识库和工艺数据库为支撑而建立起来的。

在数控技术领域，实时智能控制的研究和应用正沿着几个主要分支发展：自适应控制、模糊控制、神经网络控制、专家控制、学习控制及前馈控制等。例如，在数控系统中配备编程专家系统、故障诊断专家系统、参数自动设定和刀具自动管理及补偿等自适应调节系统，在高速加工时的综合运动控制中引入提前预测和预算功能、动态前馈功能，在压力、温度、位置、速度控制等方面采用模糊控制，使数控系统的控制性能达到最佳。

（4）柔性化　柔性化包括两方面：

1）数控系统本身的柔性。数控系统采用模块化设计，功能覆盖面大，可裁剪性强，以满足不同用户的需求。

2）群控系统的柔性。同一群控系统能依据不同生产流程的要求，使物料流和信息流自动进行动态调整，从而最大限度地发挥群控系统的效能。

（5）工艺复合性和多轴化 以减少工序、辅助时间为主要目的的复合加工，正朝着多轴、多系列控制功能的方向发展。数控机床的工艺复合性是指工件在一台机床上、一次装夹后，通过自动换刀、旋转主轴头或转台等各种措施，完成多工序、多表面的复合加工。在数控技术轴方面，西门子880系统控制轴数可达24轴。

6.2.2 数控系统

1. 数控系统的概念

数控系统是随着电子技术的发展而得到较大发展的。数控系统从早期的硬件式数控系统（NC系统）发展到软件式的数控系统（CNC系统），两种数控系统在组成、结构及使用方面都存在着差异。

在硬件式数控系统中，输入、译码、插补运算、输出等控制功能均由专门设计的硬件连接而成的逻辑电路来实现。

软件式数控系统由大规模及超大规模集成电路组成。在该系统中，采用小型机或微型计算机作为控制单元，CNC系统数字信息功能主要由软件来实现，并且可以处理逻辑电路难以处理的复杂信息，在处理信息的过程中表现得十分灵活，也使得数控系统的功能性有了很大提高。对于不同的CNC系统，只需编制不同的软件就可以实现不同的控制功能，而硬件几乎可以通用。CNC系统的核心是CNC装置，CNC装置主要用于控制机床的运动，完成各种轮廓的加工。

2. CNC系统的作用

CNC装置的工作过程即是在硬件系统的支持下执行软件的全过程。完成CNC系统工作需要具备以下功能：程序输入、译码、刀具补偿、进给速度处理、插补、位置控制、开关量处理、显示和诊断。

（1）程序输入 输入CNC装置的有零件程序、控制参数和补偿数据，输入方法有光电阅读机纸带输入、键盘输入、磁盘输入和连接上级计算机的DNC接口输入。CNC程序输入有两种方式：存储式方式和NC工作方式。前一种是一次将全部程序输入到CNC装置中，加工时将程序调出运行；后一种是一边输入程序一边运行程序。CNC装置在程序输入过程中通常还要完成无效码删除、代码校验和代码转换等工作。

（2）译码 它是将零件程序以程序段为单位进行处理，把其中的零件轮廓信息（如起点、终点、直线或圆弧等）、加工信息（F代码等）和其他辅助代码信息（M、S、T代码等），按照一定的语法规则解释成计算机能够识别的数据形式，并以一定的数据格式存放在指定的内存专用区间中。在译码过程中，还要对数控代码进行语法检查，若有语法错误，便立即报警。

（3）刀具补偿 刀具补偿包括刀具长度和刀具半径补偿。通常，CNC装置的零件程序是以零件轮廓轨迹来编程的。刀具长度补偿是指更换刀具时刀尖位置变化量的补偿（如车床）；刀具半径补偿的作用是把零件轮廓轨迹转换成刀具中心轨迹（如铣床）。

（4）进给速度处理 进给速度处理是将进给的合成速度分解成各坐标方向的速度。另外，还包括自动换向和停止时的增减速处理。

（5）插补 插补是在已知起点和终点的轨迹上实现"数据点密化"，并将计算结果分配给控制轴。

（6）位置控制 位置控制处在伺服回路的位置环上，这部分工作可以由软件来做，也可以由硬件来完成。对闭环系统，它的主要任务是在每个采样周期内，将插补计算出的理论位置与实际反馈位置相比较，用其差值来控制步进电动机。对开环系统，将插补后的结果直接送到驱动装置。

（7）开关量处理 主要处理 CNC 装置与机床之间强电信号的输入、输出。该部分实现辅助控制信号的传递与转换，实现主轴变速（S 功能）、换刀（T 功能）、切削液和润滑液的开停（M 功能）等强电控制，同时接收机床上的行程开关、按钮等信号输入，经接口变换电平后送到 CPU 处理。

（8）显示 CNC 装置的显示的主要作用是方便操作者了解机床的状态。通常应显示零件程序、参数、加工图形、刀位位置、机床状态和报警等。

（9）诊断 诊断程序用于诊断 CNC 装置各部件的运行状态。

6.2.3 数控机床

6.2.3.1 数控机床的组成和工作原理

1. 数控机床的组成

尽管数控机床有不同的种类，但其基本构成都可以归纳为以下几部分，其原理框图如图 6-1 所示。

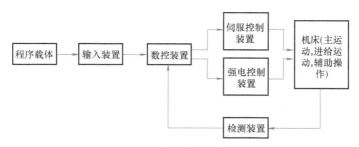

图 6-1 数控机床的组成

（1）程序载体 对数控机床进行控制，首先必须在人与机床之间建立某种联系，这种联系的中间媒体称为程序载体（或称控制介质）。在程序载体上存储着加工零件所需要的全部几何信息和工艺信息，这些信息是在对加工工件进行工艺分析的基础上确定的，它包括：工件在机床坐标系内的相对位置，刀具与工件相对运动的坐标参数，工件加工的工艺路线和顺序，主运动和进给运动参数以及各种辅助操作。然后用标准的字母、数字和符号构成代码，按规定的格式编制工件的加工程序，再按程序制作穿孔带、磁带等多种程序载体，常用键盘输入方式将程序输入到数控系统中。编程工作可以由人工进行，也可以由计算机辅助编程系统完成。

（2）输入装置 输入装置的作用是将程序载体上的数控代码信息送至数控装置的内存储器。最初，输入装置使用光电阅读机对穿孔带进行阅读，现在大量使用磁带机和软盘驱动器。常用的输入方式是通过数控装置控制面板上的输入键，按工件的程序清单用手工方式直接输入内存储器（即 MDI 方式），也可以用通信方式由计算机直接传送给数控装置。

（3）数控装置 数控装置是数控机床的关键环节，用于接受输入装置送来的程序段，进行译码和寄存，将相应指令的有关数据进行运算和处理，输出各种信号和指令，控制机床各部分按程序的要求实现操作。

（4）强电控制装置 强电控制装置的主要功能是接受数控装置所控制的内置式可编程序控制器（PLC）输出的主轴变速、换向、启动和停止，刀具的选择和更换，分度工作台的转位和锁紧，工件的夹紧和松开，切削液的开和关等辅助操作信号，经功率放大后，直接驱动相应的执行元件。

（5）伺服控制装置 伺服控制装置接受来自数控装置的位置控制信息，将其转换成相应坐标轴的进给运动和精确定位运动。常用的伺服驱动器件有功率步进电动机、直流伺服电动机和交流伺服电动机等。由于交流伺服电动机具有良好的性价比，正成为首选的伺服驱动器件。伺服控制装置还包括相应的驱动电路。伺服电动机与脉冲编码器构成的半闭环伺服系统，已被广泛采用。

（6）机床 与普通机床相比，数控机床在整体布局、外部造型、主传动系统、进给传动系统、刀具系统、支承系统和排屑系统等方面有着很大的差异。因此，必须建立数控机床设计的新概念，通常在机床的精度、静刚度、动刚度和热刚度等方面提出了更高的要求，而传动链则要求尽可能简单。

2. 数控机床的工作原理

数控机床把对机床的各种控制和操作要求、需要加工零件的几何信息和工艺信息等，用数字和文字编码的形式表示出来，再通过信息载体（如穿孔纸带）送给专用电子计算机或数控装置，经过计算机的变换处理，发出各种指令，控制机床按照预先要求的操作顺序依次动作，自动进行加工。

数控机床是由控制介质、数控装置、伺服系统和机床本体组成的。控制介质即由穿孔带或磁盘等存储的数控程序。数控装置是数控机床的中枢，一般由输入装置、控制器、运行器和输出装置组成，它根据输入的数控程序去控制机床的动作。伺服系统的作用是把来自数控装置的脉冲信号转换成机床移动部件的运动。数控机床的作用和普通机床相同，只是由数控系统自动完成全部操作工作。

6.2.3.2 数控机床的分类

数控机床的分类方法有多种，不同的分类方法仅代表针对数控机床某一部分特点而确定的分类，最常用的且得到广泛认可的分类方法主要有：按运动轨迹分类、按加工方法及用途分类和按伺服控制系统分类。

1. 按运动轨迹分类

按运动轨迹，可以分为以下三类。

（1）点位控制数控机床 点位控制数控机床控制移动刀具时，只相对于工件起点和终点定位，不用考虑刀具移动时运动的轨迹，对运动路径没有严格要求，在由某一定位点向下一定位点运动的过程中不进行切削。在数控钻床和镗床中使用的是典型的点位控制系统。

（2）直线控制数控机床 直线控制数控机床控制刀具（或工作台）沿坐标轴方向运动，并对工件进行切削加工。在加工过程中，不但要控制切削进给的速度，还要控制运动按规定路径到达终点。直线控制数控机床也具有点位控制的功能，所以直线切削控制系统又称为点位/直线切削控制系统。属于这类控制系统的机床有：加工中心、车床数控、铣床数控、磨床数控、数控火焰切割机和线切割机等。

（3）轮廓控制数控机床 轮廓控制数控机床内的轮廓控制系统又称为连续切削控制。一个连续切削控制的数控系统除了使工作台准确定位外，还必须控制刀具相对工件以给定速度沿指定的路径运动，切削零件的轮廓，并保证切削过程中每一点的精度和粗糙度。具有这种控制能力的数控机床用来加工各种外形复杂的零件。

这类控制方式能够对两个及两个以上坐标方向的位移进行严格的不间断控制。采用这类控制系统的机床有：数控铣床、数控车床、数控磨床、数控齿轮加工机床、加工中心、线切割机和数控绘图机等。

2. 按加工方法及用途分类

按加工方法及用途对数控机床进行分类，大致可以分为以下四种类型。

（1）金属切削类数控机床 包括加工中心、数控车床、数控磨床、数控钻床等。

（2）金属成形类数控机床 包括数控弯管机、数控压力机、数控折弯机等。

（3）特种加工数控机床 包括数控激光加工机床、数控线切割机床等。

（4）其他类型数控机床 如火焰切割机等。

3. 按伺服控制系统分类

（1）开环控制数控机床 开环控制数控机床不带位置测量元件，所用的电动机为步进电动机或脉冲电动机。输入的数据经过数控系统的运算，分配出指令脉冲，每一个脉冲送给步进电动机或脉冲电动机，它就转过一个角度，再通过传动机构使被控制的工作台移动。这种方式对实际传动机构的动作情况是不进行检查的，没有被控制对象的反馈值。指令发送出去不再反馈回来，称为开环控制数控电动机。图6-2所示为开环控制框图。这种控制方式容易掌握、调试方便、维修简单，但控制的精度和速度受到限制。

图6-2 开环控制框图

（2）闭环控制数控机床 闭环控制数控机床中的控制系统必须有测量元件。如图6-3所示，A为速度测量元件，C为位置测量元件。当指令值发送到位置比较电路时，此时若工作台没有移动、没有反馈量，指令值使得伺服电动机转动，通过A将速度反馈信号送到速度控制电路，通过C将工作实际位移量反馈回去，在位置比较电路中与指令值进行比较，用比较所得的差值进行控制，直到差值消除为止。这种控制方式的优点是精度高、速度快，但缺点是调试和维修比较复杂。从理论上看，采用闭环控制的数控机床可以消除因传动件制造误差给加工带来的影响，可以获得很高的加工精度。但是，由于一些因素的影响，往往在实际加工中无法实现，这些影响因素有机械传动环节包含在闭环控制的环路内，以及各部件的摩擦特性、刚性及间歇等。

（3）半闭环控制数控机床 如图6-4所示，半闭环控制数控机床中的控制方式对工作台的实际位置不进行检测，而是由与伺服电动机有联系的测量元件（如测速发电机A和光电编码器或分解器B等）间接检测出伺服电动机的转角，推算出工作台的实际位移量，将此

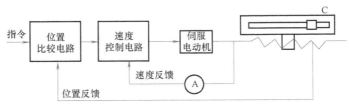

图 6-3 闭环控制框图

值与指令值进行比较，用差值来实现控制。由于工作时没有将控制回路全部包括在内，因而称之为半闭环控制。这种控制方式介于开环控制与闭环控制之间，精度没有闭环高，但调试比闭环方便。如果采用高分辨率的测量元件，还是可以获得比较满意的精度和速度。

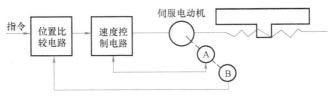

图 6-4 半闭环控制框图

6.2.3.3 数控机床坐标系及工件坐标系

在数控机床上加工工件时，为了保证加工过程中刀具相对工件的运动轨迹按照预先规定的加工路线进行，在加工时应确定刀具相对工件运动轨迹各点的准确位置。轨迹点的准确位置只能在规定的坐标系内进行描述。涉及工件加工的坐标系有数控机床坐标系和工件坐标系。

1. 数控机床坐标系

为了准确描述机床的运动，规范编程的方法，数控机床的坐标系和运动方向都已实现标准化，这样给数控系统和机床的设计、程序编制、数据的互换性和使用维修带来了便利。国际标准化组织公布了 ISO 841—2001 标准，对数控机床的坐标轴名称、运动的正负方向进行了规定。

数控机床的坐标系采用笛卡儿直角坐标系，满足右手定则，各坐标轴与机床的主要导轨平行。在编制工件加工程序时规定以工件为基准，假定工件静止不动，刀具做相对工件的运动。

对于数控机床的坐标系，在 ISO 和 EIA 标准中规定直线进给运动的直角坐标系，称为基本坐标系。x、y、z 坐标轴的相互关系用右手定则决定。围绕 x、y、z 轴旋转的圆周进给坐标轴分别用 A、B、C 表示，如图 6-5 所示。

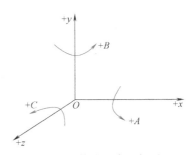

图 6-5 数控机床坐标系

z 轴为平行于机床主轴的坐标轴，取工件远离刀具的方向为 z 轴的正向，如果机床有多根主轴，则选垂直于工件装夹平面的主轴为 z 轴。若数控机床没有主轴时，则规定垂直于工件表面的轴为 z 轴。

x 轴为水平轴，平行于工件装夹平面，与 z 轴垂直，是在刀具或工件定位平面内运动的。对于 x 轴正方向的确定，不同的数控机床确定的方法也有区别。工件旋转的机床，x 轴垂直于工件主轴，沿工件的径向方向，刀具远离工件旋转方向为正方向，如车床、磨床。对于刀具旋转的机床，分立式、卧式两种情况考虑。立式机床 z 轴为竖直方向，x 轴的确定方法是从主轴向立柱方向看去，立柱右方规定为 x 轴正方向，如立式加工中心等；卧式机床 z 轴为水平方向，x 轴的确定方法是从主轴后端向工件方向看去，x 轴的正方向指向工件的右方向。

y 轴的确定方法则是在确定 z、x 轴后按右手定则确定。

旋转坐标轴 A、B 和 C 分别是绕 x、y、z 轴旋转，沿着 x、y 和 z 坐标轴的正方向，按照右手螺旋前进的方向来确定。工件固定，而刀具移动时，坐标轴 A、B 和 C 上不用标记"'"。当工件移动，而刀具固定时，坐标轴 A、B 和 C 上要标记"'"。

2. 工件坐标系

工件坐标系是为了确定工件上各结构形状等几何元素的位置而建立在工件上的坐标系。工件坐标系又称为编程坐标系，也是在编程过程中定义工件的几何形状以及刀具相对工件运动的坐标系。工件坐标系也采用右手笛卡儿坐标系。工件坐标系的原点称为工件原点或编程原点，由编程人员确定位置。

3. 绝对坐标和相对坐标

（1）绝对坐标　如果刀具运动位置的坐标值是由相对固定的坐标原点给出，则称为绝对坐标。该坐标系称为绝对坐标系。如图 6-6 所示，图中 A、B 两点的坐标值分别为 A（20，25）、B（70，60），两点的坐标值是根据与坐标系原点 O 的距离给出的，所以是绝对坐标，OXY 坐标系是绝对坐标系。

（2）相对坐标　如果刀具运动位置的坐标值是相对前一位置点确定的距离，而不是由相对固定的坐标原点给出，则称为相对坐标。该坐标系称为相对坐标系。如图 6-6 所示，B 点的坐标为（50，35），是相对 A 点而得到的相对距离，这时所给出的 B 点坐标就是相对坐标，而 OUV 坐标系是相对坐标系。

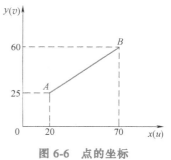

图 6-6　点的坐标

6.3　数控编程

6.3.1　数控编程中的基本概念

数控机床加工时，加工轨迹按照已编制输入的程序进行。在数控编程中，用户往往还需要掌握一些基本的概念和原理，才能编制出较好的数控加工程序。

6.3.1.1　插补原理

1. 插补的概念

数控机床在进行程序加工中，通常只给出加工运动的起点和终点坐标值，数控系统要根据运动轨迹等信息，实时计算出起点和终点间运动轨迹上各个点的坐标，这个过程称为插补。插补也就是在起点和终点之间补充数据点，也称为数据点密集化，保证刀具按照预定的运动轨迹运动，完成加工过程。插补算法是整个数控系统控制的核心部分。

在机床上进行轮廓加工的各种工件，大部分由直线和圆弧构成。若加工对象包含更复杂的曲线，则可以借助自动编程的方法，用直线和圆弧来逼近。因此，现在绝大多数的连续切削数控系统，一般只具有直线和圆弧插补的能力，只有在加工对象比较特殊或单一的情况下，才附加抛物线等其他曲线的插补计算能力。

2. 插补原理

插补的过程就是在起点和终点之间将数据密集化，将起止点间的各点坐标值计算出来填补到起止点之间。在数控系统中，常用的插补方法有逐点比较法、数字积分法和比较积分法等。下面对逐点比较法中的直线插补和圆弧插补进行简单介绍。

直线插补的插补原理如图 6-7 所示。需要加工的直线 AB，在加工过程中，刀具的运动轨迹是沿着阶梯折线行走，折线与直线之间的最大偏差不超出插补精度允许的范围，刀具每走一步都要进行自动比较判别，从点 A 逐点插补，直到点 B 为止，直线 AB 加工完成。这种功能称为直线插补，实现直线插补运算的装置称为直线插补器。

圆弧插补的插补原理如图 6-8 所示。同样，机床在加工圆弧 AB 时，刀具的运动轨迹是沿着阶梯折线行走，折线与圆弧之间的最大偏差不超出插补精度允许的范围，加工点沿着圆弧 AB 行进，可以在圆弧上也可以在圆弧两侧，但与圆弧的距离必须在精度允许范围之内，从点 A 逐点加工直到点 B，加工完成。该功能称为圆弧插补，实现这种插补运算的装置称为圆弧插补器。

有的数控系统直接用脉冲当量数作为坐标计算单位，在插补过程进行的数据点密化工作中，采用一个个脉冲当量把起点和终点之间的空白填补起来，逼近直线或圆弧，其误差即插补精度要小于一个脉冲当量。插补器也就是完成上述功能的电路。

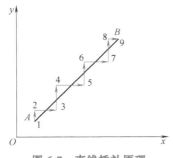

图 6-7　直线插补原理

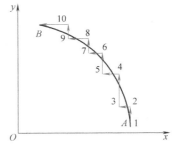

图 6-8　圆弧插补原理

6.3.1.2　编程中的特征点

1. 机床原点与参考点

机床原点就是机床坐标系的坐标原点，它是其他所有坐标以及机床参考点的基准点。对于具体的某一机床来说，是固定的点。机床上有一些固定的基准线，如主轴轴线；固定的基准面，如工作台面、主轴端面、工作台侧面和 T 形槽侧面。当机床的坐标轴手动返回各自的原点以后，用各坐标轴部件上的基准线和基准面之间的距离来决定机床原点的位置，该点在数控机床的使用说明书上均有说明。如立式数控铣床的机床原点为 x、y 轴返回原点后，在主轴轴线与工作台面的交点处，可由主轴轴线至工作台的两个侧面的给定距离来测定。

机床参考点就是用于对机床工作台、滑板及刀具相对运动的测量系统进行定标和控制的点。机床参考点的位置是由厂家在每个进给轴上用限位开关调整好的，其坐标值也输入数控系统中，参考点相对机床原点的坐标是已知的确定的值。机床在加工前后还可以用控制面板上的回零开关使移动部件回到机床坐标系中的一个固定的极限点，这个极限点也就是机床参考点。

2. 工件原点

工件坐标系是编程人员在编程时使用的，是由编程人员以工件图样上的某一固定点为原点建立的坐标系，该坐标系的原点称为工件原点，编程尺寸都按工件坐标系中的尺寸确定。工件原点一般也是编程原点。

3. 对刀点

对刀点就是在数控加工时，刀具相对工件运动的起点。对刀点也称为"程序起点"或"起刀点"。对刀点可以设置于工件上，也可以设在夹具上，条件是能够确定机床与工件坐标系之间的相互关系。对刀点不仅仅是程序的起点，也是程序的终点，因此，在生产中需要考虑对刀的重复精度。对刀点位置选择的基本要求是：对刀点在机床上容易找正，方便加工；加工过程便于检查；引起的加工误差要小。

为了提高零件的加工精度，对刀点应尽量选在零件的设计基准或工艺基准上。

4. 原点偏置

在加工时，工件随夹具在机床上安装后，测量工件原点与机床原点之间的距离（通过测量某些基准面、线之间的距离来确定），这个距离称为工件原点偏置，如图6-9所示。该偏置值需预存到数控系统中，在加工时，工件原点偏置值便能自动加到工件坐标系上，数控系统可按机床坐标系确定加工时的坐标值。因此，编程人员可以不必考虑工件在机床上的安装位置和安装精度，而利用数控系统的原点偏置功能，通过工件原点偏置值来补偿工件在工作

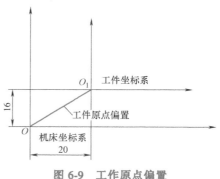

图 6-9 工作原点偏置

台上的装夹位置误差，使用起来十分方便，大多数数控机床均有这种功能。

6.3.1.3 刀具补偿

数控机床在加工过程中，加工的刀具具有一定的圆弧半径。在加工过程中，由于加工刀具刀尖处圆弧的存在，加工中刀具中心的加工轨迹与编程预期确定的零件加工轨迹是不相符合的，这会直接影响最终的加工尺寸，造成加工误差。因此，数控机床在进行轮廓加工时，必须对刀具的影响加以考虑。刀具补偿就是在加工时将零件的轮廓轨迹转换为刀具中心的运动轨迹。数控机床的数控系统一般都有刀具补偿功能，从而使数控编程过程简化，数控程序要尽量与刀具和刀具的安装位置无关。

数控加工刀具补偿包括刀具长度补偿和刀具半径补偿。

1. 刀具长度补偿

刀具长度补偿就是当刀具的实际移动长度与程序中要求的长度不一致时，给刀具移动长度一个补偿量，来弥补刀具移动长度的差额。补偿量也称为偏置值，可预先设置在偏置存储器内。刀具长度补偿可以是正向补偿，也可以是负向补偿。在手工编程中，偏置值是 H 代码指令加上偏置号，G43 指令是正向刀补，G44 指令是负向刀补。刀具长度补偿如图6-10所示。

2. 刀具半径补偿

刀具半径补偿也称为刀具半径偏置。在实际加工中由于刀具半径的存在，将刀具偏置一个刀具半径，这种偏置称为刀具半径补偿。在刀具半径确定的条件下，将刀具半径存入半径补偿存储器内，编程时可以调用，也可以预先设定偏置值。在手工编程中，半径补偿的代码是 G41、G42。刀具半径补偿如图 6-11 所示。

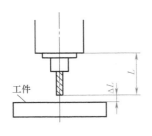

图 6-10 刀具长度补偿

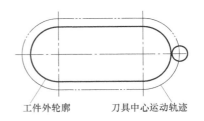

图 6-11 刀具半径补偿

6.3.1.4 数控编程的内容及步骤

所谓编程，就是把零件的图形尺寸、工艺过程、工艺参数、机床的运动和刀具位移等内容，按照数控机床的编程格式和能识别的语言记录在程序单上的全过程。编制好的程序单还必须制成控制介质，如程序纸带、磁盘等，变成数控系统能读取的信息，再送入数控系统。当然，也可以用手动数据插入方式（MDI）将程序输入数控系统。该程序为零件加工程序，故此过程称为加工程序编制。

加工程序的编制是数控机床使用中最重要的一环，程序编制的好坏直接影响数控机床的正确使用和数控加工特点的发挥。因此，要求编程人员有较高的素质，能了解机械加工工艺以及机床、刀夹具、数控系统的性能，熟悉工厂的生产特点和生产习惯。数控编程的内容及步骤如下。

1. 分析零件图样

分析零件的材料、形状、尺寸、精度、毛坯形状和热处理要求等，以便确定该零件是否适宜在数控机床上加工，以及确定在哪台数控机床上加工。有时还要确定在某台数控机床上加工该零件有哪些工序或哪几个表面。

2. 工艺处理阶段

工艺处理阶段的主要任务是确定零件加工工艺过程，即确定零件的加工方法（如采用的装夹具、装夹定位方法等）和加工路线（如对刀点、刀路轨迹），并确定加工用量等工艺参数（如进给速度、主轴转速、进给量和背吃刀量等）。

3. 数学处理阶段

根据零件图样和确定的加工路线，计算刀路轨迹和每个程序段所需要的数据。如零件轮廓相邻几何元素的交点和切点坐标的计算，称为基点坐标的计算；对非圆曲线（如渐开线、双曲线等），需要用小直线段或圆弧段逼近，根据要求的精度计算出逼近零件轮廓时相邻几何元素的交点或切点坐标，称为节点坐标的计算；自由曲线、曲面及组合曲面的数学处理更为复杂，必须使用计算机辅助计算。

4. 编写程序单

根据加工路线计算出的数据和已确定的加工用量，结合数控系统的加工指令和程序段格式，逐段编写零件加工程序单。

5. 制作控制介质

控制介质就是记录零件加工程序信息的载体。常用的控制介质有穿孔纸带和磁盘。制作控制介质就是将程序单上的内容用标准代码记录到控制介质上。如通过计算机将程序单上的代码记录在磁盘上等。

6. 程序校验和首件试加工

控制介质上的加工程序经校验和试加工合格后，编程工作才结束，然后进入正式加工。

一般通过穿孔机的复核功能检验穿孔纸带是否有误；也可把被检查的纸带作为绘图机的控制介质，控制绘图机自动描绘出零件的轮廓形状或刀具运动轨迹，与零件图上的图形对照检查；或在具有图形显示功能的数控机床上，在 CRT 上用显示刀路轨迹或模拟刀具和工件的切削过程的方法进行检查；对于复杂的空间零件，则需使用铝件或木件进行试切削。后三种方法查出错误较快。发现有错误，需修改程序单或采取尺寸补偿等措施进行修正，但不能知道加工精度是否符合要求，只有进行首件试切削，才可查出程序上的错误，确定加工精度是否符合要求。

6.3.2 数控编程的方法

1. 数控编程的流程

数控加工中，待加工零件的几何、工艺信息和数控机床加工时的动作和过程都需采用数控机床规定的指令代码，按照要求的程序格式编制出零件的加工程序，在加工零件前将编制的程序依次输入加工的数控机床中，数控机床严格地按照程序指令工作。对于比较复杂的工件，还需要进行计算或借助于计算机来处理，然后输出必要的数据。从零件图样到制成数控系统输入纸带数据处理的全部过程，称为程序编制。在数控加工中，数控程序的编制是一项非常重要的工作，不能出现任何差错。数控加工程序的编制方法通常有手工编程、自动编程和图形编程，本书仅介绍手工编程和自动编程两种方法。图 6-12 所示是从一张零件图样到加工的程序编制流程图。

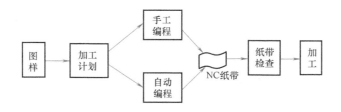

图 6-12 程序编制的流程图

2. 手工编程（Manual Programming）

编制零件加工程序的全部过程主要由人来完成的编程方法称为手工编程。手工编程一般是对结构形状比较简单、所需程序段不多的零件编制加工程序。手工编程一般耗时比较长，还容易出错。对于结构形状较复杂的零件，一般不采用手工编程。手工编程过程中也可以利用计算机辅助计算得出坐标值，再由人工编制加工程序。手工编程的内容包括：分析零件图样，制定工艺规程，计算刀具运动轨迹，编写零件加工程序单，制作控制介质和程序校核。

手工编程的顺序如图 6-13 所示。手工编程的过程如下：

1）计算刀具的位置。求出每一线段相交点的坐标值，按照数控系统的规定字长，将长线分段，并得到数据值。

2）编写程序单。

3）按程序单进行纸带穿孔。

4）对穿孔纸带进行检查。

图 6-13　手工编程的顺序

3. 自动编程（Automatic Programming）

（1）自动编程的概念　自动编程就是先利用一些规定的编程语言（如 APT 语言）编写出零件的加工程序，即源程序，将源程序输入计算机内，再由数控语言中的编译程序自动完成刀具加工轨迹的计算以及加工程序的编制、控制介质的制备等工作。自动编程中，编制零件加工程序的全部过程主要由计算机来完成，自动编程也称为计算机编程。在编程过程中，编程人员只需根据零件图样和工艺过程，使用规定的数控语言编写一个简短的零件加工源程序，输入到计算机中，计算机由通用处理程序自动地进行编译、数学处理，计算出刀具中心运动轨迹，再由后置处理程序自动地编写出零件加工程序单，并输出、制备出穿孔纸带。自动编程系统一般包括通用计算机和编程软件两部分，计算机对源程序进行的处理过程必须有编程软件的支持。自动编程系统如图 6-14 所示。

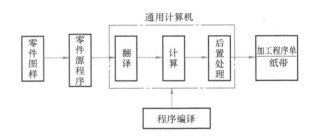

图 6-14　自动编程系统

（2）自动编程的过程　在自动编程过程中，首先将零件的几何信息和工艺信息用数控语言编写出源程序，将源程序输入到计算机内，经过计算机的几何、工艺、刀路轨迹等处理，生成一系列的刀位数据，再经后置处理即可得输入所要求的加工程序。后置处理就是将刀位数据转换成数控机床的程序。对于几何、工艺、刀路轨迹的处理通常称为前置处理。

自动编程的顺序如图 6-15 所示，自动编程的过程如下：

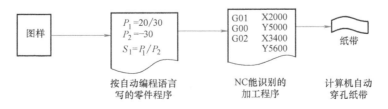

图 6-15　自动编程的顺序

1）计算数据的给出、定义和预处理，把输入的原始数据翻译成机器语言。

2）计算机进行计算和数据处理。

3）将计算结果按照某系统给定的后置处理程序，变成适用的数字程序控制（简称 NC）能识别的程序格式。

4）穿孔输出及打印程序单。

（3）编程系统的数控编程语言　编程系统中的数控编程语言与一般的计算机编程语言一样，具有自己的词法和语言规则，数控编程语言是一种专门为自动编制数控加工程序设计的计算机编程语言。

数控编程语言在描述源程序时一般采用定义语句、切削语句和控制语句等。定义语句用来规定点、线、面等几何图形的表达方法；切削语句用于指定刀具的运动轨迹和动作顺序；控制语句用于变换切削语句的顺序和改变定义语句，还用于编制循环程序。

已开发出并且使用的数控编程语言有许多种，其中美国的 APT 语言是使用最早、最广泛且功能最强的一种典型数控编程语言。除了美国的 APT 语言，其他具有代表性的数控编程语言还有德国的 EXAPT 语言、日本的 FAPT 语言。我国对自动编程技术的研发较晚，已开发的数控编程语言是 HZAPT-2 语言。

6.3.3　数控编程基本指令

手工编程中使用的工艺指令可分为两类：一类是准备性工艺指令，是在数控系统插补运算之前需要预先规定，为插补运算做好准备的工艺指令；另一类是辅助性工艺指令，这类指令与数控系统插补运算无关，而是根据操作机床的需要予以规定的工艺指令。

数控机床程序由若干个"程序段"（Block）组成，每个程序段由按照一定顺序和规定排列的"字"（Word）组成。字由表示地址的英文字母、特殊文字和数字集合而成。字表示某一功能的一组代码符号。如 X2500 为一个字，表示 x 方向尺寸为 2500mm；F20 为一个字，表示进给速度为 20。字是控制程序的信息单位。

程序段格式是指一个程序段中各字的排列顺序及其表达形式。程序段格式有许多种，如固定顺序程序段格式、有分隔符的固定顺序程序段格式和字地址程序段格式等。现在应用最广泛的是"可编程序段、文字地址程序段"格式（Word Address Format）。图 6-16 所示为程序段的格式，每一个程序段由顺序号字、准备功能字、尺寸字、进给功能字、主轴功能字、刀具功能字、辅助功能字和程序段结束符组成。此外，还有插补参数字。每个字都由字母开头，称为"地址"。ISO 标准规定的地址字符意义见表 6-1。

图 6-16　程序段的格式

1. 准备功能 G 指令

（1）快速点定位指令 G00

G00 指令用在绝对值编程时，刀具以各轴的快速进给速度移动到工件坐标系的给定点；G00 指令用在增量值编程时，刀具以各轴的快速进给速度移动到距当前位置为给定值的点。

表 6-1 地址字符表

字符	意 义	字符	意 义
A	关于 x 轴的角度尺寸	M	辅助功能
B	关于 y 轴的角度尺寸	N	顺序号
C	关于 z 轴的角度尺寸	O	不用,有的定为程序编号
D	第二刀具功能,也有定为偏置号	P	平行于 x 轴的第三尺寸,也有定为固定循环的参数
E	第二进给功能	Q	平行于 y 轴的第三尺寸,也有定为固定循环的参数
F	第一进给功能	R	平行于 z 轴的第三尺寸,也有定为固定循环的参数
G	准备功能	S	主轴转速功能
H	暂不指定,有的定为偏置号	T	第一刀具功能
I	平行于 x 轴的插补参数或螺纹导程	U	平行于 x 轴的第二尺寸
J	平行于 y 轴的插补参数或螺纹导程	V	平行于 y 轴的第二尺寸
K	平行于 z 轴的插补参数或螺纹导程	W	平行于 z 轴的第二尺寸
L	不指定,有的定为固定循环返回次数,也有的定为子程序返回次数	X,Y,Z	基本尺寸

用 G00 编程时，此程序段不必给出进给速度指令，其快速进给速度是由制造厂商确定的，刀具与工件的相对运动轨迹也是由制造厂商确定的。在 G00 指令所在程序段，运动过程中无切削，在定位控制的过程中，有升降速控制。

格式：G00 α——β——γ——δ—— *

数控系统两轴联动时只有 α 和 β，三轴联动时增加 γ，四轴联动时再增加 δ。

（2）直线插补指令 G01

G01 指令用于产生直线或斜线运动，在运动过程中进行切削加工。G01 指令可使机床沿 x、y、z 方向执行单轴运动，或在各坐标平面内执行具有任意斜率的直线运动，也可使机床三轴联动，沿任意空间直线运动。

G01 指令的程序段必须指定进给速度 F 指令，否则不动作或不能正确地动作，仅在与上一程序段的进给速度相同时，可省略 F 指令。

格式：G01 α——β——γ——δ——F—— *

（3）圆弧插补指令 G02 和 G03

G02 指令或 G03 指令使机床在各坐标平面内执行圆弧运动，切削出顺圆或逆圆的圆弧轮廓。判断圆弧顺逆方向的方法是：在圆弧插补中，沿垂直于圆弧所在平面的坐标轴的负方向看，当刀具相对于工件的转动方向是顺时针方向时为 G02，若转动方向是逆时针方向时为 G03。

（4）刀具半径补偿指令 G40、G41、G42

根据刀具补偿指令，可进行刀具轴向尺寸补偿和刀具半径尺寸补偿运算。刀具半径补偿是指轮廓加工的刀具半径补偿和程序段间的尖角（拐点）过渡。一般补偿范围为 0~99mm，精度为 0.001~0.01mm，视系统分辨率而定。

刀具位置偏置可用 G45~G48 指令，使刀具位置在刀具运动方向上增加（或减少）一倍刀具补偿值或者两倍刀具补偿值。

B 刀具半径补偿只能实现本程序内的刀具半径补偿，而对于程序段间的尖角不予处理。

C 刀具半径补偿可自动实现尖角过渡。只要给出零件轮廓的程序数据，数控系统能自动进行拐点处刀具中心轨迹交点的计算。所以，具有 C 刀具半径补偿功能的系统，只需按零件轮廓编程。

使用刀具半径补偿指令，需事先输入刀具半径值。在程序中可用指令实现刀具半径补偿。

G41——左偏刀具半径补偿。沿刀具运动方向看（假设工件不动），刀具位于零件左侧时的刀具半径补偿。

G42——右偏刀具半径补偿。沿刀具运动方向看（假设工件不动），刀具位于零件右侧时的刀具半径补偿。

G40——刀具补偿/刀具偏置注销。仅用在 G00、G01 的情况，使用 G40 指令则 G41、G42 指令无效。

刀具补偿的运动轨迹可分为三种情况：刀具补偿形成的切入程序段、零件轮廓切削程序段和刀具补偿撤销程序段。

（5）工件坐标系设定指令 G92

在编程中，通常选用工件坐标系的原点作为程序的原点（或称编程零点），而工件程序的起始点为对刀点，G92 指令确定工件坐标系原点距对刀点（刀具所在位置）的距离，即确定刀具起始点在工件坐标系中的坐标值，并把这个设定值存储于程序存储器中。G92 指令是一个非运动指令，只是用来设定工件坐标系原点。

格式：G92 X——Y——Z——γ——δ—— *

格式中的 γ 和 δ 可为 A、B、C、U、V、W。

（6）绝对尺寸及增量尺寸编程指令 G90、G91

G90 表示程序段的坐标值按绝对坐标编程。G91 表示程序段的坐标值按增量坐标编程。表 6-2 所列为准备功能 G 指令。

表 6-2 准备功能 G 指令

代码 (1)	功能保持到被取消或者被同样字母表示的程序指令所代替 (2)	功能仅在所出现的程序段内有作用 (3)	功能 (4)	代码 (1)	功能保持到被取消或者被同样字母表示的程序指令所代替 (2)	功能仅在所出现的程序段内有作用 (3)	功能 (4)
G00	a		点定位	G17	c		XY 平面选择
G01	a		直线插补	G18	c		XZ 平面选择
G02	a		顺时针方向圆弧插补	G19	c		YZ 平面选择
G03	a		逆时针方向圆弧插补	G20~ G32	#	#	不指定
G04		*	暂停				
G05	#	#	不指定	G33	a		螺纹切削,等螺距
G06	a		抛物线插补	G34	a		螺纹切削,增螺距
G07	#	#	不指定	G35	a		螺纹切削,减螺距
G08		*	加速	G36~ G39	#	#	永不指定
G09		*	减速				
G10~ G16	#	#	不指定	G40	d		刀具补偿/刀具偏置注销

（续）

代码 (1)	功能保持到 被取消或者 被同样字母 表示的程序 指令所代替 (2)	功能仅 在所出 现的程 序段内 有作用 (3)	功能 (4)	代码 (1)	功能保持到 被取消或者 被同样字母 表示的程序 指令所代替 (2)	功能仅 在所出 现的程 序段内 有作用 (3)	功能 (4)
G41	d		刀具补偿—左	G62	h		快速定位（粗）
G42	d		刀具补偿—右	G63		*	攻螺纹
G43	#(d)	#	刀具偏置—正	G64~ G67	#	#	不指定
G44	#(d)	#	刀具偏置—负				
G45	#(d)	#	刀具偏置+/+	G68	#(d)	#	刀具偏置，内角
G46	#(d)	#	刀具偏置+/-	G69	#(d)	#	刀具偏置，外角
G47	#(d)	#	刀具偏置-/-	G70~ G79	#	#	不指定
G48	#(d)	#	刀具偏置-/+				
G49	#(d)	#	刀具偏置0/+	G80	e		固定循环注销
G50	#(d)	#	刀具偏置0/-	G81~ G89	e	#	固定循环
G51	#(d)	#	刀具偏置+/0				
G52	#(d)	#	刀具偏置-/0	G90	j		绝对尺寸
G53	f		直线偏移，注销	G91	j		增量尺寸
G54	f		直线偏移X	G92		*	预置寄存
G55	f		直线偏移Y	G93	k		时间倒数进给率
G56	f		直线偏移Z	G94	k		每分钟进给
G57	f		直线偏移XY	G95	k		主轴每转进给
G58	f		直线偏移XZ	G96	i		恒线速度
G59	f		直线偏移YZ	G97	i		每分钟转数（主轴）
G60	h	#	准确定位1（精）	G98~ G99	#	#	不指定
G61	h		准确定位2（中）				

注：1. #号表示如选作特殊用途，必须在程序格式说明中说明。

2. 如在直线切削控制中没有刀具补偿，则G43~G52可指定作为其他用途。

3. 在表中左栏括号中的字母（d）表示可以被同栏中没有括号的字母d所注销或代替，亦可被有括号的字母（d）所注销或代替。

4. G45~G52的功能可用于机床上任意两个预定的坐标。

5. 数控机床上没有G53~G59、G63功能时，可以指定作为其他用途。

6. *号表示功能仅在所出现的程序段内有效。

2. 辅助功能 M 指令

（1）程序停止指令 M00　在完成程序段的其他指令后，用以停止主轴、切削液，使程序停止。

当加工过程中需停机检查、测量零件或手工换刀和交接班等时，可使用程序停止指令。

（2）程序结束指令 M02　当全部程序结束后，用此指令使主轴、进给、切削液全部停止，并使机床复位。该指令必须出现在程序的最后一个程序段中。

（3）换刀指令 M06　常用于加工中心机床刀库换刀前的准备动作。

（4）主轴定向停止指令 M19　该指令使主轴停止在预定的角度位置上，用于加工中心换刀前的准备。

（5）主轴正转、反转和停止指令 M03、M04、M05　主轴正转是从主轴往正 z 方向看去，主轴顺时针方向旋转，反之称为反转。主轴停止转动是指在该程序段其他指令执行完成后才能停止，一般在主轴停止的同时，进行制动和关闭切削液。辅助功能 M 指令见表 6-3。

表 6-3　辅助功能 M 指令

代码(1)	功能开始时间		功能保持到被注销或被适当程序指令代替(4)	功能仅在所出现的程序段内有作用(5)	功能(6)
	与程序段指令运动同时开始(2)	在程序段指令运动完成后开始(3)			
M00		*		*	程序停止
M01		*		*	计划停止
M02		*		*	程序结束
M03	*		*		主轴顺时针方向
M04	*		*		主轴逆时针方向
M05		*	*		主轴停止
M06	#	#		*	换刀
M07	*		*		2号切削液开
M08	*		*		1号切削液开
M09		*	*		切削液关
M10	#	#	#		夹紧
M11	#	#	#		松开
M12	#	#	#	#	不指定
M13	*		*		主轴顺时针方向,切削液开
M14	*		*		主轴逆时针方向,切削液开
M15	*			*	正运动
M16	*			*	负运动
M17~M18	#	#	#	#	不指定
M19		*	*		主轴定向停止
M20~M29	#	#	#	#	永不指定
M30		*		*	纸带结束
M31	#	#		*	互锁旁路
M32~M35	#	#	#	#	不指定
M36	*		*		进给范围1
M37	*		*		进给范围2
M38	*		*		主轴速度范围1
M39	*		*		主轴速度范围2
M40~M45	#	#	#	#	如有需要作为齿轮换档,此外不指定
M46~M47	#	#	#	#	不指定
M48		*		*	注销M49
M49	*		*		进给率修正旁路
M50	*		*		3号切削液开
M51	*		*		4号切削液开
M52~M54	#	#	#	#	不指定
M55	*		*		刀具直线位移,位置1
M56	*		*		刀具直线位移,位置2
M57~M59	#	#	#	#	不指定
M60		*		*	更换工作
M61	*		*		工作直线位移,位置1
M62	*		*		工作直线位移,位置2
M63~M70	#	#	#	#	不指定
M71	*		*		工作角度位移,位置1
M72	*		*		工作角度位移,位置2
M73~M89	#	#	#	#	不指定
M90~M99	#	#	#	#	永不指定

注：1. #号表示如选作特殊用途，必须在程序格式说明中说明。

　　2. M90~M99 可指定为特殊用途。

3. 主轴功能

主轴功能就是指令机床主轴转速（切削速度）的功能，也称为主轴转速功能，即 S 功能。

S 功能的单位是 r/min，在编程中与 M 代码一起使用，指令主轴的正反旋转方向。如：

S1500 M03 表示主轴正转 1500r/min；

S800 M04 表示主轴反转 800r/min。

4. 刀具功能和进给功能

刀具功能也称为 T 功能，用于选择刀具。如 T10 表示指令 10 号刀具。

进给功能也称为 F 功能，用于指令坐标轴的进给速度。F 功能的单位是 mm/min 或 in/min。

6.3.4 数控编程实例

1. 车削加工编程实例

数控车床是广泛使用的数控机床之一。它主要用于轴类、盘类零件的内外圆柱面加工以及内外圆锥面、曲面和圆柱、圆锥螺纹等切削加工，数控车床还具有切槽、扩孔、铰孔等加工功能。

数控车床的加工程序一般分为三部分：程序开始、程序部分和程序结束。程序开始包括定义程序号、零件加工坐标系建立、加工刀具定义、起动主轴、打开切削液等的调用。程序部分是全程序的主要部分，可以是一段程序，也可以由多段程序组成。调用子程序、程序循环功能等都处于该部分内，零件加工的全过程都在这里得以详细体现。程序结束部分处于全程序的结尾处，该部分的指令要求刀具返回起刀点或换刀点，为下一次加工开始位置或换刀时的安全位置，主轴停止，关掉切削液，程序选择停止或结束程序等动作。数控程序和设备复位回到加工前的状态，也是为下一次程序运行和数控加工做准备。

数控车床的程序也具有自身的一些特点，在编写程序时应注意以下情况：

1）加工时，同批次工件的长度是确定的定长，否则在更换工件时必须重新试切工件的端面及外圆表面。在相对坐标系下还需要按照重新计算的相对坐标手动操作，将刀具移动到起刀点的位置。

2）加工时，刀具的起刀点位置与程序结束时刀具的终点位置必须保持一致。另外，刀具换刀点位置的设置必须避免出现干涉现象。

3）数控车床的数控系统具有自动补偿功能，编程时按照轮廓尺寸编写，当机床不具备该功能时，编程时则需要手工计算补偿量。

4）在车削加工时，车床加工零件的加工余量较大，同一加工过程会反复出现，在编程时则可以通过调用子程序功能完成多次重复循环切削过程。程序中固定循环的功通常会频繁使用。

车削加工编程实例如下所示。

例 6-1　如图 6-17 所示，工件是轴类零件，毛坯是 $\phi45 \times 120$ 的棒料，材料 45 钢，数控车削端面和外圆柱表面。加工是用自定心卡盘夹紧 $\phi45$ 外圆面，加工完成后工件伸出卡盘 80mm，一次装夹完成粗精加工。

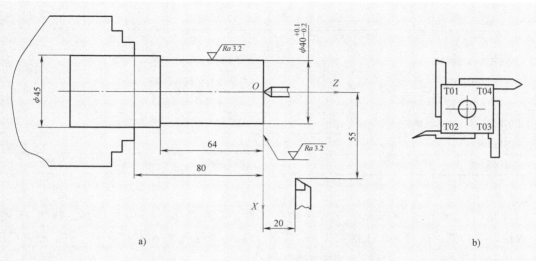

图 6-17　例 1 车削加工零件图
a) 加工零件图　b) 加工刀具

分析

加工工艺基准选用 $\phi45$ 轴线。根据零件图选用 CK0630 数控车床，T01 为粗车刀具，T03 为精车刀具，确定车削用量，以工件右端面与轴心线的交点 O 为工件原点，建立工件坐标系。工件将原点 O 作为对刀点，换刀点设在坐标系右下方。加工顺序是先粗车端面及 $\phi40$ 外圆面，保留 1mm 加工余量用于精车。精车 $\phi40$ 外圆面达到要求精度。加工程序见表 6-4。

表 6-4　例 1 车削加工程序

程　　序	说　　明
U002	程序代号
N010 G59 X0 Z100	设置工件原点
N020 G90	采用绝对坐标系
N030 G92 X55 Z20	设置换刀点
N040 M06 T01	调用 1 号刀，粗车
N050 M03 S600	主轴顺时针旋转，600r/min
N060 G00 X46 Z0 M08	快速到 $X=46$、$Z=0$ 点，切削液开
N070 G01 X0 Z0	加工端面，直线插补到 $X=0$、$Z=0$
N080 G00 X0 Z1	快速到 $X=0$、$Z=1$ 点
N090 G00 X41 Z1	快速返回 $X=41$、$Z=1$ 点
N100 G01 X41 Z-64 F80	粗车 $\phi40$ 外圆面，留 1mm 加工余量
N110 G28	返回参考点
N120 G29	返回换刀点
N130 M06 T03	取 3 号刀，精车

（续）

程 序	说 明
N140 G00 X40 Z1	快速到 $X=40$、$Z=1$ 点
N150 M03 S1000	主轴顺时针旋转，1000r/min
N160 G01 X40 Z−64 F40	精车 $\phi40$ 外圆面完成
N170 G00 X55 Z20 M09	快速回到换刀点，切削液关
N180 M05	主轴停止
N190 M02	程序结束

例 6-2 如图 6-18 所示，工件是轴类零件，毛坯是 $\phi45×340$ 的棒料，材料 45 钢，数控车削外圆柱表面和加工螺纹。加工是用自定心卡盘夹紧 $\phi85$ 外圆面，加工完成后工件伸出卡盘 290mm，一次装夹完成粗精加工。

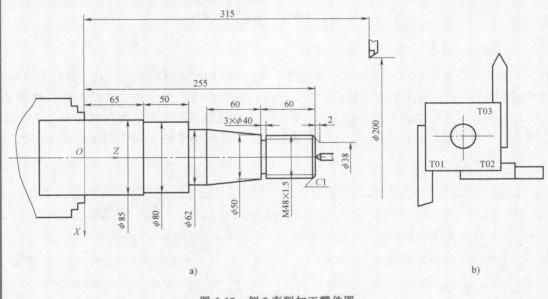

图 6-18 例 2 车削加工零件图

a) 加工零件图 b) 加工刀具

分析

加工工艺基准选用 $\phi85$ 外圆及工件右端中心孔，自定心卡盘夹持 $\phi85$ 外圆面，机床尾座顶尖顶住右中心孔。根据零件图选用 CK0630 数控车床，T01 刀具车外圆面，T02 刀具车槽，确定车槽，T03 刀具车螺纹。确定切削用量，以工件右端面与轴心线的交点 O 为工件原点，建立工件坐标系。工件将原点 O 作为对刀点，换刀点设在坐标系右上方。加工顺序是从右向左加工，从倒角—螺纹外圆面—车锥体表面—车 $\phi62$ 外圆柱面—车 $\phi80$ 外圆柱面—车槽—车螺纹。加工程序见表 6-5。

表 6-5　例 2 车削加工程序

程　　序	说　　明
U003	程序代号
N001 G50 X200 Z315 M06 T0101	建立工件坐标系,调 1 号刀,进行刀具补偿
N002 M03 S630	主轴顺时针旋转,630r/min
N003 G00 X38 Z257 M08	快速到 $X=38$、$Z=257$ 位置,切削液打开
N004 C01 X48 Z254 F0.15	直线插补到 $X=48$、$Z=254$ 位置,切倒角进给量 0.15mm/r
N005 Z195	精车螺纹处外圆柱面
N006 X50	沿 X 向退刀至 $X=50$ 处,加工台阶端面
N007 X62 W-60	加工锥面
N008 Z115	加工 $\phi62$ 外圆柱面
N010 X80	加工 $\phi80$ 外圆柱面
N014 X90	X 方向退刀到 $X=90$ 处,加工台阶端面
N015 G00 X200 Z315 T0100 M09	快速放回换刀点,取消刀具补偿,切削液关
N016 M06 T0202	调 2 号刀,进行刀具补偿
N017 M03 S315	主轴顺时针旋转,315r/min
N018 G00 X51 Z198 M08	快速到 $X=51$、$Z=198$ 车槽处,切削液开
N019 G01 X45 F0.16	直线插补到 $X=45$,切退刀槽 0.16mm/r
N020 G04 O5	暂停进给 5s
N021 G00 X51	快速退刀 $X=51$ 处
N022 X200 Z315 T0200 M09	返回换刀点,取消刀补,切削液关
N023 M06 T0303	调 3 号刀,进行刀具补偿
N024 M03 S200	主轴顺时针旋转,200r/min
N025 G00 X62 Z260 M08	快速到车螺纹的刀具起点处,切削液开
N026 G92 X47.54 Z196 F1.5	螺纹切削循环,螺距 1.5mm
N027 X46.94	螺纹切削循环,螺距 1.5mm
N028 X46.54	螺纹切削循环,螺距 1.5mm
N029 X46.38	螺纹切削循环,螺距 1.5mm
N030 G00 X200 Z315 T0300 M09	快速返回换刀点,取消刀补,关闭切削液
N031 M05	主轴停止
N032 M02	程序结束

2. 铣削加工编程实例

数控铣床主要指用铣刀对工件多种表面进行加工的机床。数控铣床可以加工平面、沟槽、复杂的空间曲面及孔等。通常铣刀的旋转运动为主运动,工件和铣刀的移动为进给运动。数控铣床最常见的类型有立式数控铣床和卧式数控铣床。数控铣床主要加工的零件包括平面类零件、变斜角类零件等。通常,数控铣床还具备加工孔和螺纹的功能,其数控系统具有刀具半径补偿、长度补偿子程序调用、镜像加工及自诊断等功能。

在编写铣削加工程序时，需要根据工件的加工顺序、加工信息、加工参数、尺寸以及零件的其他技术要求进行详细分析，上述因素对切削条件的选择都有很大的影响。加工路线、对刀点、换刀点的确定以及刀具、夹具、量具的选择等，在程序编写前需要详细分析。由于铣削加工表面时存在大量重复的加工过程，编程时也会运用固定循环加工指令、子程序调用功能等。子程序调用功能使加工程序模块化，编写程序时将加工过程中的不同工序分成若干模块，先编写出子程序，再由主程序调用，完成对工件的加工。程序模块化编写方便了加工调试，优化了加工工艺，也可以简化加工程序，减少编程的工作量。

数控铣床零件加工编程实例如下所示。

例 6-3　如图 6-19 所示，加工零件的毛坯为长 70mm、宽 70mm、高 18mm 的板材，毛坯的六个表面已粗加工完成，要求数控铣床加工出图中所示的槽，工件材料为 45 钢。

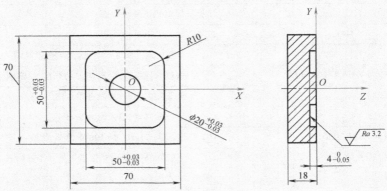

图 6-19　例 3 铣削加工零件图

分析

（1）加工零件的装夹　零件已加工底面作为加工定位基准，用台虎钳夹紧加工零件的两侧面，并且用台虎钳将零件固定于铣床工作台上。

（2）设备选择　根据零件结构和加工要求，选用 XKN7125 数控立式铣床，刀具选用 $\phi10$ 铣刀，刀具号为 1 号，确定切削用量。

（3）加工顺序及路线　在 XOY 面确定工件原点，建立工件坐标系，原点 O 为对刀点，如图 6-19 所示。加工时铣刀是先加工圆轨迹两次，每次深切 2mm，分两次加工完成。采用左刀补加工槽内的四个圆角。加工时由于有重复的加工步骤，在程序编写中采用了子程序的调用。编写的加工程序见表 6-6。

表 6-6　例 3 铣削加工程序

程　　序	说　　明
O1000	程序代号
N010 G00 Z2 T01 M03 S800	选用 1 号刀，快速移动到 $X=0$、$Y=0$、$Z=2$ 起刀点处，主轴顺时针旋转，800r/min
N020 X15 Y0 M08	刀具移动到 $X=15$、$Y=0$、$Z=2$ 处，切削液开
N030 G20 P1010	调子程序

（续）

程　序	说　明
N040 G20 P1010	再调子程序
N050 G01 Z2 M09	返回到起刀点, 切削液关
N060 G00 X0 Y0 Z150	返回到参考点
N070 M02	主程序结束
01010	子程序开始
N010 G01 Z-2 F80	直线插补, 加工深度 2mm, 轴进给速度 80mm/r
N020 G03 X15 Y0 I-15 J0	逆时针圆弧插补, 铣圆角
N030 G01 X20	直线插补到 $X = 20$ 处
N040 G03 X20 Y0 I-20 J0	逆时针圆弧插补, 铣圆角
N050 G41 G01 X25 Y15	左刀补, 直线插补铣四角, 倒圆角
N060 G03 X15 Y25 I-10 J0	逆时针圆弧插补, 铣圆角
N070 G01 X-15	直线插补到 $X = -15$
N080 G03 X-25 Y15 I0 J-10	逆时针圆弧插补, 铣圆角
N090 G01 Y-15	直线插补到 $Y = -15$
N100 G03 X-15 Y-25 I10 J0	逆时针圆弧插补, 铣圆角
N110 G01 X15	直线插补到 $X = 15$
N120 G03 X25 Y-15 I0 J10	逆时针圆弧插补, 铣圆角
N130 G01 Y0	直线插补到 $Y = 0$
N140 G40 G01 X15 Y0	取消左刀补
N150 G24	子程序结束

例 6-4　如图 6-20 所示, 选用立式数控铣床加工零件的轮廓外形, 工件材料为 45 钢, 选择刀具的直径为 ϕ10mm, 偏置号为 H01, 偏置量为 +5.0mm。需要加工的是外轮廓侧面。写出数控加工程序单, 并给出刀具中心轨迹图。

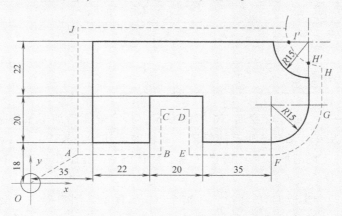

图 6-20　例 4 数控铣削零件图

分析

（1）加工零件的装夹　零件底面作为加工定位基准，用专用夹具将零件固定于铣床工作台上。

（2）设备选择　根据零件结构和加工要求，选用立式数控铣床，刀具选用 $\phi10$ 铣刀，刀具号为 1 号，确定切削用量。

（3）加工顺序及路线　如图 6-20 所示，加工路线从 O 点开始，经过 A、B、C、D、E、F、G、H、H'、I'、I、J、A，又回到 O 点，原点 O 也为对刀点。刀具中心轨迹在图中用虚线表示。

编写的加工程序见表 6-7。

表 6-7　例 4 铣削加工程序

程　序	说　明
N01 G91 G46 G00 X35.0 Y18.0 M03 F10 H01	选用增量尺寸，刀具偏置，刀具快速到 A 点，主轴顺时针旋转，10mm/r
N02 G47 G01 X22.0 M08 F120	刀具偏置，切削液开，主轴顺时针旋转，10mm/r，直线插补切削进到 B 点
N03　　　Y20.0	切削进给到 C 点
N04 G48 X20.0	刀具偏置，切削进给到 D 点
N05　　　Y-20.0	切削进给到 E 点
N06 G45 X35.0	刀具偏置，切削进给到 F 点
N07 G45 G03 X15.0 Y15.0 I0 J15.0	刀具偏置，逆时针圆弧插补进给到 G 点
N08 G45 G01 Y12.0	刀具偏置，直线插补进给到 H 点
N09 G46 X0	刀具偏置，切削进给到 H' 点
N10 G46 G02 X-15 Y15.0 I0 J15.0	刀具偏置，顺时针圆弧插补进给到 I' 点
N11 G45 G01 Y0	刀具偏置，直线插补进给到 I 点
N12 G47 X-77.0	刀具偏置，切削进给到 J 点
N13 G47 Y-42	刀具偏置，切削进给到 A 点
N14 G46 X-35 Y-18	刀具偏置，快速返回 O 点

6.4　Cimatron NC

Cimatron NC——Cimatron 全面 NC 解决方案，其高效能的加工策略得到了市场的认可。Cimatron NC 支持从 2.5 轴到 5 轴高速铣削，毛坯残留知识（KSR）和灵活的模板有效地减少了用户编程和加工的时间，它还提供了基于特征的 NC 程序和基于特征与几何形状的 NC 自动编程功能。

Cimatron NC 完全集成 CAD 环境，在整个 NC 流程中为用户提供了交互式 NC 向导，并结合程序管理器和编程助手把不同的参数选项以图形形式表示出来，用户不需要重新选取轮廓就能够重新构建程序，并且能够连续显示 NC 程序的产生过程和用户任务的状态。

6.4.1　Cimatron NC 功能

Cimatron NC 有如下功能。

1. 数控铣功能

1）基于知识的加工。Cimatron 系统具有很强的智能性，在根据三维模型进行数控编程时，考虑模型的特点和当前的加工状况，如刀具的类型等特点，自动调整刀路轨迹的生成，使刀路轨迹更合理、安全和高效。

2）NC 的自动化加工。Cimatron 提供自动化加工功能，可以根据不同的加工策略收集和积累典型的工艺过程及其参数而形成加工模板。

3）加工支持的进给方式以及其他一些工艺的适应性调整。

4）刀路轨迹的模拟和估算加工时间。

5）加工报告。自动生成具有指导性的加工工艺文档，便于与一线操作人员进行交流。

2. 数控车功能

根据编程向导可以方便、容易地生成车削刀路轨迹，提供强大的车削功能，自动定义毛坯、零件和卡盘，用于干涉检查和仿真模拟，在模拟、校验过程中可单步模拟进给指令，显示刀片、刀柄、刀路轨迹和加工时间，在模拟过程中可以动态旋转工件和刀具。数控车包括粗车、精车功能（内、外圆车，端面车等），还包括镗孔、钻孔功能，以及完善的车螺纹功能。通过定义刀具参数，决定螺纹的各项参数，可以检测、计算螺纹内、外径，灵活生成适合需要的车螺纹刀路轨迹，包括多头螺纹的加工。同时，数控车也为用户提供各种资源库，包括多种标准的刀片库（ISCAR、Kennametal 等），以及丰富的刀具、刀柄库。

3. 线切割功能

Cimatron 线切割兼容其他软件的数据，给用户提供更加灵活的处理方式，可读取 DXF、IGES、PLT 等格式的文件，使得由 CAD 软件生成的图形能够直接读入。线切割为用户提供2~4轴线切割加工支持的各种控制系统处理方式，通过仿真加工，可估算加工时间。线切割界面采用向导式工具条，保证用户更快捷准确地完成编程。加工类型包括无拔模、固定拔模、可变拔模、切槽等，并包含多种工艺，用户一旦定义保存模板，在以后的加工中，只需简单更改加工对象，所有程序便会自动生成并直接与机床联机通信。

6.4.2　Cimatron 加工特色

Cimatron 作为世界知名的 CAD/CAM 系统，在数控编程方面处于世界领先地位，主要体现在以下几个方面。

1. 基于知识的加工

这是 Cimatron 系统内置的加工特色，该特色保证用户在选择了加工对象、加工方法和工艺参数后，对加工的状况进行分析，合理地调整刀路轨迹，使加工结果更合理、安全和高效。

2. 基于毛坯残留知识的加工

Cimatron 为该技术的原创厂家，使得这一技术更加完善与丰富。毛坯残留知识是指用户根据实际加工的毛坯形状，定义对应的初始毛坯（既可以定义规则毛坯，如方料、圆料等，也可以定义基于零件理论模型的铸造毛坯），在加工过程中，系统可随时了解上次加工后，在零件的理论模型表面上剩余的毛坯形状与毛坯特点，从而结合具体的加工方法对加工轨迹进行一系列的优化加工。

（1）实现无空走刀加工　当加工零件为铸造毛坯时，产生的刀路轨迹无空走刀，而且加工的轨迹与效率最优，根据零件理论模型定义沿零件表面等距偏置的铸造毛坯，在进行粗加工的时候，Cimatron系统会根据当前零件表面的毛坯状态进行优化计算，只在有毛坯的地方产生加工轨迹，避免出现空切情况，如图6-21所示。

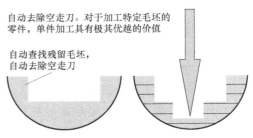

图6-21　自动去除空走刀

（2）实现相对安全的快速抬刀、移刀　为提高加工的效率，Cimatron系统支持抬刀位置的相对抬刀方法，相对高度可以定位在高于抬起位置的一定高度，如2mm、5mm。在移刀过程中进行刀具与零件残留毛坯的比较，在发生干涉的情况下采用用户最初定义的安全高度进行移刀。

（3）实现真正意义上的刀具及其夹头的干涉检查　采用毛坯残留知识的CAM系统对刀具与零件的理论模型和上一次实际加工的残留毛坯形状进行比较，使得碰撞检查更完善、安全和合理。

（4）自动采用备选刀具逐次加工　用户可以指定备选加工刀具列表，在第一把刀加工特深的沟槽与沟壑发生干涉时，系统可以按顺序再选下一把刀加工该区域，直到加工完成为止。在程序输出方面，用户可以选择按刀具分别输出不同部分的程序，也可以在程序中自动换刀而以一个程序输出。

3. 实现刀具载荷的分析与速率优化调整

（1）基于切削体积　基于毛坯残留知识的加工使得系统能真正根据刀具当前的实际加工量、加工体积进行载荷分析，而不是根据刀宽进行推测，增加了刀具载荷分析优化的科学性与准确性。

（2）基于切削角度　Cimatron不仅能根据毛坯状况进行速率优化调整，还可以根据刀具沿零件表面的运动角度进行优化，切入材料的角度越大，速率越小。

（3）过载分层加工　Cimatron载荷分析与优化技术还可在余量过多的情况下选择分层切削的处理方式，即对残留过多的毛坯自动分层加工。

（4）逐深加工技术加工特深零件　当在实际加工中遇到深度大的零件时，Cimatron允许用户随着深度的增加渐次加大刀具的长度，对不同长度的刀具限制其加工的深度范围，从而避免了当采用单一长度的刀具完成整个加工时，由于刀具回弹造成的加工偏差等问题。

（5）直观的加工结果校验　Cimatron支持零件毛坯的最后加工结果与理论模型的比较，可使编程人员迅速知道当前所编程序在零件加工后的实际状况。同时可参考辅助工具部分，根据加工的情况进行编程决策。

4. 基于工艺特征的自动编程

Cimatron最早应用于基于工艺特征的自动编程技术。该技术可以把工厂的典型工艺过程与参数存储起来形成加工模式，当有可以采用同样的加工方法的新零件时，工艺师不用从头编制加工工艺，系统将根据选定的加工模式实现自动编程。该技术有以下几个特色：

1）工艺模式不用定制，只要认为某个加工过程具有复用性，用户即可将其存为加工模式。

2）加工模式的工艺参数表具有参数相关性。当用户修改工艺参数时，其他相关参数将随之修改，使工艺参数定义更加快捷、方便，提高了工艺模式的适应性。

3）以多种方法实现几何信息的识别与提取。零件的加工包含多个加工步骤，不同的加工步骤只涉及零件相关的部分，故要求工艺模式能自动识别与某一加工步骤相对应的几何信息。Cimatron 允许用户指定多种方法来完成，如基于颜色识别的机制、基于线型识别的机制、基于几何集合定义的机制以及上述三种机制的组合。

4）典型加工工艺反映了企业的产品特点、编程特点、加工设备等大量信息，这些典型工艺可以形成编程的工艺知识库，用户可以利用已有的工艺库进行快捷的编程工作。

5. 基于斜率分析技术的一体化加工策略

（1）斜率分析技术 斜率分析技术是根据生产需求，针对加工特点，自动、迅速地编制加工程序的技术，该技术在程序的生成过程中能对零件的实际形状、特点进行分析与区别，从而针对特定形状编制特定的加工方法程序。

（2）一体化分析与加工 Cimatron 从特征区域自动分析查找，采用合适的加工方法进行该特定区域加工的初级阶段，发展到了面向整个加工对象的一体化分析与加工阶段，即可进行不同加工区域的识别与特点分析，然后综合整个零件的不同区域，采用优化、快捷的方式对不同的区域采用不同的加工策略，同时保证不同加工区域间最佳的刀路轨迹连接与优化，以达到最佳的表面质量。

（3）应用示例 如图 6-22 所示零件的清根加工，系统会自动分析出哪些区域是水平区域，哪些区域是竖直区域。在水平区域采用沿轮廓等距加工、平行切削加工或环行加工方式；在竖直区域采用等高线加工方式，实现竖直区域的拐角清理。如图 6-22 所示，系统在对零件进行精加工时，采用斜率分析方法对整个零件或由轮廓定义的加工区域进行分析，不同的加工区域分别采用合适的加工方法：对竖直区域采用等高线精加工，对平缓区域采用沿表面环切的方法进行精加工，从而实现了整个零件或部分区域的整体精加工，同时保证了最优的加工效率和最好的表面质量。

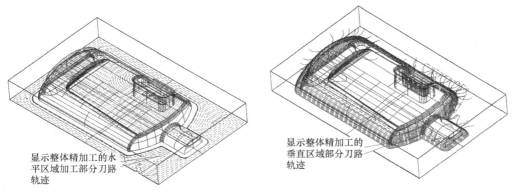

图 6-22 零件的清根加工

6. 最佳事前优化，减少事后完善——Cimatron 针对模具行业的独特加工策略

1）最佳事前优化技术是指在模具的编程过程中，系统应使每一步加工为下一步加工做

好最佳准备，减少由于上一步加工结果不理想，在下一步加工编程时编程人员需要增加对加工条件的考虑，否则会影响加工的效果。

2）事后完善是指在当前加工状况不良的情况下，用户使用一些辅助的编程优化方法，以减少当前不良状况的影响，如避免刀具过载等。

3）Cimatron 的 WCUT 是集粗加工、半精加工和精加工于一体的加工方法。当使用该方法进行粗加工时，系统会针对精加工有不良影响的过多余量部分进行自动层间再加工（采用逐次等高法、沿面光刀法等），从而在精加工之前，使零件表面的余量尽量均匀，避免局部刀具过载发生崩刀，或由于不得已采用低速切削造成加工效率和表面质量下降。

由于 Cimatron 有基于毛坯残留知识加工，用户可以把某一加工编程结果存储起来并分给其他编程人员，这样其他编程人员就可以在此基础上针对零件的不同区域进行相应的精加工编程和精细加工编程。

7. 功能丰富、完善且安全和高效的高速铣削加工

采用 NURBS 插补输出支持高速铣削，高速铣削能力包括螺旋进刀、圆角走刀，以及层间、行间的圆弧连刀和摆线式加工等，使刀路轨迹更加光滑。在残留毛坯知识的基础上优化进给速率，通过自动调节进给速度和自动分层来确保恒定的刀具载荷。

6.4.3 Cimatron 加工策略

1. 轴钻孔和铣削——"快速钻孔"

Cimatron NC 在 3D 模型环境下为用户提供了高效的 2.5 轴解决方案。快速钻孔程序可自动识别出 3D 模型、曲面模型和模型中的孔特征，通过预定义的形状模板自动创建高效钻孔程序。快速钻孔程序是一个基于知识库的自动产生的钻孔程序，它能使代码产生时间动态地减少 90%，且对任何格式下的 CAD 模型操作都非常简便。该程序能够优化钻孔参数和刀具，全面兼容 Cimatron 模具实际模块，同时与 Cimatron E CAD/CAM 解决方案无缝集成。

2. 轴粗加工

Cimatron NC 轴粗加工程序的精确剩余毛坯模型能有效地减少加工程序中的空切现象。粗加工程序自动创建进退刀方式，根据实际的刀具载荷自由地调整进给速度。该程序还提供了多种加工策略，通过加工区域、边界曲线和检查曲面来限制加工范围，并且全面支持高速铣削。

3. 轴精加工

Cimatron NC 3 轴精加工程序提供了基于模型特征的多种加工策略，如几何形状分析带来了高效率及高曲面精度。水平和竖直区域可以用等高加工、自适应层、真环切、3D 等步距等策略，以及为高速铣削优化选项。

4. 轴加工

Cimatron 提供了从定位 5 轴到多轴联动的全方位加工功能，用户可结合 2.5 轴至 3 轴铣削和钻孔功能。5 轴联动铣削包括粗加工、控制前倾角和侧倾角的精加工、侧刃铣削以及刀具较短时的自动倾斜铣削。5 轴铣削能有效提高加工效率，延长刀具使用寿命，产生高精度曲面。

5. 轴残留毛坯加工

轴残留毛坯加工确定了未加工区域并自动计算刀路轨迹，结合整体加工刀具、高速铣削刀具和残留加工的小型刀具，能够高效、安全地加工曲面。毛坯残留知识能够识别任何形状的毛坯。用户预先定义毛坯的几何形状，在每次加工后，KSR 会分析零件与毛坯的不同之处并自动更新，用来产生下一个刀路轨迹。

6. 残料加工

残料加工包括清根和笔式加工。清根能对零件进行区域识别、计算，自动检测需要清根的区域，并对竖直区域和平坦区域的清根采用不同的加工策略。对平坦区域采用沿零件拐角的轮廓式清根，对竖直区域采用等高线式清根。因此，在前道工序留有较大余量的情况下，可实现具有针对性的加工策略，有效地保护刀具，保证加工质量。

7. 插铣

插铣分为粗加工和精加工。粗加工可以用高承载刀具进行铣削，这种策略也可用来针对竖直或接近竖直的区域进行精加工。当使用大直径或者小圆角的环形刀时，可采用更少的刀路轨迹来完成所需的曲面加工。

8. 高速铣削

高速铣削（HSM）提供了多种高级刀路轨迹特征来满足用户的加工要求，包括智能开粗、智能进刀、二次加工，另外还包括螺旋进给圆角、圆角连接摆线加工、NURBS 插补、进给速率优化以及切削载荷恒定等特征。

9. 智能 NC

智能 NC 计算毛坯残留量，基于毛坯残留知识可以减少不必要的刀路轨迹，每次刀路轨迹计算后，自动更新毛坯并计算零件与毛坯之间的区别，该流程模板可以用于新零件的计算。Cimatron 的柔性策略，缩短了加工时间，提高了加工时的稳定性。

6.4.4　Cimatron 加工实例——熨斗凸模加工

1. 调入模型

选择菜单栏中的"文件"→"输入"→"从文件"选择文档，载入文件，如图 6-23 所示。开启"输入"对话框，如图 6-24 所示，选择文件类型为"IGES"，选中后单击"确认"按钮。单击图 6-24 中箭头所指图标后出现转换 igs 参数，一般用默认选项即可。打开 igs 参数转换的界面，如图 6-25 所示。

图 6-23　"输入"命令　　　　　图 6-24　"输入"对话框

单击"确认"按钮加载后，绘图区显示为上视图，转到等角视图，如图 6-26 所示。加载后，硬盘中会增加一个 elt 文件，文件名与被转换的 igs 文件相同。

图 6-25　igs 参数转换

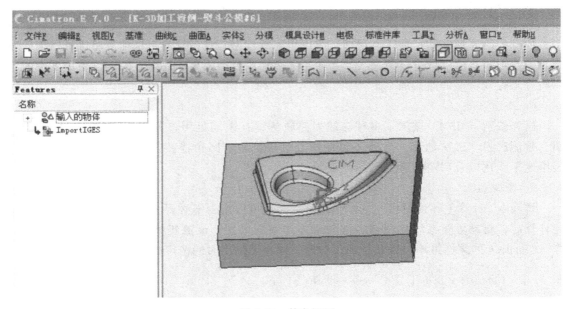

图 6-26　等角视图

2. 输出文件到 NC 环境

依次单击"文件"→"输出到 NC"，输出此档案到 NC。在加载参数中，设定旋转参数，如图 6-27 所示。

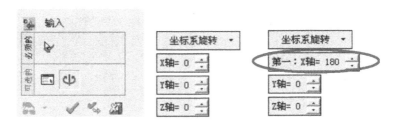

图 6-27　输出文件设定

3. 加载刀具库

1）以档案的方式加载刀具，单击"载入刀具"，如图 6-28 所示。在 Cimatron E 浏览器中选择加工文件，单击"加载"从已有的加工文件中载入刀具库。如果在预设置中新增文件时，选择自动加载刀具库，则每次新增的 NC 档案自动加载设定的刀具。此时会开启

Cimatron E 浏览器, 如图 6-29 所示。

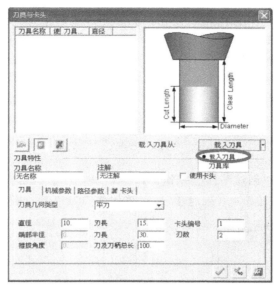

图 6-28 载入刀具

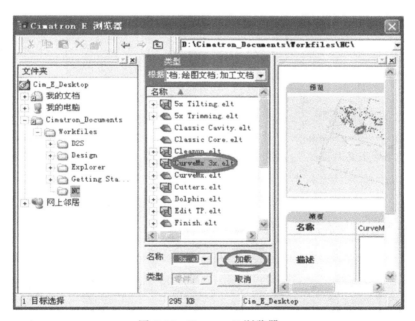

图 6-29 Cimatron E 浏览器

2) 开启刀具加载窗口, 选择图 6-30 中向右的双箭头, 即全部加载, 单击"确定"按钮, 此时刀具与夹头窗口中显示载入的刀具, 如图 6-30 所示。

关闭此窗口, 可看到导引列上刀具图标已打钩, 再进行下一步操作。

4. 创建刀具路径 (刀路轨迹)

单击加工向导中的"新建刀具路径", 将"名称"修改为 CORE-1, 其他使用默认参数, 确定坐标系和机床类型为默认值, 即"3 轴"MODEL, 如图 6-31 所示。

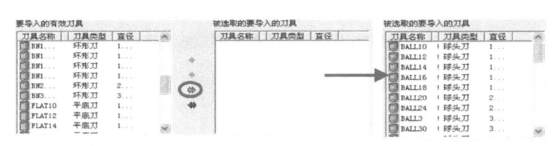

图 6-30 刀具载入界面

5. 建立毛坯

单击加工向导中的"创建毛坯"按钮,如图 6-32 所示。弹出"初始毛坯"对话框,如图 6-33 所示。选择毛坯类型为"限制盒",整体偏移值为"0",确定毛坯,如图 6-34 所示。

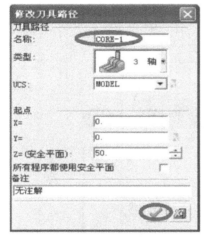

图 6-31 修改刀具路径   图 6-32 创建毛坯   图 6-33 "初始毛坯"对话框

6. 创建程序

1)单击加工向导中的"创建程序"按钮,进入创建程序向导,系统弹出加工工艺窗口,如图 6-35 所示。依次选择"体积铣"→"传统加工程序"→"环切-3D",设置粗加工工艺。

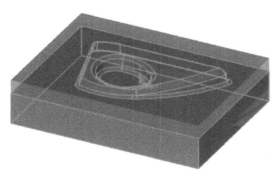

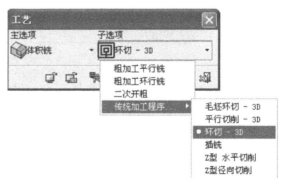

图 6-34 毛坯   图 6-35 "工艺"对话框

2）单击"下一步"按钮，选择加工所需刀具，此处选用名称为25R5的环形刀，如图6-36所示。

选刀具时可更改夹头编号，更改后要单击"应用"按钮才会确认。如发现刀具参数有误，需跳出建立加工程序状态，在刀具中修改并更新。

3）选择加工对象。单击"轮廓"选择模型底平面，如图6-37所示。轮廓为工件最大外形，刀具位置改为轮廓上，轮廓偏移输入5，加轮廓偏移的原因是在不留残料的前提下减少空刀。

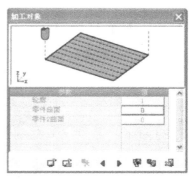

图6-36 刀具选择　　　　　　　　图6-37 "加工对象"对话框

选好后单击左键，可看到所选的轮廓变为紫色，表示已定义成功，假如轮廓有问题会提示。再选择零件曲面，此处选择全部曲面，即"选择所有显示对象"，如图6-38所示。

4）设置加工参数。单击"下一步"按钮，设定加工参数，如图6-39所示，这几项在不同的加工技术中通用。

图6-38 选择全部曲面

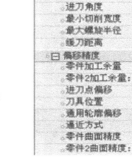

图6-39 设定加工参数

"轮廓进刀/退刀"用"切向"，"圆弧半径"为2.5；"进刀点"使用"自动"；斜向

"进刀角度"设为3，"最小切削宽度"设为15，"零件加工余量"设为0.2，"零件曲面精度"设为0.005。

根据加工技术的不同，刀路轨迹区别较大。

刀路轨迹参数设定如图6-40所示，机床参数设定如图6-41所示。

"Z值最大值"为18，"Z值最小值"为0，这两项都可用点取方式输入，"切削深度"（背吃刀量）为0.6，"侧向步长"为12.5，"切削方向"切换到"由外向内"，"清理行间间隙"打钩，"开放零件："切换到"仅外部"，"两层之间"和"优化"此处不使用。

刀路轨迹参数和机床参数可根据机床、刀具和材质的不同进行设定，确认无误后单击"储存并计算"，或单击"储存并关闭"，以后再执行。

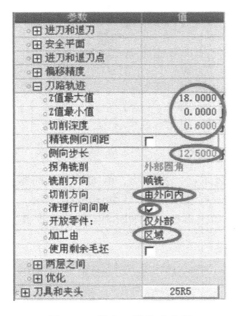

图6-40　设定刀路轨迹参数

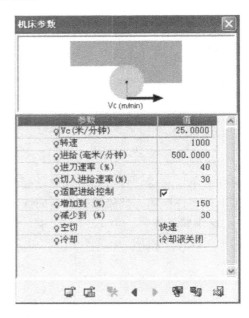

图6-41　设定机床参数

5）单击加工向导中的"执行程序"，或者单击"下一步"按钮，先进行运算，程序管理器如图6-42所示，刀路轨迹如图6-43所示。

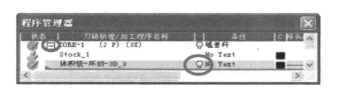

图6-42　程序管理器

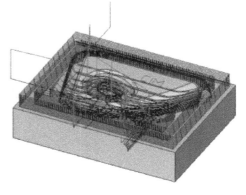

图6-43　刀路轨迹

6）创建二次开粗程序。建立加工程序，此步骤为二次开粗，仍用体积铣/环切方式，可以复制上面的路径再修改，如图 6-44 所示。

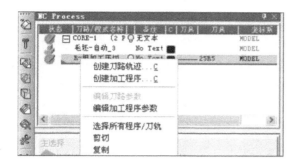 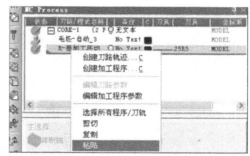

图 6-44　加工路径复制/修改

注意：建立的路径会放在当前指定的程序后面，即放在显示黄色条的路径后面，双击鼠标左键对复制下来的程序进行编辑，或选中此程序，单击工具栏上的编辑加工程序参数。

更换刀具时，单击导引栏上的刀具，选用名称为 16R0.8 的刀，再单击编程向导栏上的刀路轨迹参数。需要修改的项目为："内部安全高度"使用增量 Z 值，设为 10；"最小切削宽度"改为 14.4；"进刀点偏移"设为 2；"通用轮廓偏移"设为 0；"切削深度"改为 0.4；"步距"设为 10；"使用剩余毛坯"打钩，下面会出现"最小毛坯宽度"参数，设为 0.5。"两层之间"和"优化"同样不使用。然后根据需要设定机械参数，最后单击"储存并计算"。毛坯运算结果如图 6-45 所示。

注意：并非要到最后设定机械参数时才能储存并计算，中间修改任何参数后都可直接进行计算或保存修改后的参数（前提是有足够的条件执行）。

7）创建半精加工程序。下面再进行平面加工，可以采用曲面加工、通过层，用 0 度限制且只加工水平部分的方法，建立加工程序，参照毛坯建立方法。相关参数设定如下：

① 选 E12 刀具。

②"轮廓进刀/退刀"用"切向"，半径为 1.2；曲面以切向进刀，半径为 1.2。

③ 零件曲面偏移为 0；零件曲面公差为 0.01。

④ 拐角铣削为全部拐角圆角，最小半径为 3。

⑤ 两层之间切换为与水平夹角。

⑥ 路径形式为环切；步距为 7；选中清除各刀间余料。

⑦ 限制角度为 0。

⑧ 沿壁面偏移为 0.5。

⑨ 铣削顺序切换至只有水平区域。

机械参数设定好后运算，结果如图 6-46 所示。

8）3D-STEP 半精加工。用 3D-STEP 方式半精加工上曲面，建立新的刀路轨迹、加工程序，并选择刀具，如图 6-47 所示。

确定"轮廓偏移"为 1mm，选好后再选零件曲面，仍然选全部曲面。确定路径参数如图 6-48 所示，"曲面进刀"用"切向"，"圆弧半径"为 1mm；"零件加工余量"为 0.1mm；

"最大残留高度"为 0.02mm。

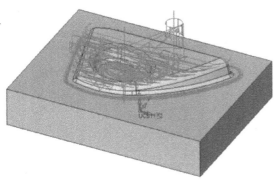

图 6-45 毛坯运算结果

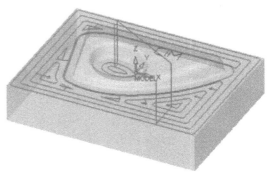

图 6-46 半精加工运算结果

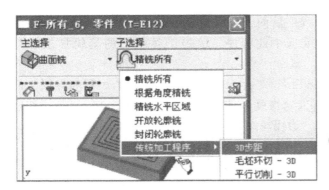

图 6-47 3D-STEP 程序选择与刀具确定

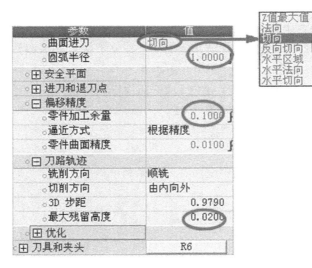

图 6-48 路径参数

设定机械参数，存储并计算，结果如图 6-49 所示。

曲面进刀的几种情况说明，见表 6-8。

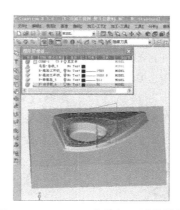

图 6-49　3D-STEP 半精加工运算结果

表 6-8　曲面进刀

进刀类型	图　示	说　明
起始 z 值		从进给起始点 Z 方向进刀/退刀
法向		法向于零件曲面进刀
切向		进退刀以定义的圆弧半径与零件曲面呈相切方向,与加工路径方向相同
反向切向		进退刀以定义的圆弧半径与零件曲面呈相切方向。为避免切向圆弧与检查曲面干涉,故切向圆弧与加工路径方向相反
与水平夹角		水平方向进刀可定义进刀水平线的长度
水平法向		水平方向进刀且法向于零件曲面
水平切向		进刀路径与零件曲面相切且方向为水平

9）精加工。下面进行整个曲面的精加工，同样用名称为 R6 的刀，建立加工程序，用曲面加工，选择刀具。下一步选轮廓，系统会沿用上一程序轮廓，此处用的轮廓不变，只是要改进刀具位置和偏移值。单击向前的箭头浏览轮廓，看到轮廓变成绿色，即表示被选取。除刀具位置改为轮廓外，轮廓偏移为 0，用同样的方法改第一条轮廓。

零件曲面不变，单击"下一步"按钮继续。在修改轮廓参数时，要注意当前操作的轮廓编号是否正确（变绿色的为正在编辑的轮廓），假如在选曲面时，想要对一部分曲面设置不同的余量，则要用到第二部分曲面。刀路轨迹参数设定如图 6-50 所示。

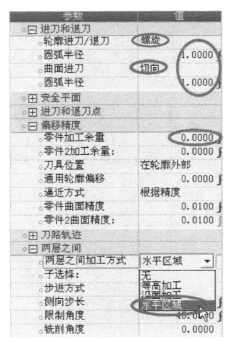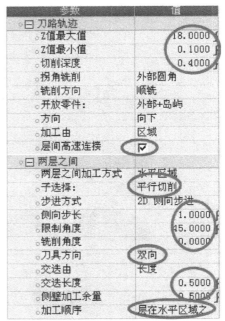

图 6-50　刀路轨迹参数设定

只有打开"两层之间"与"水平夹角"才有曲面进刀选项："轮廓进刀/退刀"以"螺旋"方式，"圆弧半径"为 1（单位为 mm，余同）；"曲面进刀"为"切向"，"圆弧半径"为 1；"零件加工余量"为 0。起始高度、终止高度和每次加工深度如图 6-50 所示，此处可打开"层间高速连接"，这样比较适合高速机的路径形式。切削方向"子选择："为"平行切削"；"刀具方向"为"双向"，可减少抬刀，"侧向步长"为 1；"限制角度"为 45°。"交迭长度"和"侧壁加工余量"均为 0.5，"加工顺序"为"层在水平区域之前"，即先按照层加工，再加工水平区域。

下一步设定机械参数，根据实际情况设置好后再进行精加工运算，结果如图 6-51 所示。

如果表面质量要求较高，可用流线加工方式再加工一次上面的圆角。还有底部内外圆角的清根加工，为使显示路径清楚一些，贴图用的步距和每次加工深度的数值较大。

10）局部精铣加工。以同样的刀具进行清根加工，建立加工程序，进行清根铣，沿轮廓、分离水平与竖直加工。选择的刀具为 R3。

对于加工对象的选取，轮廓为最大外轮廓，刀具在轮廓上，此处刀具位置并不重要，因为清角只针对角落进行，零件曲面全部选取即可。

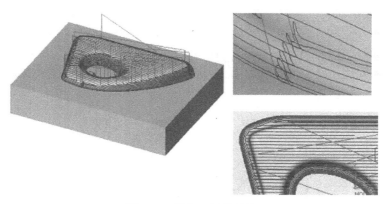

图 6-51　精加工运算结果

设定刀路轨迹参数。进退刀"圆弧半径"设为 1，"零件加工余量"设为 0，"曲面精度"为 0.01；"侧向步长"为 0.2，"限制角度"为 45°；前一把刀偏移 0.1，刀具为 R6。此处只有水平区域加工。当设置在水平加工方向时使用多层进行加工，选中图 6-50 中刀路参数设计中的"刀路轨迹"选项，在水平多层打钩，输入层偏移量 0.5。

根据实际情况设定机械参数，设置好后再进行精铣加工运算，结果如图 6-52 所示。

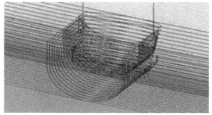

图 6-52　局部精铣加工运算结果

当角落余料较多时，使用水平多层加工方式可减小刀具受力，加工层偏移值越小则分层越多。

11）仿真模拟。此工件加工基本已完成后，可进行切削模拟，观察加工后的形状。单击加工向导中的"仿真模拟"单选按钮，如图 6-53 所示。单击向右的双箭头选择全部路径，然后单击"确定"按钮，系统会开启另一个窗口，如图 6-54 所示。单击 Simulate mode 图标，模型会以实体显示，单击"播放"按钮则进行实体动态仿真，如图 6-55 所示。

12）刻字。在凸模上刻字，选择轮廓铣、开放轮廓铣、3D 加工技术，如图 6-56 所示。

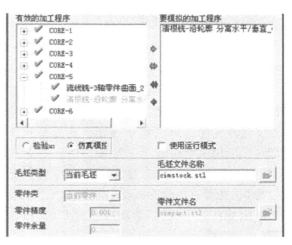

图 6-53　选择要模拟的加工程序

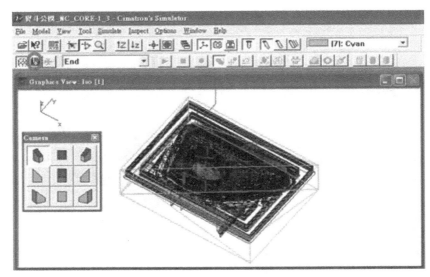

图 6-54　模拟器窗口

图 6-55　实体动态仿真

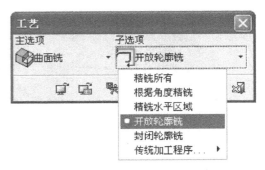

图 6-56　选择刻字加工程序

选择刀具，定义加工对象，选所定义的轮廓，如图 6-57 所示。

系统以自动限定串的方式选取轮廓，每选完一条按鼠标左键确认，共三条轮廓。长箭头为铣削起始点，选好轮廓后再选加工曲面，此处只选字所在面即可，不用保护曲面。

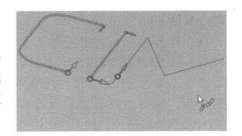

图 6-57　字轮廓

定义路径参数，进退刀延伸设为 0，零件加工余量设为 0，曲面精度设为 0.01，向下加工方式为曲面下切削余量 0.2，每次切削深度设为 0.05。向下加工方式设为曲面补正则不会出现进退刀类型。

定义机械参数，储存并刻字运算，结果如图 6-58 所示。

仿真刻字程序，刻字模拟结果如图 6-59 所示。

图 6-58　刻字运算结果

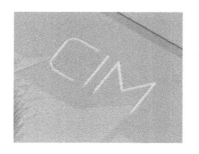

图 6-59　刻字模拟结果

13）后置处理。以上步骤确认无误后即可进行后置处理，参照图 6-60，进行参数设置，确认后则显示后置处理出来的 G 代码，如图 6-61 所示。

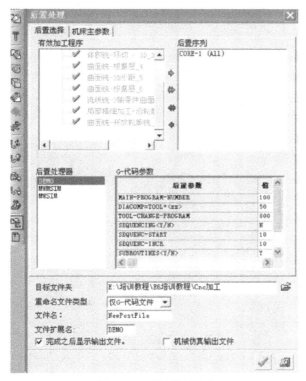

图 6-60　后置处理设定

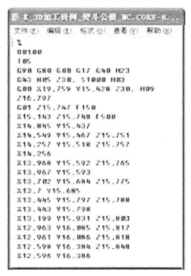

图 6-61　G 代码

习　题

6-1　CAM 和数字化制造的概念是什么？

6-2　CAM 的支撑系统包括哪些？

6-3　什么是数控加工？数控装置有哪些类型？

6-4　数控装置有哪些硬件结构？

6-5　CNC（软件式数控系统）装置的主要作用是什么？

6-6　简述数控机床的组成和工作原理。

6-7　简述数控编程的内容和步骤。

6-8　数控编程的方法有哪些？

6-9　Cimatron NC 包括哪些功能？它们都有什么特点？

6-10　Cimatron NC 的加工步骤是什么？

第7章

产品数据管理及集成技术

7.1 产品数据管理概述

7.1.1 产品数据管理的概念

产品数据管理（Product Data Management，PDM）以软件为基础，是一项用来管理所有与产品相关信息（包括电子文档、零件信息、配置、CAD 文件、结构、权限信息等）和所有与产品相关过程（包括过程定义和管理）的技术。PDM 提供了产品全生命周期的信息管理，在企业范围内为产品设计和制造建立了一个并行化的协同环境。PDM 是一种帮助工程师和其他人员管理产品数据和产品研发过程的工具。PDM 系统确保跟踪设计、制造所需的大量数据和信息，用于支持和维护产品。

对产品而言，PDM 系统可帮助组织产品设计，完善产品结构修改，跟踪产品的设计进程，及时方便地找出存档数据及相关产品信息。从过程来看，PDM 系统可协调组织整个产品生命周期内诸如设计、审查、批准、变更、工作流优化及产品发布等过程事件。

PDM 的基本原理是，在逻辑上将各个 CAX 信息化孤岛集成起来，利用计算机系统控制整个产品的开发设计过程，通过逐步建立虚拟的产品模型，最终形成完整的产品描述、生产过程描述以及生产过程控制数据。技术信息系统和管理信息系统的有机集成，构成了支持整个产品形成过程的信息系统，同时也建立了 CIMS 的技术基础。通过建立虚拟的产品模型，PDM 可以有效、实时、完整地控制从产品规划到产品报废的整个产品生命周期中的各种复杂的数字化信息管理工作。

PDM 将与产品相关的信息和相关的过程进行集成。与产品有关的信息包括：CAD/CAPP/CAM 的文件、材料清单（Bill of Material，BOM）、产品配置、事务文件、产品订单、电子表格、生产成本、供应商状况等。与产品有关的过程包括：加工工序、加工指南、审批、使用、安全、工作标准、工作流程、机构关系等。PDM 包括了产品生命周期的各个方面，它能将产品数据提供给用户使用，包括管理人员、设计人员、操作人员、财会人员和销售人员，按其需求方便地存取、使用有关数据。

PDM 以网络环境下的分布式数据处理技术为支撑，采用客户机/服务器体系结构和面向对象（Object Oriented）的设计方法，协调控制工作流程和项目进展，在企业范围内建立一个并行化产品开发协作环境，实现产品全生命周期的信息管理。它是帮助管理人员、工程师及其他人员管理产品开发步骤的一种软件系统，协助他们获取在设计、制造、销售、售后服务和维修过程中需求的信息。PDM 又称为工程数据管理（Engineering Data Management, EDM）、文件管理（Document Management, DM）、产品信息管理（Product Information Management, PIM）、技术数据管理（Technical Data Management, TDM）、技术信息管理（Technical Information Management, TIM）和图像管理（Image Management）等。

PDM 是依托 IT 技术实现企业最优化管理的有效方法，是科学的管理框架与企业现实相结合的产物，是计算机技术与企业文化相结合的产品。PDM 是工程师和其他有关人员管理数据并支持产品开发过程的有力工具。PDM 系统保存和提供产品设计、制造所需要的数据信息，并提供对产品维护的支持，即进行产品全生命周期的管理（PLM）。

PDM 进行信息管理的两条主线是静态的产品结构和动态的产品设计流程，所有的信息组织和资源管理都是围绕产品设计展开的，这也是 PDM 系统有别于其他信息管理系统［如管理信息系统（MIS）、制造资源计划（MRPⅡ）系统、项目管理（Project Management）系统］之处。

PDM 将企业作为整体，跨越整个工程技术群体，是促使产品快速开发和业务过程快速运作的使能器。另外，它还是在分布式网络上与其他应用系统建立直接联系的重要工具。

7.1.2 PDM 的发展过程

从 20 世纪 60 年代开始，企业在产品的设计和生产过程中开始引入和使用 CAD、CAM 等技术。新技术的应用在促进生产力发展的同时也带来了一些新的挑战。一些企业和研究机构在其领域内研制出自动化产品 CAX。随着自动化系统的应用，产生的数据信息越来越多，大量电子数据使得数据的输入和输出变得难以控制，造成数据丢失严重，而且伴有大量错误，从而难以控制产品的开发过程，也无法防止数据的非法获取和维护新的产品配置。在制造企业中，虽然各种计算机辅助技术在生产各领域的应用日益普及，但随之而来的各种数据也在急剧膨胀，对企业管理造成了巨大压力，如出现了数据种类繁多、数据重复冗余、数据检索困难、数据的安全及共享管理等问题。因此，许多企业的管理人员开始意识到，实现信息的有序管理将成为企业在未来的竞争中保持领先的关键因素之一。在此背景下，一项新的管理思想得以萌芽，即出现了 PDM。PDM 以软件技术为基础，以产品为核心，是一种实现对产品相关的数据、过程、资源进行集成管理的技术。PDM 的定位是面向制造企业，以产品为管理的核心，以数据、过程和资源为管理信息的三大要素。

PDM 技术最早出现于 20 世纪 80 年代初，最初的目的是解决大量工程图样、技术文档以及 CAD 文件的计算机化管理问题，后来逐渐扩展到产品开发的三个主要领域：

1）设计图样、电子文档和材料清单的管理。

2）材料清单与技术文档的集成。

3）工程变更请求/指令（Engineering Change Request/Order, ECR/ECO）跟踪与管理。

自 20 世纪 90 年代以来，新制造模式不断产生、发展与应用，如 CIMS、并行工程、虚拟制造等，人们已经意识到 PDM 对企业信息集成的迫切性和重要性。随着网络技术和数据库技术的发展，尤其在关系数据库和面向对象技术方面，集数据管理、网络通信和过程控制于一体的 PDM 迅速得到企业的广泛关注，并得到迅猛的发展。

在制造业中，PDM 已从工程图档管理开始逐渐扩展，集数据管理、网络通信、过程控制和决策分析于一体，迅速成为一门管理所有与产品相关的信息和所有与产品有关的过程控制的技术。同时，它在航天、电子、石化、商业和出版业等领域也有着十分广阔的应用前景。它还可以作为企业重组、企业资源规划、制造资源规划、并行工程、敏捷制造、精益生产、虚拟制造等方面的技术基础。

近年来，PDM 在制造业中是增长速度最快的技术之一，据调查显示，全球的 PDM 系统和服务市场以每年 30% 的速度增长。目前已经有越来越多的企业认识到使用 PDM 来组织、存取和管理相关设计、开发及制造数据的重要性。使用 PDM 技术可以缩短产品的上市时间，降低产品的成本，提高产品的质量。该项技术的实施可以增加产品的应变能力，为企业在市场竞争中取得巨大的效益。

PDM 技术的发展可以分为以下三个阶段：配合 CAD 软件的 PDM 系统、专业化的 PDM 系统和标准化的 PDM 系统。

1. 配合 CAD 软件的 PDM 系统

20 世纪 80 年代初，CAD 技术在企业中得到了广泛的应用，工程师在应用 CAD 的同时，不得不将大量的时间用在查找设计信息和相关数据上，人们迫切需要新的方法和技术去存储和获取电子数据。针对上述需要，技术人员为配合 CAD 软件开发并推出了第一代 PDM 产品，该产品的主要功能就是用于解决大量电子数据的存储和管理问题，提供了维护"电子绘图仓库"的功能。第一代 PDM 产品仅在一定程度上缓解了"信息孤岛"的问题，但仍存在系统功能较弱、集成能力和开放程度较低等亟待解决的问题。

2. 专业化的 PDM 系统

第二代 PDM 系统为专业化的 PDM 系统，如 Metaphase 和 iMAN 等。与第一代 PDM 系统相比，专业化的 PDM 系统增加了对产品生命周期内各种形式的产品数据的管理、对产品结构与配置的管理、对电子数据发布与更改的控制以及基于成组技术的零件分类管理与查询等功能，同时软件的集成能力和开放程度也有较大的提高，少数优秀的 PDM 产品可以实现企业级的信息集成和过程集成。第二代 PDM 产品在技术上取得了巨大进步，同时也在商业上获得了很大的成功，出现了许多专业开发、销售和实施 PDM 的公司。

3. 标准化的 PDM 系统

PDM 的标准化阶段始于 1997 年 2 月。OMG 组织（对象管理组织）首次公布了其 PDMEnabler 标准草案。该草案由 PDM 领域的主导厂商（如 IBM、SDRC、PTC 等）参与制定。PDMEnabler 基于 CORBA（公共对象请求代理体系结构）技术，就 PDM 的系统功能、PDM 的逻辑模型和多个 PDM 系统间的互操作提出了一个标准。该标准的制定为新一代标准化 PDM 产品的发展奠定了基础。

随着 PDM 技术的发展，特别是在企业需求和技术发展的推动下，出现了一些新动向，同时也产生了一些新的问题。不同的企业和不同的人对 PDM 的定义和功能会有不同的解释和要求。长期以来，人们对于企业功能的分析主要采用这样的方法：先界定企业的职能边界，确定企业本身的职能，然后对企业的职能采用"自顶向下"逐层分解的方法，将企业的功能分解成企业的功能分解树。随着现代科技飞速发展，每一个企业都想建立一个大而全的 PDM 体系，但往往难以达到目标。同时，现代企业需要经常与其他企业进行交流、联合，甚至一些不同企业的职能部门有可能会根据暂时的需要临时组织在一起，形成"虚拟企业"，以此共同完成某项社会生产任务。这些新的社会生产方式的需求导致人们对企业功能的分析思路和方法有了新的认识。如果认为第二代 PDM 产品配合了"自顶向下"企业信息分析方法的话，那么，第三代 PDM 产品就应当支持以"标准企业职能"和"动态企业"思想为中心的新的企业信息分析方法。企业发展的需要和新技术的出现也是产生新一代 PDM 产品的强大推动力。

7.1.3 PDM 的发展现状

PDM 作为一项技术，随着 CIMS、并行工程、敏捷制造的发展而不断更新。良好的体系结构、完善的功能、便利的应用是 PDM 的发展方向。纵观 PDM 系统的市场需求和发展历程，PDM 技术未来可能向以下几个方面发展。

1. 分布式技术

分布式技术是基于网络的分布式计算技术。近年来，分布式技术随着计算机、网络技术的发展获得了很大进步。以分布式计算技术为基础，基于构件的系统体系结构将逐渐取代模块化的系统体系结构。在分布式计算技术的标准方面，一直存在着两大阵营，一个是以 OMG 组织为核心的 CORBA 标准，另一个是以微软公司为代表的基于 DCOM 的 ActiveX 标准。近年来，OMG 组织在 CORBA 标准的制定和推广方面付出了巨大的努力，基于 CORBA 标准的产品也在逐渐发展和成熟。同时，由于微软公司在操作系统方面的优势地位，ActiveX 标准在 Windows 平台上显得更加实用，相应的工具也更加成熟。目前这两大标准的竞争仍在继续，因此许多商用软件同时支持这两个标准。

2. 面向对象技术的应用及信息模型的标准化

近年来，面向对象技术已成为软件开发的主流技术，它提高了程序代码的重用性和开放性，使编程效率大大提高。该项技术在 PDM 领域的应用包括：将面向对象数据库作为底层支持，建立面向对象的 PDM 系统结构，支持面向对象的产品数据定义。采用面向对象技术将提高 PDM 产品的集成能力。

由于 PDM 系统所要管理的数据类型及数据模型的复杂性，要求系统有良好的开放性，所以采用 O—O 面向对象法建立系统管理模型与信息模型，并提供面向对象的建模工具与开发工具，支持用户的二次开发。另外，由于各系统功能不一样，其信息模型也不一样，即使是相同的功能，不同系统的信息模型差别也很大。如何实现 PDM 系统信息模型的标准化，为不同系统之间的信息交换带来方便，已经成为目前需要解决的问题。

3. 采用 Web 技术

网络技术的迅速发展和日益普及已经对企业信息化的开发和应用产生了巨大的冲击。PDM 技术也必须利用网络技术优势，使其更具扩展性和共享性。

在传统 C/S 体系结构中，数据库应用的客户端软件包含两个主要功能：一是处理数据，二是控制处理的结果显示。客户端的软件中包含数据处理的逻辑和结果显示的功能，这两项功能具有密切的联系，但这种紧密的联系导致用户的需求只要有任何变化，都会使整个程序重新编译、安装，这使得 C/S 数据库应用系统的可维护性差。在 Web 系统中，服务器上的文件通过 HTML 决定了它在 Web 浏览器上的显示。浏览器只是解释这些 HTML 的标记，将处理的结果和结果的最终显示分离出来，避免了 C/S 结构的局限。在 C/S 数据库应用中，服务器只提供所需数据，对于最终用户来说，服务器返回的数据还只是中间结果；而在 Web 浏览器/服务器模式中，服务器控制返回的结果，同时控制了这些结果在浏览器上如何显示。基于 Web 的 PDM 系统架构在 Internet/Intranet/Extranet 之上，它提供了企业产品开发的解决方案，是新一代 PDM 系统（Product Development Management，PDM Ⅱ）的目标，也是企业采用 PDM 系统解决应用问题的基础。

4. PDM 与 MRP Ⅱ 的功能渗透

PDM 与 MRP Ⅱ 分别服务于工程设计与生产制造。PDM 系统源于 CAD/CAM 应用与工程设计的需要，所以它管理的重点为工程信息。而 MRP Ⅱ 系统源于制造业的经营与生产活动的管理，包括经营、生产、物料需求的计划与制造资源的需求计划的管理。两者的桥梁纽带为 BOM。目前，两者之间通过相互集成，互为补充，从而构成完整的企业信息系统。PDM 厂商首先将工程 BOM 与制造 BOM 统一到 PDM 系统中进行管理，同时将经营计划、生产计划集成于 PDM 系统中，而 MRP Ⅱ 系统也在设法将 PDM 系统的功能收入其中。

5. Java 语言

Java 语言具有高度的可移植性、稳定性和安全性等优点，一经推出就获得了广泛的支持。Java 不仅是一种新的计算机语言，还是一种移动式的计算平台。Java 语言"一次编程，到处可用"的特点使它成了编写网络环境下的移动式构件的最佳选择。将分布式计算框架和 Java 技术结合起来将是构造网络信息系统最理想的模式之一。

6. 加强过程管理与配置管理功能

为了适应产品设计与制造过程中复杂变化的需要，各厂商竞相开发出独立的工作流程管理模块，且功能不断变强，以满足工程更改、并行化设计所必需的过程管理的需要。以配置管理为核心，将数据管理、工作流程管理与变更控制集于一体，可形成更为强大的 PDM 系统。

7. PDM 产品层次化、行业化和客户化的发展

PDM 系统的实施是一项非常复杂的系统工程，针对规模不同、发展阶段不同的企业，PDM 系统的功能会有差异；在不同的行业中，由于产品、生产方式、管理模式的不同，许多行业具有自己特有的功能需要。

PDM 产品应当更好地支持客户化开发，对于从系统模型的改变、系统功能模块的开发到系统配置的整个流程要有很好的支持，只有这样才能真正完成 PDM 技术的应用转化。

目前市场上比较成熟的 PDM 软件有 Optegra、Metaphase、PM、PDME、iMAN 等，这些 PDM 软件各有其优缺点。

（1）Optegra　Optegra 是 Computervision 公司的 PDM 产品，该产品一直处于 PDM 市场的前列，它支持企业的产品数据管理，也支持并行工程方式的优化集成。Optegra 在统一的框架下由各功能模块分别打包封装而成，用户可依据自己的实际功能需求，选用相应的功能模块或具有相似功能的其他模块替换。

（2）Metaphase　Metaphase 软件也是非常出色的 PDM 产品，该软件涵盖了 PDM 系统的各大功能模块，并且提供了面向对象的集成开发工具，具有良好的集成能力。该产品的最新版本采用了 Web、联邦式软件结构、CORBA Gateway 等先进技术，是支持并行工程最好的平台之一。

（3）PM　IBM 公司的 Product Manager（PM）是极具市场竞争力的 PDM 产品。它具有

良好的软件结构，其数据仓库、工作流、配置管理和电子化协同工作环境等相当完善。该系统的微机版 PM/PC 的发行，扩展了 PDM 产品的适用范围。

（4）PDME Intergraph 公司的 PDM 产品 PDME（工厂数据管理环境）基于该公司的 AIM（资产与信息管理）软件，它可以管理工厂配置模型和设备及其相关文档，也可进行过程管理，包括对工程变更和文档变更的请求、批准及历史记录等变更过程的管理。该产品采用了 Web 和面向对象等技术。

（5）iMAN iMAN（信息管理器）是 EDS 公司的 PDM 产品。EDS 公司强大的工程经验使它可以深刻理解企业用户的真正需求。因此，iMAN（界面如图 7-1 所示）产品在市场上具有很强的竞争实力，尤其是对 Unigraphis 用户。该软件与 Unigraphis 软件紧密结合，并具有全面的集成能力。

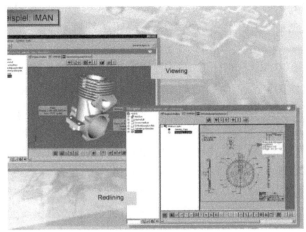

图 7-1 iMAN 界面

7.1.4 PDM 软件的应用状况

目前，PDM 技术的应用已经取得了显著的成效，主要表现在以下几个方面。

1. PDM 的应用范围日益扩大，市场不断增长

制造业一直是 PDM 的主要应用领域。随着 PDM 技术的发展，其他一些行业如石化、航天、能源、医药和电力等也在大力推广 PDM 技术。此外，医疗保健、法律服务、交通运输等部门也在引进 PDM 技术。用户的多样性会促使 PDM 技术更加成熟。

制造企业，特别是一些大公司在 PDM 上的投资继续快速增长，在发达国家年增长率基本保持在 35%，在我国同样也呈现出较好的发展势头。

2. 应用 PDM 技术的国家和地区在不断扩大

美国企业最早应用 PDM 技术。近几年，许多国家和地区对 PDM 的投资都在不断增加，PDM 技术的应用呈现国际化趋势。目前，欧洲在 PDM 上的投资增长率最高，投资额与北美地区相当，已经产生并形成了相关新产业，涌现出一批软、硬件供应厂商，但是目前主要的国际供应厂商仍分布在北美地区。

3. PDM 系统朝着企业信息集成的方向发展

PDM 技术所涉及的领域已经超出了设计部门和工程部门的范畴，逐步向生产、经营管理部门渗透。PDM 不只是 CAD 和工程部门文档的管理者，而且成为产品开发过程中生成、管理和分配信息的集成者。企业需要的全局信息的集成系统，既包括设计部门和工艺部门的信息，又包括人、财、物、产、供、销部门的信息，企业各个职能部门都需要共享和访问与产品模型相关的信息，只有这样企业才能生产出适销对路的产品，尽快打入市场。为此，PDM 系统和 ERP 系统正在互相靠拢，朝着企业全局信息集成的方向发展。在完善本身功能的同时，PDM 系统不断开发与 ERP 信息交换的接口，例如，美国 EDS 公司开发了其 PDM

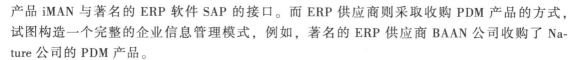

产品 iMAN 与著名的 ERP 软件 SAP 的接口。而 ERP 供应商则采取收购 PDM 产品的方式，试图构造一个完整的企业信息管理模式，例如，著名的 ERP 供应商 BAAN 公司收购了 Nature 公司的 PDM 产品。

4. 国产 PDM 产品的状况

我国的 PDM 产品大多从面向文档管理和面向简单的工作流程管理入手，侧重于将现有的电子文档从人工管理转变为计算机管理，并逐渐增加其功能，满足企业级产品数据管理的要求。目前很多公司都开发了自己的 PDM 产品，如武汉开目等。国产 PDM 产品基本稳定在中端市场，并开始向高端市场挺进。而市场需求分化成两部分，一部分是较早实施了 PDM 的企业，另一部分是将要实施 PDM 的企业。实施了 PDM 的企业，会不断有新的需求，而没有实施 PDM 的企业，对 PDM 的需求呈现加速趋势，但从对 PDM 的认识上，用户均表现得越来越成熟。

目前，国产 PDM 产品在企业中的应用主要包括以下几方面。

（1）企业产品数据的归档和统一编码 国产 PDM 产品提供了方便的产品数据归档方法，只要用户提供必要的工程信息，该产品的数据就可以有条不紊地进入应用服务器上的产品数据库中。

企业编码的实质是解决分类问题，产品零部件的有效分类是 PDM 技术要解决的主要问题之一，推行统一编码是企业信息化的基础。然而，过去企业的编码需要靠使用者翻阅手册，有时还需要人工协调才能完成，因此企业推行使用统一的编码规则很困难。国产 PDM 产品提供了有效的编码管理和辅助生成工具，使用者可以利用编码管理工具将编码规则定义到产品数据库中，以便随时在网络上查找浏览。另外，使用者可以通过辅助生成工具，在单元应用软件中直接对生成的数据进行编码，保证了编码的正确性。

（2）企业产品结构的管理 产品结构（Product Structure）是 PDM 系统连接各个应用系统（如 CAD/CAPP/CAM/MRP Ⅱ）的纽带与桥梁。传统的基于文件系统的管理方法，虽然可以按照产品结构进行归档，却无法使用。目前市场上流行的基于卡片式的档案管理系统，由于缺少产品结构这样的概念，只能按照线性模式进行数据组织。国产 PDM 产品以产品结构为核心来组织工程数据，完全符合 PDM 系统的数据组织逻辑，企业的工程数据在明确的产品结构视图下层次关系清晰可见。同时，它还提供了基于产品结构的查询、修改和数据组织功能。

（3）技术部门的过程管理 随着"甩图板工程"的深入，企业技术部门的绘图工作已可在计算机上完成，企业原来基于纸介质的工作驱动方式，在某种程度上阻碍了工程技术部门生产率的提高。如何寻求一种适合企业的电子流程管理手段，成为企业需要进一步解决的问题，这也是 PDM 技术所要解决的关键技术之一。

目前，大多数国产 PDM 产品提供了技术部门的工作流程管理模块，企业可以根据自己的情况来定制工作环节，利用内嵌的浏览工具完成整个工作过程中的浏览与批注任务。

（4）企业产品数据的处理 制造企业的工艺设计、生产组织、物资供应、物流管理和对外协作等经营活动，都要使用基于产品结构的数据信息，其表现形式为企业现行的各种表格，这些制表工作复杂、烦琐，并且容易出错。大多数国产 PDM 产品都提供了交互式自定义表格工具，可以生成任意复杂的企业表格，并且具有多种统计、汇总和展开等功能。

7.1.5 相关领域研究状况

由于 PDM 蕴含着巨大的潜在效益，受到许多国家和组织的重视，人们纷纷投资进行相关领域的研究，有的是系统研究，有的则是分项研究并推广实施。

1. DICE 计划

DICE（DRAPA Initiativein CE）计划是指美国国防部先进研究计划局（DRAPA）对并行工程进行较为全面和系统的研究和实施的计划。DICE 计划研究用集中数据库存储全部设计数据，各 agent（部门）拥有本地数据库的分布式并行设计环境。它注重解决异构环境下数据共享的问题。DICE 计划认为设计数据是用专有格式和不同的表达法收集的，因此，它只关注怎样在设计组间共享产品信息。DICE 计划虽然没有明确提出产品数据管理的概念和以产品数据为中心得出产品的完整视图，以解决设计中存在的问题，但它的 PPO（产品、过程、操作）模型和畅通的信息交流渠道为提高设计效率和加快开发周期提供了必要的基础。

2. CONSENS 计划

欧洲研究计划 ESPRITEP 6896 CONSENS（并行同步工程系统）是由德国西门子公司的 Fraunhofer（弗朗霍夫）技术研究所负责开发的用于数据交互的软件，该软件系统具有以下特色：

1）用框架集成了平行的工作组间信息流，便于相互之间的交互。

2）建立内部数据模型，并建立工具集成描述语言（Tool Integration Description Language，TIDL），用于指导相关的数据库建模。该系统借鉴了 STEP 方式进行系统建模，但并没有规定产品数据表达必须用 STEP 标准；该系统重视不同的 CAE 工具间的信息交流并设计了相互间的接口，却未给出彻底的解决方案。另外，从其他的欧洲研究计划（如 ESPRIT 计划 MARITIME）可以看出，这些计划仅把 PDM 看作未来的解决方案。

3. 国家 863/CIMS 重大技术攻关项目

1995 年，国家科技部将并行工程列为 CIMS 的发展方向，设立了重大技术攻关项目，对并行工程的方法和技术进行了系统的研究、开发与应用。该项目的研究目标为：改进结构件开发过程，建立相应的多功能产品开发队伍，利用并行工程的方法缩短产品开发周期 30% ~ 40%，降低废品率 50%，同时降低产品成本，提高产品质量。同时，解决一批关键技术的研究、开发、验证和应用工作。该并行工程环境中，工程分系统是用以提供产品并行设计的辅助工具，支持产品的设计过程。工程设计分系统以 CIMS 和 CAE/CAD/CAPP/CAM 信息集成为基础，扩展面向装配的设计（DFA）和面向制造的设计（DFM）功能，实现 PDM 的并行设计和产品生命周期的数据定义。

4. 有关领域的研究状况

Krishnamurthy 等人提出了一种支持多专业领域协同设计的数据管理模型，并给出了版本、装配、配置三级框架，他们对版本的处理也有一定的特色。Westfechtel 提出一种将产品和过程结合起来的管理方法，基本方法是将产品或零件看作对象，不同时间产生的文档作为相应的版本，组合各专业领域的版本构成版本组与对象对应，这样构成的网映射成一个过程网，并进一步把它缩为工作流，强调只管理而不控制工作流。Peltonen 等人认为，对基本概念的不同理解导致各种各样的 PDM 的出现，因此应当首先从文档、版本、生命周期这些基本概念人手进行研究，但他们的研究仅局限于 CAD 领域。Pohl 等人提出解决在交叉专业领域之间的可跟踪性问题，以解决不一致性和冲突，加强协同工作。O'Donnell 等人认为 CAD 系统以一个较低的抽象层次表达产品信息，他们认为产品结构非常重要，并提出了产品结构方法学。Cleetus 认为传统的产品结构树必须改进才能适应当前的发展，在 part-of 关系的基础上增加了 perspective-of 和 dependent-on 关系。Teeuw 等人强调产品数据交换的重要性，并关注 STEP 标准的应用。Gu 等人认为企业应当在产品生命周期的任一阶段都要共享一个共同的产品模型，并描述了一个基于 STEP 的通用产品模型，它不按任何 AP 协议，直接使用 STEP 的集成资源。Yoshikawa 认为实施 CIMS 应当关注人的因素。

采用先进的 CAD/PDM 技术是提高产品竞争力的必由之路。在美国，近 80% 的企业已采用了 PDM 技术。随着我国信息化的推进，越来越多的企业意识到采用 PDM 技术来管理生产的重要性，今后，将会有更多的企业使用 PDM 技术。

7.1.6　PDM 与 CIMS 的关系

CIMS 是 Computer/Integrated Manufacturing Systems 的缩写，可以直接翻译为计算机/现代集成制造系统。CIMS 的概念最早是由美国学者哈林顿博士提出的。CIMS 的基本观点包括两部分：①企业的各种生产经营活动是相互关联的，需要统一考虑；②整个生产制造过程的实质就是信息采集、传递、加工处理的过程。

对 CIMS 的一般定义为：CIMS 是通过计算机软、硬件，综合运用现代管理技术、制造技术、信息技术、自动化技术和系统工程技术，将企业生产全部过程中有关的人力、技术和经营管理三要素及其信息与物流有机集成并优化运行的复杂的庞大系统。

CIMS 的核心是集成，但是集成的内涵是不断扩展的。从初始的信息集成发展到今天的过程集成（如并行工程），并进一步要求企业间的集成（如敏捷制造）。就工程系统而言，不同层次的集成，对支持环境及信息共享的方式的要求不一样，但总体来说，面临的工程信息及其相互关系越来越复杂，对管理工具的要求越来越高。在传统的 CAD/CAM 或 CIMS 环境中，由于缺乏有效的工程数据管理手段，普遍存在对大量工程图样与技术文档管理不善、设计数据查找困难、重用性差、经常发生错误，以及 BOM 管理与产品模型、技术文档管理脱节（缺乏有效的版本、状态控制手段）等问题。随着并行工程、虚拟制造和敏捷制造等先进制造技术的引入，工程信息管理问题将更为复杂，表现为：

1）内容繁杂。不仅包括产品信息，还包括产品开发过程描述信息及其管理、控制信息，支持产品优化设计的资源信息和各种工程知识信息，以及支持协同工作的多媒体信息等。

2）数据对象之间关系复杂。既有层次关系，又有网状关系。信息发布与版本控制要求严格，不仅需要支持信息预发布、发布和信息反馈，还应支持对象的状态跟踪、版本控制以及工程更改等。

3）异构计算机环境的屏蔽与应用集成功能要求强。屏蔽不同软硬件环境，如不同计算机、OS、网络、数据库与图形界面等。要求提供应用系统集成环境以及产品开发团队管理与集成化、并行化过程管理环境——支持集成化、并行化过程管理，保证团队成员能方便地交流和共享信息，以协同工作。

PDM 的应用不仅包括产品从概念设计、工程分析、详细设计、工艺流程设计、制造、销售、维护直至产品报废的全生命周期与产品相关的数据的定义、组织和管理，同时，还为 CAX/DFX 的应用提供了统一的集成运行平台，它是连接 CAD/CAPP/CAM 系统、MIS、MRPⅡ/ERP、车间管理与控制系统的桥梁与纽带。通过 PDM 系统的有效实施与管理，可及时提供给设计师正确的产品数据，避免烦琐的数据查找过程，提高设计效率；保证产品设计的详细数据能有序存取，提高设计数据的再利用率，减少重复劳动；有效控制工程更改，决策人员可以方便地进行设计审查；可以进行产品设计过程控制，提供并行设计的协同工作环境；有利于整个产品开发过程的系统集成（包括供应商、MRPⅡ、销售、支持与维修服务等）。

7.2 PDM 系统的体系结构及功能

7.2.1 PDM 系统的体系结构

PDM 系统的原型结构如图 7-2 所示，它以网络环境下的分布式数据处理技术为支撑，采用客户端/服务器体系结构和面向对象的设计方法，以数据库技术实现对数据的存储和管理，采用网络技术提供数据的通信和传输，以实现产品全生命周期的信息管理，协调控制工作流程和项目进展，在企业范围内建立一个并行化的产品开发协作环境。

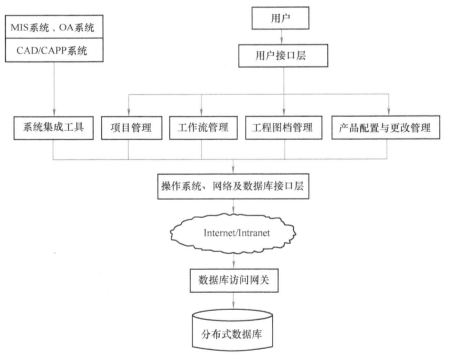

图 7-2　PDM 系统的原型结构

PDM 系统的体系结构如图 7-3 所示，一般可以将其分解为四个层次：支持层、面向对象层、核心功能层和用户层。

第一层为支持层。通用关系数据库是 PDM 系统的支持平台，它提供了数据管理的基本功能。如存取、删除、修改、查找等操作功能，支持 PDM 系统对象在底层数据库的管理。

第二层为面向对象层。此层实现 PDM 各种功能的核心结构与架构，由于 PDM 系统的对象管理框架具有屏蔽异构操作系统、网络和数据库的特性，用户在应用 PDM 系统的各种功能时，实现了对数据的透明化操作、应用的透明化调用和过程的透明化管理等。由于通用关系数据库侧重管理事务性数据，不能满足产品动态数据管理的要求，因此在 PDM 系统中，

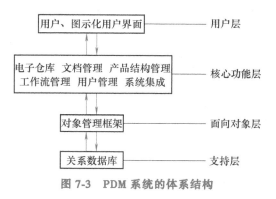

图 7-3 PDM 系统的体系结构

采用二维关系型表格来描述产品数据的动态变化，实现面向产品对象管理的要求。如可以用一个二维表记录产品的图样目录，但不能记录每一个图样的变化历程，如果再用一个二维表专门记录设计图样的版本变化过程，即可以描述产品设计图样更改的流程。

第三层为核心功能层。PDM 系统软件的核心功能包括文档管理功能、产品结构管理功能、零件分类管理与检索功能、工作流管理功能、用户管理功能及系统集成功能等。根据 PDM 系统的管理目标，在 PDM 系统中建立相应的功能模块。一是基本功能模块，包括文档管理、产品配置管理、工作流程管理、零件分类和检索及项目管理等；二是系统管理模块，包括系统管理和工作环境。系统管理是针对系统管理员维护系统，确保数据安全与正常运行的功能模块。工作环境保证用户能够正常、安全、可靠地使用 PDM 系统。

第四层为用户层。该层向用户提供交互图形界面，包括图示化的浏览器，以及各种菜单、对话框等，用于支持命令的操作与信息的输入/输出。该层包括开发工具层和界面层。不同用户在不同计算机上操作 PDM 系统时，能够提供友好的人机交互界面。在 PDM 系统中，除了提供标准的、不同硬件平台上的人机交互界面外，还要提供开发人机交互界面的工具，以满足各类用户的要求。PDM 系统和相应的关系数据库（如 Oracle）都建立在计算机的操作系统和网络系统的平台上。同时，还有各种应用软件，如 CAD、CAPP、CAM、CAE、CAT、文字处理、表格生成、图像显示等，构成了一个大型的信息管理系统，PDM 将有效地对各类信息进行管理。

PDM 系统不仅要适应企业中不同部门的复杂环境及不同功能需求，同时还要求支持地理分布不同的分公司的信息管理，所以 PDM 系统必须具有良好的开放性体系结构。PDM 的开放性体现在以下四个方面。

（1）对基础环境的适应性 PDM 系统是以分布式网络、客户端/服务器体系结构、图形化用户接口及数据库管理作为其环境支持，与底层环境的连接是通过不同接口来实现的，从而保证 PDM 系统可支持多种类型的硬件平台、操作系统、数据库、图形界面及网络协议。在分布式环境中，同类系统软件中可有几种类型并存，但数据库必须统一。

（2）PDM 内核的开放性 PDM 内核的开放性体现在 PDM 产品采用面向对象的建模方法和技术，以建立系统的管理模型与信息模型，实现产品信息的管理。在此基础上，提供一系列开发工具与应用接口，帮助用户方便地定制或扩展原有数据模型，存取相关信息，并增加新的应用功能，以满足用户对系统不同应用的要求。

（3）PDM 规模的可变性 由于 PDM 系统一般都采用 C/S 或 B/S 体系结构并具有分布

式功能，企业在实施时，可从单个 Server（服务器）开始，逐渐扩展到几个、几十个，甚至几百个 Server，从而覆盖整个企业。

（4）PDM 框架的插件功能/工具封装和集成　为了更有效地管理系统产生的各种数据，方便用户使用，必须建立 PDM 系统与应用系统之间紧密的联系，这就要求 PDM 系统提供中性的应用接口，把外部应用系统"封装或集成"到 PDM 系统中，作为 PDM 的新子模块，并可以在 PDM 环境下方便地运行。

7.2.2　PDM 系统的功能

PDM 软件系统提供了九大功能，即电子仓库、产品结构和配置管理、工作流和过程管理、检视和批阅、扫描与成像、设计检索和零件库、项目管理、电子协作、工具与集成件。

（1）电子仓库（Data Vault）　它是 PDM 的核心功能，电子仓库中保存了管理数据（元数据），以及描述产品信息的物理数据和文件的指针，它为用户存取数据提供了一种安全的控制机制，并允许用户访问企业的产品信息，而不用考虑用户或数据的物理位置。

对企业而言，需要利用不同的计算机软、硬件的运行、操作得到产品全生命周期内所需的不同数据，如何确保这些数据随时都是正确并且是最新的，如何保证这些数据能在规定的范围内得到充分的共享，如何保证数据免遭有意或无意的破坏，这都是迫切需要解决的问题。PDM 的电子仓库和文档管理提供了对分布式异构数据的存储、检索和管理功能。在 PDM 系统中，数据的访问对用户来说是完全透明的，用户无须关心电子数据存放的具体位置，以及自己得到的是否是最新版本，因为上述工作都是由 PDM 系统完成的。电子仓库的安全机制是 PDM 系统中非常重要的环节，对不同的使用者规定了不同的使用权限，通过管理员赋予不同角色的数据访问权限和范围，给用户分配相应的角色，使数据只能被经过授权的用户获取或修改，从而保证电子仓库的安全性。同时，在 PDM 系统中，电子数据的发布和变更必须经过事先定义的审批流程后才能生效，使用户得到的总是经过审批的正确信息。电子仓库的主要功能可以归纳为：文件的输入和输出、按属性搜索的机制、动态浏览/导航能力、分布式文件管理和分布式仓库管理、安全机制等。

（2）产品结构和配置管理（Product Structure and Configuration Management）　它以电子仓库为底层支持，以 BOM 为组织核心，将产品的数据和文档联系起来，实现产品数据的组织、控制和管理，并在一定目标或规则约束下，向用户或应用系统提供产品结构的视图和描述。

产品结构和配置管理也是 PDM 的核心功能之一，该功能可以实现对产品结构、配置信息和 BOM 的管理。用户可以利用 PDM 提供的图形化界面对产品结构进行查看和编辑。在PDM 系统中，零部件按照它们之间的装配关系被组织起来，用户可以将各种产品定义数据与零部件关联起来，最终形成对产品结构的完整描述，传统的 BOM 也可以利用 PDM 自动生成。PDM 系统通过有效性和配置规则来对系列化产品进行管理。

（3）工作流和过程管理（Workflow and Process Management）　用来定义和控制数据操作的基本过程，管理当用户对数据进行操作时发生的数据流向和在项目的生命周期内跟踪事务和数据的活动。它是支持工程更改必不可少的工具。

PDM 的生命周期管理模块管理着产品数据的动态定义过程，对产品生命周期的管理包括保留和跟踪产品从概念设计、产品开发、生产制造直到使用维护全过程中的所有数据记录，定义产品从一个状态转换到另一个状态时必须经过的处理步骤。管理员通过对产品各处理步骤的数据分析复原，构造产品设计的过程或更改的流程，这些处理步骤包括指定任务、审批和通知相关人员等。流程的构造是建立在对企业中各种业务流程的分析结果的基础上的。

（4）检视和批阅（View & Markup） 它为计算机审批过程提供支持，用户利用该功能可以查看电子仓库中存储的数据内容。

（5）扫描与成像（Scanning & Image） 它将图样或缩微胶片扫描并转换成数字化图像，把它置于 PDM 系统控制管理中，为企业的非数字化图样与文档的管理提供支持。

（6）设计检索和零件库（Design Retrieval/Component Libraries） 它对已有设计信息进行分类管理，以便最大限度地重新利用现有设计成果，为开发新产品服务。该功能是为最大限度地利用现有设计创建新的产品提供支持，它主要包括零件库接口功能、基于内容的而不是基于分类的检索功能、构造电子仓库属性编码过滤器功能等。

（7）项目管理（Project Management） 它在 PDM 系统中考虑得较少，许多 PDM 系统只能提供工作流活动的信息。只有功能很强的项目管理器能够为管理者提供每个项目和活动的状态信息。

（8）电子协作（Electronic Collaboration） 它用于实现人与 PDM 系统中数据之间高速、实时的交互功能，包括设计审查时的在线操作和电子会议等。

（9）工具与集成件（Tools & Integration-Ware） 不同的企业其组织结构、经营管理都存在着差别，至今没有开发出一种 PDM 系统可包含所有企业所需要的功能，因此，PDM 系统必须具有二次开发的能力，PDM 实施人员或用户可以利用这类工具包来进行针对企业具体情况的定制工作。为了使不同应用系统之间能够共享信息，对应用系统所产生的数据进行统一管理，要求把外部应用系统"封装"和集成到 PDM 系统中，并提供应用系统与数据库以及应用系统之间的信息集成。

PDM 以框架为基础，可以方便地实现与 CAD/CAM/CAPP/CAE 的集成，以 PDM 系统为桥梁，将相关信息连接起来，实现设计、制造信息的一体化管理。PDM 可应用于电子文档、数据文件及数据库记录等。适用的领域包括制造业产品、工程项目等。

PDM 系统可分为两类：面向工作组级和面向企业级。面向工作组级的 PDM 系统，如设计部门针对具体产品的设计，与一两种应用软件（如 CAD、CAPP、有限元分析）集成，使用规模为几台至几百台左右的工作站，运行在局域网络环境中，也称为部门级 PDM 系统；面向企业级的 PDM 系统，可按用户需求以任意规模组成多机种、多网络环境、多数据库、多分布式服务器、多种应用一起集成的跨企业、跨地区的超大型 PDM 系统。

7.3 产品结构与配置管理

7.3.1 产品结构管理

产品结构是指由产品零部件明细栏组成的一种树状结构。图 7-4 所示为这种树状结构反映的企业的活动主线，它是产品结构的直观表现形式。在统一产品数据的基础上，企业内各部门（如计划、设计、生产、材料、采购、质量和销售等）可以根据其需要，灵活运用产品数据。产品结构是企业进行产品设计、生产组织的重要依据。在 PDM 系统中，产品结构主要表现产品的组成的层次结构，如产品由哪几部分部件组成，各部件又分别由哪些子部件或零件组成，重点反映了产品与零部件间的构成关系。在产品结构中，一般有抽象产品结构和具体产品结构。抽象产品结构主要是指产品可能由何种零部件构成，不过这些零部件的具体规格形状还没有具体化，这些零部件可能有多个版本或变量以供选择；具体产品结构就是指产品的结构形状等信息已真实存在，包括组成产品的零部件具体信息以及这些零部件的具体版本。

产品结构管理就是对构成产品的各零部件进行管理。产品结构管理将整个企业视为一个整体，以产品为核心，围绕构成产品过程中形成的所有关系，先将产品分解为部件，再将部件进一步分解成子部件或零件，对产品的结构树进行管理，涉及与产品有关的所有数据信息。产品结构管理组织和描述一切和产品相关的数据，是产品生命周期中各种功能和应用系统建立直接联系的重要工具，也是设计过程进展的直接体现者。

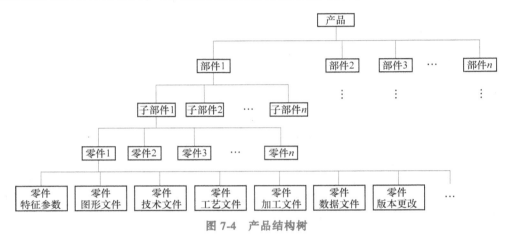

图 7-4 产品结构树

产品由部件和零件按树的结构关系构成。具有相互关联关系的零件按照一定的装配关系组装成部件，部件和一系列零件通过最终装配形成产品，产品又可以根据装配顺序分解成部件，分解出来的部件又可以进一步分解为子部件和零件，然后再对子部件进行分解，直到零件为止，这样就形成了产品结构树。产品结构树形成以后，存在树节点和叶子节点，其中树节点表示部件和子部件，叶子节点表示零件。产品结构树上的每个节点都连接着相关的零部件属性（如零件的材料、结构、加工工艺、加工方法、颜色、产地、价格等），用户可以通过单击节点来了解零部件的属性。产品结构树的形成，可以将描述零部件的文件信息与节点上的相关零部件有机地联系在一起，从而实现对不同类型产品的产品数据进行管理，形成扩展的产品结构模型。对于产品结构树上的结构枝叶，还保存了完成结构数据的演变历史和相应演变文档管理。最后可通过结构主茎与结构枝叶的映射关系实现产品结构空间与产品版本空间的对应。为了使其关系描述方便和树形视图清晰，建立了产品分层结构管理模型，如图 7-5 所示。

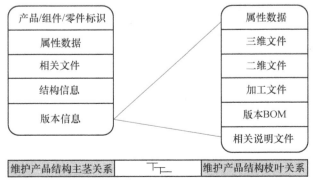

图 7-5 产品分层结构管理模型

其中结构主荃各分类文件夹的描述对象分别为：

（1）属性数据 用于维护产品的主要特征信息，如零件号、材料、规格、开始有效日期、截止有效日期、相关生产批量等。

（2）相关文件 主要维护与某节点有关的市场需求分析、客户订单要求、参考技术资料、相关设计参数说明和更改通知单等类型的文件。

（3）主荃结构信息 维护产品的结构信息和关联信息，描述组成产品的零部件间的几何从属关系和节点与 PDM 系统中其他对象的约束关系。

（4）枝叶结构信息 主要描述该节点下具体某版本的属性和设计、制造及结构关联信息，反映节点版本的整体信息。

7.3.2 产品配置管理

产品配置管理就是 PDM 系统在产品结构管理的基础上，以 BOM 为组织核心，将定义最终产品的所有工程数据和文档联系起来，对产品对象及其相互之间的联系进行维护和管理的功能。产品配置管理可对产品的不同方面进行管理和配置，对各种不同工作阶段产生的与产品结构有关的数据进行管理，方便人们掌握了解组成产品零部件间的相互关系、零件基本数据之间的关系、产品文档数据与产品工作流间的关系等重要信息。

产品的具体配置是建立在产品结构管理的基础上，根据事先建立的完整产品结构树，再依据用户所需功能，设计或选择零部件，将零部件按照功能、某种组合规则或某种条件进行整合，形成一个具体的产品，其中的条件称为配置条件。

配置产品过程中，当产品结构树中缺少具体产品所有的零部件信息时，需要对产品结构树进行实例配置后，才能得到具体产品结构的零部件信息并以此指导企业设计与生产。在配置过程中，需要一些规则来限定所选择的零部件，通过这些规则的组合方式选择所需产品的零部件信息，从而完成配置。在一般 PDM 系统中，产品配置规则可分为三类：变量配置、有效性配置、版本配置。

（1）变量配置 变量配置就是在配置产品时，产品结构树中的零部件具有多项可供选择的性质，这个属性就定义为变量。用户就可以根据这些变量或变量的逻辑组合来确定具体的产品，称为变量配置。一些中小型企业主要是以面向订单、面向用户要求为指导进行生产，变量配置的思路正好满足这些企业生产的需要。在配置产品时，可以根据产品的几个关键变量（即参数），选择不同规格和型号的零部件，用户根据这些变量来确定零部件的具体型号。

（2）有效性配置 有效性配置对产品、部件、零件可以采用有效的数据类型进行配置，如采用版本的有效时间或零部件的有效个数等进行数据配置，配置的数据可以是字符型、数字型或其他类型。以产品 A 的有效性配置为例，采用零部件的有效时间为依据，在 2011 年配置产品 A 时，应该以产品版本 7 来进行配置，而不是以 2006 年的产品 A 版本 4 进行配置，零部件版本就要选择 2011 年的版本，如图 7-6 所示。

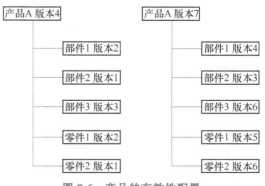

图 7-6 产品的有效性配置

（3）版本配置　版本一般有产品版本和零部件版本。一个部件或零件有可能存在许多版本，使用版本配置规则配置产品时，可以选择该零部件的某个版本来进行配置，也就是产品在配置过程中可以选择不同的版本零部件，但是产品的版本可以不改变。产品同一版本中的零部件版本遵循有效性配置规则。

7.3.3 产品结构与配置管理的作用和数据描述

产品结构和配置是PDM系统中工作流程和任务管理的基础，工作流程用于控制工程设计活动，而产品结构与配置信息是实现控制的前提条件，在此基础上才可以定义流程所需的资源；产品结构与配置管理是实现PDM集成功能的桥梁，在维护产品结构与配置信息后，可以提供材料清单和资源要求，将产品设计所需要的人、财、物和生产对象信息向制造资源规划系统和信息管理系统传递，为企业的规划和安排提供依据；另外，产品结构是实现虚拟化企业模式的必要准备，只有维护了必需的产品信息，才可以利用网络技术进行异地分布的虚拟企业运作，从而实现任务的异地分配和驱动，实现面向客户的电子商务及电子协同活动。

产品结构与配置管理的数据描述，如图7-7所示。产品数据主要包括市场需求信息、产品概念设计数据、产品详细设计数据、产品制造数据、产品售后客户数据等。其主要特点有：

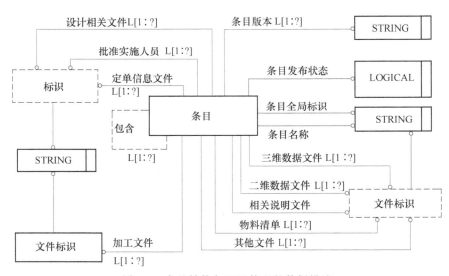

图 7-7　产品结构与配置管理的数据描述

1）数据种类多，包括显式的、与产品设计有关的数据（如CAD数据）和相关的隐含数据（如产品的需求说明、设计说明等），这些数据不是都可以通过规则表达的，而且这些数据是动态变化的。

2）在实际设计中，随着产品的概念设计、总体设计、详细设计的进行以及操作方式（自顶向下的设计方式或自底向上的设计方式）的不同，会出现不同的数据生成过程，这些过程是随产品相关活动的开展而逐渐由抽象向具体转化的过程。

从以上两个特点可以看出，由于产品结构数据的包容量大、表述范围广，所以描述产品数据时比较复杂。

产品结构需要管理的数据涉及诸如项目计划、设计数据、产品模型、工程图样、技术规范、工艺文件、电子表格、视频及音频信息以及有关零件的各种数据等，如何组织以上数据是系统实现的关键。这些数据包括形式化和非形式化数据两大类型。非形式化数据为超文本数据，如声音、图形、图像数据等，可用大二进制块来存放、传递；形式化的产品数据为可模型化的数据，它又分为与产品直接相关的数据和与产品相关联的数据两类。这两类数据只能设计成整体结构，作为数据包或数据块进行粗纹理的集成管理。为了适应产品生命周期中多领域和多数据类型的特点，可以采用分类方法进行控制，形成显式、隐含数据的集中体现，满足企业对不同图样的要求，也为了适应不同的规则驱动，保证提取相关驱动下的子结构数据正确、实时和有效。对于形式化数据中可以利用规则表达的部分，由相应工具软件进行组织，组织结果和非形式化数据一样，由结构管理模块统一管理，按照产品生命周期的不同过程，依据领域和部门的区别提供动态的、可定制的分类手段，通过交互式分类模板的定制，建立系统的分类规则，从而提供结构管理的依据。

7.4　工作流与过程管理

7.4.1　工作流与过程管理的概念

企业在进行产品开发时，必须完成从市场需求分析、产品概念设计、产品结构设计、分析计算、工艺文件制定及加工生产到产品销售、使用、报废等产品生命周期的全过程，在整个过程中，可以看到产品的数据在不同的状态中流动，这些有序的状态构成产品数据的生命全过程，也可以将产品数据流动的有序过程称为工作流。过程就是产品数据在全生命周期中的一个个状态中的具体操作和处理，所有的过程构成了产品的工作流程。

工作流与过程管理在 PDM 中是通过专用的管理系统软件完成的。工作流与过程管理系统就是一个软件系统，基本功能是完成工作流的定义和管理，并按照在计算机中预先定义好的工作流逻辑推进工作流实例的执行。在 WFMS（Work Flow Management System，工作流管理系统）的支撑下，通过集成具体的业务应用软件系统（ERP、CRM、SCM 等），完成对企业经营过程运行的支持，以及在更广的范围内和不同的时间跨度下做好企业的经营管理，提高企业的整体水平和竞争力。

WFMS 能够提供以下三个方面的功能支持。

（1）建造功能　对工作流程及其组成活动进行定义和建模。

（2）运行控制功能　在运行环境中管理工作流程，对工作流程中的活动进行调度。

（3）运行交互功能　指在工作流运行中，WFMS 与用户及外部应用程序交互的功能。

1. 工作流管理系统的基本结构

如图 7-8 所示为工作流管理模型。在该模型中，有三种类型的部件。

1）WFMS 内提供各种功能支持的软件组元。

2）为一个或多个软件组元使用的各种系统定义和控制数据。

3）应用程序和数据库。

2. 系统中主要组成和数据的作用

（1）过程定义工具　过程定义工具被用来创建计算机可处理的业务过程描述。它可以

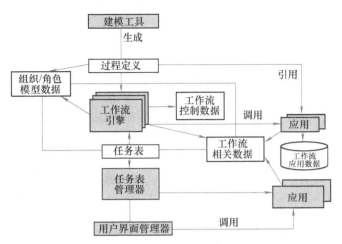

图 7-8 工作流管理模型

是形式化的过程定义语言或对象关系模型，也可以是简单规定的用户间信息传输的一组路由命令。

（2）过程定义 过程定义（数据）包含使业务过程能被工作流子系统执行的必要信息。这些信息包括起始和终止条件、各个组成活动、活动调度规则、各业务的参与者需要做的工作、相关应用程序和数据的调用信息等。

（3）工作流执行子系统（WES）和工作流引擎 工作流执行子系统也称为（业务）过程执行环境，包括一个或多个工作流引擎。工作流引擎是 WFMS 的核心软件组元，它的功能包括解释过程定义、创建过程实例并控制其执行、调度各项活动、为用户工作表添加工作项、通过应用程序接口（API）调用应用程序、提供监督和管理等。工作流执行子系统中的不同工作流引擎通过协作共同执行工作流。

（4）工作流控制数据 工作流控制数据是指被 WES 和工作流引擎管理的系统数据，如工作流实例的状态信息、每一个活动的状态信息等。

（5）工作流相关数据 工作流相关数据是指与业务过程流相关的数据。WFMS 使用这些数据确定工作流实例的状态转移，如过程调度决策数据、活动间的传输数据等。工作流相关数据既可以被工作流引擎使用，也可以被应用程序调用。

（6）工作表和工作表处理程序 工作表列出了与业务过程参与者相关的一系列工作项，工作表处理程序对用户和工作表之间的交互进行管理。工作表处理程序功能包括：支持用户在工作表中选取一个工作项、重新分配工作项、通报工作项的完成、在工作项的处理过程中调用相应的应用程序等。

（7）应用程序和应用数据 应用程序可以直接被 WFMS 调用或通过应用程序代理被间接调用。应用程序可以调用 WFMS 部分或自动完成一个活动，也可以对用户的工作提供支持。与工作流控制数据和相关数据不同，应用数据对应用程序来说是局部数据，对 WFMS 的其他部件来说是不可见的。

3. 工作流管理系统的标准和产品

工作流管理是 20 世纪 90 年代的软件技术，近年来得到长足的发展。1993 年成立了工作流管理联盟（Work Flow Management Coalition，WFMC），该组织颁布了一系列工作流产品标准，包括工作流参考模型、工作流术语表、工作流管理系统各部分间接口规格、工作流产品的互操作性标准等。这些举措加速了工作流技术的商品化，许多公司基于这些标准推出了自己的工作流产品，如 ActionWorkflow、IBM 公司的 FlowMark 等，Lotus Notes 等群件产品也具备较强的工作流支持功能。这些产品为开发自己的工作流管理系统提供了条件。

4. 工作流管理系统的应用

和其他的软件产品一样，用户可以引进成熟的工作流和群件产品，也可以自行开发适合自己业务的工作流系统，特别是基于 Intranet 的工作流系统。与 Intranet 技术相结合。工作流系统更具开放性，有更多的工具可供选用，且体系结构风格的界面简单易用，这也是当前工作流产品的发展方向。

另外值得注意的是，WFMS 的引入是与管理思想和管理业务的转变密切相关的，它为改进或重组业务流程提供了机遇。WFMS 可以和企业再造或规范化管理相结合。企业再造追求的是对企业的经营管理模式和生产作业程序进行彻底的变革。规范化管理则是在管理经验的基础上对业务过程进行科学化、规范化的研究，同时以建立一套完整的管理工作规范体系为目标，这一规范体系会促进系统组织结构和运行的改善。

7.4.2 工作流管理模型

在 PDM 系统中，工程数据的管理分为两种模型，一是产品静态数据的管理，二是产品动态数据的管理。两种管理相对独立，属于不同的模块。人为地将产品结构和工作流程割裂，会导致对设计过程中产生的文档管理不便，设计过程完成后需要花费大量的时间和精力对文档资料进行整理，才能得到为各个部门提供的产品结构 BOM 视图。这种做法容易出现差错，而且影响设计和生产的效率。

1. 产品静态数据的管理模型

对于设计过程产生的最终结果——电子文档，需要按一定的方式组织存储起来，便于设计人员的查询、引用和修改。以往的计算机管理软件通常用文件夹的方式进行管理，没有完全反映文档之间的关系，而且文档的一些附属信息没有表达完整。在企业中，传统的设计文档资料往往以产品及其零部件间的关系（如装配关系）为线索进行组织管理，因此，应建立一套产品零部件结构的模型，并将文档与之关联，形成一个完整的产品结构模型，集中对产品零部件及其描述文档进行操作和维护。这样，既便于用户使用操作，又有利于数据的完整表达和维护，同时方便为各个部门提供各种 BOM 视图。该模型使用面向对象的方法，将产品结构归纳为三个层次。

（1）产品模型（Product Model） 用于描述各种零部件是如何组成产品结构的。产品模型体现了零部件之间所有可能的装配关系，它描述的是零部件间的抽象关系。

（2）产品配置（Product Configuration） 它是由排列互斥且有具体版本的零部件组成产品结构，用于描述产品结构中使用的、与设计历史变迁有关零部件的所有下级零部件，以及这些零部件的版本及相关文档。

（3）材料清单 材料清单是指实例化的零部件组成的产品结构。它既可以是用于指导生产的明细栏，又可以是建立文档与零部件关系结构的骨架。材料清单可以以图形和表格两种形式体现。

2. 产品动态数据的管理模型

设计过程是一个动态变化的过程，从并行工程角度来讲，设计活动只有细化到可操作的程度，才可能并行展开工作。从优化的角度来讲，设计活动又是不断反复且不断前进的过程。每项设计活动可以看成一项任务，用户在使用系统的过程中，需要按时完成的一系列活动都可称为任务。针对不同的视角，引入以下两个概念对工作流程加以描述。

（1）任务流　任务流是任务从创建到不断细化再到完成的全过程中，将具体的工作分解后在适当的时间下达给适当的人，使工作能够按时完成。可以从并行工程角度分析设计过程，这种不确定性的流程特点导致很少有回滚等异常操作，但在流程的逻辑执行过程中可能发生变化，任务先后关系定义较松散，要求人为调度、控制较多，工作流程管理系统提供辅助监控功能。

（2）工作流　工作流是文档从创建到不断优化改进再到归档的全过程，由若干步骤组成，这些步骤构成一个有向图，前后有固定的时序逻辑。这类工作流程管理多为确定型，在流程的时序逻辑执行过程中很少发生变化，但回滚等异常操作较多，对执行的可靠性要求高，故要求工作流程管理系统的调度、监控能力强。

任务流作为设计活动的不断细化过程，细化到设计过程的最小操作对象——文档的操作。这样划分是因为任务流是细化任务，反复优化的过程较少，故对流程管理引入以上两个概念。另外，工作流与建立的产品结构树有关，将在后文详细叙述。工作流除了体现设计过程中文档在完成过程中改进、优化的过程，同时包含了对文档操作步骤进一步的细化工作，也是一种分解任务的过程，当然也支持对文档工作步骤的串行、并行操作。

无论是任务流，还是工作流，实质上都是信息的处理和流动过程。这些信息根据不同的作用分为应用信息、控制信息和关联信息。应用信息作为设计过程的主体，是设计活动的操作对象，也是设计活动所追求的结果；控制信息则是系统用于控制流程中实例的状态和工作方式的信息；关联信息是由用户定义设计流程中应用信息的数据流向或流动的判断条件。PDM系统中的流程管理主要集中在控制信息和关联信息的表达和处理上，而将应用信息的处理交给各种应用程序去完成。任何一个工作流程都包括一组活动及它们的相互关系，还包括过程及活动的起始和终止条件，以及对活动的描述。

3. 基于产品结构的流程管理模型

任何一项设计任务都离不开设计目标、设计对象和设计人员这三要素，设计活动都是围绕这三个要素进行的。从产品设计全生命周期考虑，建立一套基于产品结构的流程管理模型，在完成设计任务的同时，完成对产品结构的管理，实现设计、制造工作管理的高效、统一和优化。

（1）主要设计思想　在产品设计的过程中，任务的分解过程可以看作产品结构生成的过程。随着任务的不断细化，产品结构树也在不断生长，当任务完成提交后，产品结构（BOM树）也就完成了。将设计流程中的有用信息提取出来，加以抽象提炼，便可得到一棵完整的产品结构树。

（2）进行步骤　新产品的设计、总任务的创建，意味着产品结构根节点的生成，任务的不断细化代表新节点（主要是零部件）的生成，每一个新节点生成后，可以进一步细化，分解成子任务，即产生了节点。任务流动过程中带有应用、控制和关联信息，与之对应的实例就是各种文档及文档附加属性和任务状态。

分布在各个节点上的多个任务流引擎组成工作流程服务，每个任务流引擎负责本节点上的用户和应用的任务流相关任务管理。它们之间的通信、协调是由 C/S 方式实现的。当设计人员接受任务后，作为该任务节点的负责人，需要完成两方面的工作，一是进一步细化设计任务，生成产品结构树的一个分支并加以维护，二是创建相关文档及其工作流，并将文档与产品结构相关联。当任务分解到对文档的操作后，BOM 树的框架就完成了，系统根据产品结构树的叶节点负责人和子节点负责人制定相应的文档工作流步骤和对任务的分解，并将文档的每一步操作和任务细化所需的应用数据在正确的时间传送给正确的设计人员。传送可以使用邮件系统，将任务信息和需要设计的文档一起传送给设计者。对于叶节点，当对应文档经过一系列的设计、审批、修改、优化直到正式提交后，该叶节点的任务完成。对于子节点，只有其下级子节点和本身对应的文档同时完成，该节点任务才完成。这样，由下至上在完成设计流程的同时会形成一棵 BOM 树。

需要指出的是，BOM 树节点与任务叶节点并非一一对应，而是一对多的关系，即一个零部件节点可能细分出多份文档，产生多个子任务，而一项任务可以对多份文档执行同一流程的操作。正是因为任务与 BOM 树节点存在对应关系，所以任务流所针对的最小单位是文档，而并非文档对应的工作流的某个步骤。将设计过程中反复修改、优化和有固定时序逻辑的工作放在文档工作流里进行，尽量减少这种频繁回滚过程对产品结构树产生不稳定的影响；另外，避免工作流固定时序逻辑束缚任务的分解和产品结构的建立，因局部受阻导致整个设计工作的停顿。设计工作是一个富有创造性的工作，设计文档提交发布后仍然可能有大量的数据修改，本模型采用工程变更方式对已提交的文档及相关零部件进行修改，这种变更需经历变更请求、变更执行、变更发布三个阶段。另外，系统还提供了对工程变更进行跟踪记录的功能，避免对发布的文档随意修改，以达到数据管理的统一性和安全性。

产品设计完成提交后，如果该产品存在改进设计，可以在 BOM 树的基础上进一步丰富产品结构树，利用零部件的版本记录产品设计发展的历史和可选方案，再经历一遍任务流的活动便可得到产品配置树，从而得到层次上的提升。

对于进行系列化产品生产的企业，可以进行更高层次的抽象、归纳，但是此项工作需要人工与计算机交互式进行。在产品配置树的基础上，根据该系列化产品建立一棵有抽象意义节点的产品结构树，再通过复制或引用关系将产品配置节点添加上去，形成完整的产品结构树。以后的改型或改进设计都可以在产品模型或配置的基础上进行，以充分利用现有的设计成果，缩短设计周期。

7.5 PDM 在现代企业中的集成作用

7.5.1 产品数据交换技术

CAD/CAPP/CAM 系统的集成就是使产品从设计到制造，甚至是产品全生命周期中实现产品数据直接在各系统间进行无缝隙的传递。对于 CAD/CAPP/CAM 系统，可能是出于不同的计算机、不同的操作系统甚至不同的数据库，数据的传递涉及各应用系统、操作系统和数据库之间的接口问题，如果各系统之间数据表示不一致，将会出现系统之间数据交换和传递的困难甚至无法实现，造成各系统的功能难以发挥作用。CAD/CAPP/CAM 系统集成能否实现，其关键的条件就是系统间的数据是否能够实现正常交换、传递。要解决产品数据的正常交换，首先应该制定出双方认可的数据交换规范和网络协议，开发出各个相关系统的数据交换接口，真正实现数据在各系统间迅速、流畅的交换、传递。

随着 CAD/CAPP/CAM 系统集成技术的发展和需要，一些工业化国家和国际标准化组织陆续推出了一系列产品数据交换标准，如在产品模型数据交换方面出现了 IGES、VDA-IS、VDAFS、SET 等多种标准或规范，上述标准或规范适用于在计算机集成生产中，各子系统间数据信息的传递，以形成技术绘图或简单的几何模型。对于更为详细的信息，如公差标注、材料特性、零件明细栏或工作计划等，一般不能完整地进行数据传送。因此，已有的标准和规范存在以下问题：中间格式只限于几何数据和图形数据；软件的开发没有让用户参与，软件实用性差；用户在市场上得不到完整的 PDM 解决方案，导致重复工作和高投资的维护。

针对以上问题，20 世纪 90 年代初，ISO 公布了 STEP 标准。STEP 是在产品生命周期内，为产品数据的表示与通信提供了一种中性数字格式，该数字格式能完整地表达产品信息。产品数据的表达和描述采用 EXPRESS 语言，它可以对产品模型进行一致的、无歧义的描述，并允许用数据与约束对产品进行更加完整的描述。EXPRESS 是一种面向对象结构的特殊语言，在信息模型的组成上对 STEP 产品模型进行了清楚的描述，STEP 中的集成资源和应用协议均采用了这种语言。

集成资源是 STEP 的核心，它提供了一套资源单元（即资源的构成）作为定义产品数据的基础。集成资源独立于应用环境和应用文本，但经过解决后可以支持应用的信息需求。

集成资源包括应用资源和通用资源。应用资源如绘图、有限元分析、运动学等；通用资源如产品描述和支撑的基本原理、几何拓扑表达、产品结构配置、可视化表示、材料、几何公差等。EXPRESS 语言对集成资源进行了完整的描述。

虽然资源模型定义非常完善，但经过应用协议在应用程序中的数据交换是否还符合原来的意图，需经过一致性测试。STEP 标准制定了一致性测试方法与框架，包括一般概念、对测试实验室及客户的要求、抽象测试的结构和使用、抽象测试方法等标准。

STEP 标准的提出受到了企业的广泛关注，该标准在产品的整个生命周期内为产品的数据表示与通信提供了一种中性格式，这种格式能完整准确地表达产品信息，并独立于要处理这种格式信息的软件。STEP 为产品模型的规范化和高质量数据交换处理的实现提供了一种先进的方法，但在数据交换中会出现大量的数据重复，采用 PDM 技术可以有效地解决产生的数据管理问题。

7.5.2 PDM 信息集成模式

1. 封装模式

产品数据的集成就是对产生这些数据的应用程序的集成。为了使不同的应用系统之间能够共享信息以及对应用系统所产生的数据进行统一管理，只要对外部应用系统进行"封装"，PDM 就可以对它的数据进行有效管理，将特征数据和数据文件分别放在数据库和文件柜中。

所谓"封装"是指把对象的属性和操作方法同时封装在定义对象中。用操作集来描述可见的模块外部接口，从而保证了对象的界面独立于对象的内部表达。对象的操作方法和结构是不可见的，接口是作用于对象上的操作集的说明，这是对象唯一的可见部分。"封装"意味着用户"看不到"对象的内部结构，但可以通过调整操作即程序来使用对象，这充分体现了信息隐蔽原则。由于"封装"性，当程序设计改变一个对象类型的数据结构内部表达时，可以不改变在该对象类型上工作的任何程序，而且"封装"使数据和操作有了统一的管理界面。

2. 接口和集成模式

产品结构信息的数据有其特殊性，因为"封装"不能了解文件内部的具体数据，而PDM的产品结构配置模块必须掌握产品内部的结构关系。所以PDM集成这类数据有下面两种不同层次的模式。

（1）接口模式　根据CAD中的产品装配树，通过接口程序破译产品内部的相互关系，自动生成PDM中的产品结构树；或者从PDM的产品结构树中提取产品的结构关系，修改CAD的装配文件，使两者保持异步一致。

（2）集成模式　通过对CAD的图形数据和PDM产品结构树的详细分析，制定统一的产品数据之间的结构关系，只要其中之一的结构关系发生了变化，则另一个自动随之改变，始终保持CAD的产品装配树与PDM的产品结构树同步一致。PDM环境提供了一整套结构化面向产品对象的公共服务集，构成了集成化的基础，实现以产品对象为核心的信息集成。

PDM具有统一的数据结构，可以实现用户间的对象共享。部分PDM为面向多种CAD软件的通用管理环境，采用标准数据接口来建立PDM的产品配置与多种CAD装配结构之间的联系，在PDM管理下，多种CAD软件共享同一产品结构。PDM是CAD/CAPP/CAM的集成平台，是企业全局信息集成的框架。所有用户均在同一PDM环境下工作，实现了与站点无关、与硬件无关、与操作系统无关的全新的工作方式。

以PDM为支撑平台，集成企业支持产品开发的各种信息，使信息流动处于有序、可控的状态，最终实现正确的信息在正确的时间传递给正确的人，实现企业全局信息的集成。要实现针对产品开发过程所需的各种CAX软件的集成，需要将CAD/CAPP/CAM等软件纳入PDM中，通过各种工具软件的集成实现高效并行的设计；实现与企业内外的各种信息的交换和共享，如实现与企业内的MIS、MRPⅡ等的数据交换，并通过Internet等手段实现与企业外的信息输入、查询、共享等，及时获取信息，支持产品开发。通过PDM集成管理框架的支撑，将科学的方法及先进的管理思想融入其中，以支持技术和产品的创新。

7.5.3　PDM 是 CAD/CAPP/CAM 的集成平台

在产品设计中，CAD系统各不相同，有的企业采用AutoCAD，有的企业则采用UG或Pro/E等软件，产品的设计信息往往需要采用多种CAD系统进行描述。目前，CAD系统之间的数据交换尚未完全解决。另外，在工艺设计时，不同的企业有不同的规范，即使在同一企业中，不同的工艺师的经验不同，他们设计的工艺规划也存在很大差异。所以3C（CAD/CAPP/CAM）的集成遇到了无法逾越的障碍。

PDM系统可以解决上述难题，它可以统一管理与产品有关的全部信息，因此，3C之间不必直接传递信息，它们分别与PDM系统实现信息传递，而CAD、CAPP、CAM是从PDM

系统中提取各自所需的信息，其应用的结果放回 PDM 中，真正实现了 3C 的集成，因此，PDM 是 CAD/CAPP/CAM 的集成平台，如图 7-9 所示。

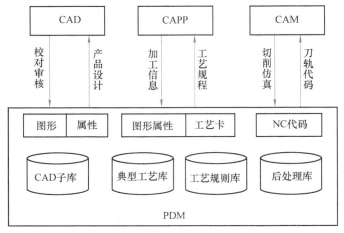

图 7-9　PDM 与 3C 的关系图

7.5.4　PDM 是企业 CIMS 的集成框架

随着 CIMS 技术的发展，企业对信息管理和维护的有效性、可靠性和实时性要求越来越高，迫切需要寻求更高层次上的集成技术，从而提高 CIMS 的运作效率。

采用并行工程应用集成化与并行化的思想来设计产品，强调在信息集成基础上的功能集成和过程集成，为 CIMS 的实施提供了自动化环境。PDM 支持并行工程，向 MIS 系统和 MRP Ⅱ 系统传递产品信息，也用来传递 ERP（是将 MIS 系统和 MRP Ⅱ 系统集成后的简称，即企业资源规划）中生成的与产品有关的生产、经营、维修服务等信息。

基于 PDM 的企业全局信息集成框架，如图 7-10 所示。

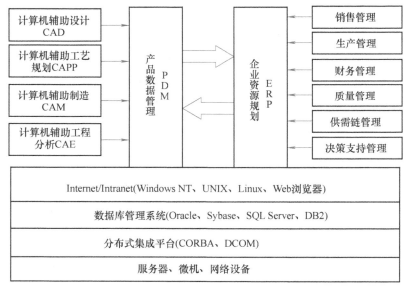

图 7-10　基于 PDM 的企业全局信息集成框架

7.6 产品生命周期管理

7.6.1 产品生命周期管理的概念

产品生命周期管理（Product Lifecycle Management，PLM）与 ERP、CRM、SCM、OA 等共同形成了企业 IT 应用的基础架构。PLM 以产品为核心，围绕产品生命周期（即用户需求、订单信息、产品开发、工艺规划、生产制造、使用维护、回收再利用等）中各个阶段的产品数据的生成、变化进行科学而有效的管理，以达到缩短产品上市周期、保证产品质量、降低产品成本等目的。

PLM 是一种先进的企业信息化思想，它让人们在激烈的市场竞争中，思考如何用最有效的方式和手段来为企业增加收入和降低成本。从战略上说，PLM 是一个以产品为核心的商业战略，它应用一系列的商业解决方案来协同支持产品定义信息的生成、管理、分发和使用，从地域上横跨整个企业和供应链，从时间上覆盖从产品的概念设计到产品结束使命的全生命周期；从数据上说，PLM 包含完整的产品定义信息，包括机械的、电子的产品数据，也包括软件和文件内容等信息。从技术上说，PLM 结合了一整套技术和最佳实践方法，如 PDM、协作、协同产品商务、视算仿真、企业应用集成、零部件供应管理及其他业务方案。它沟通了在延伸的产品定义供应链上的所有的 OEM、转包商、外协厂商、合作伙伴及客户。从业务上说，PLM 能够开拓潜在业务并且能够整合现在的、未来的技术和方法，及时把创新和盈利的产品推向市场。从未来发展上说，PLM 正在迅速地从竞争优势转变为竞争必需品，成为企业信息化发展的必由之路。

7.6.2 制造业 PLM e 化垂直链

制造业 PLM e 化垂直链是：

PDM→ERP→CRM→（R）PDM→（R）ERP→（R）CRM

1）PDM：管理产品的相关属性，即开发阶段的数据，包括产品的配方、结构、制造说明、产品版本的记录等。

2）ERP：管理生产各个环节资料的合理配置，即制造阶段的数据，包括物料用量统计、物料需求采购、生产现场控制、财务管理、出货管理等（后期的 ERP 引入 SCM 解决资源的配置）。

3）客户关系管理（Customer Relationship Management，CRM）：管理产品出售到市场后，客户对产品的回复、投诉，包括客户对产品的满意度、产品市场分析等。

PLM e 化垂直链可以根据需要按水平方式再次部署企业 PLM e 化信息系统，如 OA、KM、EKP、EIP 等，水平的信息化系统主要辅助于垂直的信息化系统。

7.6.3 PDM 的实施过程

PDM 作为一种软件产品，像 ERP、CRM 产品一样，重在实施，PDM 的实施并不是简单地套用 CAD/CAM 软件的模式。PDM 的实施过程实际上就是先进管理思想的贯彻实施过程。

PDM 的实施应该与企业内涵和企业文化紧密结合，与生产关系相适应，与企业目标相匹配。有关实施的相关问题（如咨询、工程经验、实施方法学等）值得深入认识和探讨。企业实施 PDM 时间的长短和实施的深度，与企业各级人员对 PDM 的理解有着密切的联系。

自 PDM 产生至今，人们对 PDM 的产生背景、基本功能和应用效益已经有了初步的认识。国内企业对 PDM 实施进行了探讨与研究，然而目前国内 PDM 的实施还不太成熟。不同的 PDM 软件具有不同的功能特点，而有关 PDM 实施的专业咨询又很少，不进行专业咨询的 PDM 项目的成功概率不高，使 PDM 的实施受到了很大的限制。因此，要在企业真正实施并用好 PDM，还有大量的工作要做。

PDM 的实施必须循序渐进，无捷径可走，否则，会给企业带来混乱。

1. PDM 项目应服务于企业的战略目标

每个企业都有自己生存与发展的战略规划，这种规划来自企业对竞争环境的分析。例如，在 20 世纪 90 年代初期，福特公司分析了汽车市场上竞争对手的状况，结合对未来市场发展的预测，得出结论：福特公司要想再继续保持领先地位，必须改善他们的产品开发体系，提高整体效率，并提出具体目标为"在 2000 年到来时，把新汽车投放市场的时间，由当时的 36 个月，缩短到 18 个月"。正是有了这样的目标，才有了著名的"福特 2000"计划，才有了该计划的核心——福特产品开发系统（FPGS），才有了 C3P（CAD/CAE/CAM/PIM）项目。可以说 PDM 服务于企业的整体战略，PDM 项目的成功，表现在企业整体战略目标的实现。

2. PDM 项目应有明确的、合理的规模

PDM 项目的特点包括：项目执行的时间性、完成指标的目的性和资源的有限性。在项目的开始就要对各项指标给出明确的规定，避免只考虑技术因素或部门要求，而忽视了企业的整体要求。确保企业在有限的资源下，保证项目投资的合理性和质量，避免投资误区和风险，确保项目的规划能被用户和 PDM 厂商所接受。

3. PDM 项目实施的长期性与可扩充性

如前所述，实施 PDM 需要一个周期，才可以达到预定的目标，这个周期可以分成若干个阶段，制定每个阶段的阶段性目标，或称里程碑，这是一种成功的模式。只有达到了每一个阶段的目标，才能到下一个阶段。另外，随着市场形势的变化，企业经营模式在变，IT 技术也在变，故 PDM 项目不可能一成不变，系统要有可扩充性，要能够不断地自我完善，要有自我发展的能力。

7.6.4 实施 PDM 系统应注意的问题

1. PDM 系统与应用系统的区别

应用系统仅涉及某一技术范畴，而 PDM 则是跨部门的管理系统，它们的技术特性不同，实施目标也不同。PDM 的应用强调人的作用，它提供的是一种人机混合作业的优化运行模式，为人在设计过程中的决策活动和设计活动提供高效、可靠的支持手段。

2. PDM 与管理模式的协调

PDM 管理模式的建立过程是管理制度科学化的过程，它既要兼顾原有的组织机构、管理方式、行为规范，又要考虑信息集成的要求和新的生产方式的特点，因此，这是一个艰苦

的过程。PDM 系统的应用最初是由于 CAX 技术的应用，导致大量电子数据的产生，对电子数据管理的需求，推动了以纸介质为载体的设计信息和管理模式的转化，这个转化过程引起了企业文化及基于企业文化的工作模式的变化。

3. 对企业信息化建设进行整体规划

企业 PDM 系统的建设是一个需要大量人力、物力资源支持，涉及面广，延续时间长的项目。该项目应遵循"总体规划、分步实施、效益驱动、整体推进"的原则。对于企业而言，应用 PDM 进行电子文档管理是为了使企业的信息化建设与电子商务有机结合。比较稳妥的办法是聘请有经验的咨询顾问，在咨询顾问的指导下对企业的现状以及今后的发展充分论证，制定企业信息化建设的规划，并在这个规划的指导下，开展 PDM 系统的建设工作。

4. 建立 PDM 项目组

PDM 项目组是企业建立 PDM 系统的核心力量，项目组中应该包括项目管理人员、企业领导者、用户代表、企业信息化管理部门的主管及外部专家等各方面的人员。项目组成员应该对其所承担的业务有充分的了解，在所工作的部门中具有较高威信。只有这样才能在实施PDM 系统时，保证部门工作模式的合理调整，并且容易地说服同事接受这种改变。另外，项目组成员还必须保证有充分的时间来从事 PDM 系统的建立工作。

5. 建立产品数据库

建立产品数据库是 PDM 系统实施的关键环节和重要的工作内容，其工作要点如下。

（1）CAX 数据如何自动进入产品数据库　PDM 系统要求前端的 CAX 系统具有良好的开放性，保证 CAX 与 PDM 公共数据的一致性。这里，需要特别强调的是 PDM 系统与 CAD 系统的集成，其原因在于 CAD 是产品定义手段，产品几何信息、材料信息、结构信息在 CAD文件中都有表达，PDM 能否顺利继承并有效改变这些信息是 PDM 能否使用的关键。

（2）要解决版本管理问题　各企业数据版本的管理差别很大，有些企业依赖编码，有些企业则采用人工干预的方法。版本管理是传统设计方法中最难以规范的内容。

7.7　开目 PDM 系统

7.7.1　开目公司的企业信息化解决方案

开目公司提出了以 PDM/PLM 为核心和平台，以制造执行系统（MES）为突破，集产品设计、工艺规划、产品全生命周期管理、企业应用集成为一体的制造业信息化解决方案。该方案的特点为：

（1）随需而变，可定制的柔性解决方案　通过基于面向服务的体系结构（Service Oriented Architecture，SOA），实现软件产品和服务组合的灵活配置，实现需求快速的定制、功能的扩充和组合，从而高效实现制造企业的个性化需求。

（2）完整的设计、工艺、制造一体化解决方案　该方案是覆盖设计、工艺、制造的一体化解决方案，并与 OA、ERP、SCM 和 CRM 等深度集成。

（3）凸显以工艺和制造过程为枢纽的制造业信息化路线图　基于产品数据管理系统的成功应用，开目公司率先在信息化领域推出工艺管理系统、制造执行系统，提供产品生命周期内从规划、执行到反馈的完整业务闭环的软件产品及服务，帮助制造企业实现持续优化和精益管理。

（4）支持复杂的业务、管理模式和大规模应用 通过支持串并行、分支、子流程嵌套等多种模式的图形化建模工具，实现企业业务流程的结构化建模；通过数据流的优化提升、负载均衡、分时响应等策略，提升流程的高复用性，满足动态变化要求；满足企业复杂业务需求和规模化应用，大幅降低企业信息化系统的总体成本。

（5）健全的信息安全防护体系 通过严密的安全机制，确保核心数据的高度安全。通过对数据空间的多维工作区采用不同的安全级别和安全处理机制，在产品全生命周期内充分保护数据的安全，为保护企业的信息资源安全提供有力保障。

（6）丰富的行业经验 开目制造业信息化解决方案在汽车及其零部件、机械装备、船舶制造等行业的典型企业得到成功运用，积累了丰富的行业经验，用标准化流程、个性化定制为客户提供适用的解决方案，如图 7-11 所示。

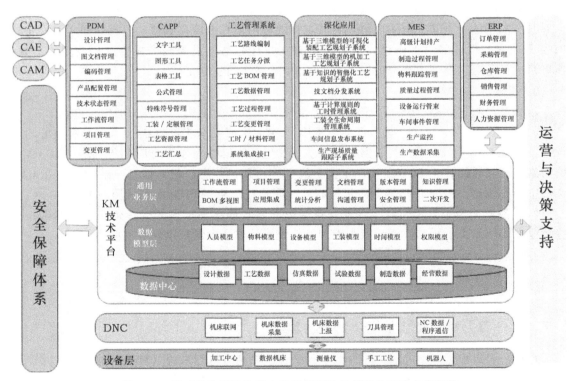

图 7-11 以工艺和制造为核心的开目制造业信息化解决方案架构

7.7.2 开目 PDM 系统的特点与功能

PDM 是企业产品信息集成平台，也是企业技术准备的工作平台，与 ERP 一起构建企业信息化的整体解决方案，如图 7-12 所示。

1）开目 PDM 解决方案为企业构建了一个从产品概念设计到生产制造、有利于产品创新、易于使用可升级、基于协同的虚拟产品开发环境。在该环境中，用户可以对产品的设计、制造、交付和服务的过程进行构思、策划、管理和分析，高效地进行产品开发，提高产

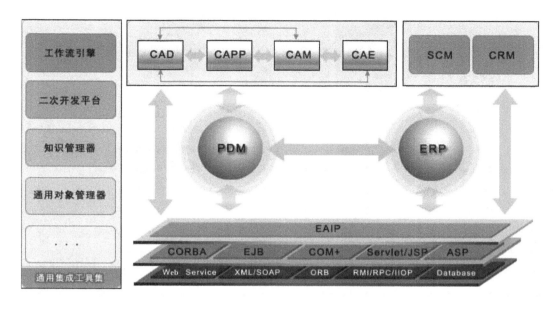

图7-12 PDM在制造业企业信息化中的地位

品质量，降低成本，并缩短上市周期。

2）开目PDM对复杂的产品数据进行合理组织和有效控制，使企业中的每个人都能方便地访问到正确的产品信息，同时确保数据的完整性、一致性和安全性。PDM系统还支持面向模型的模块化、系列化和参数化的产品设计方法，提供快速产品配置和变型设计能力，从而使企业能为客户快速提供个性化的产品。

3）开目PDM的过程管理将产品设计、工艺规程编制、CAM数据生成、生产制造控制等工作紧密联系起来，实现企业业务流程的规范化和自动化。在项目管理中应用并行工程原理，使分散的团队成员共享各种各样的信息资源，帮助用户在产品全生命周期的各个阶段都能够基于协同平台实现对项目的规划和管理，缩短产品开发周期。

4）开目PDM不仅是产品数据管理和产品开发过程的控制手段，更是一个通过广泛集成构建的企业应用系统的集成核心和面向最终用户的高效的工作平台。作为企业信息集成平台的核心，开目PDM无缝集成多种CAX系统、ERP系统，以及Office等其他应用系统，消除信息"孤岛"，减少数据重复输入，避免数据的不一致性。将多种企业应用系统集成为一个统一的整体，使其发挥最大的应用效益。

5）开目PDM提供一个柔性、开放的系统平台，具有高度可扩展性。通过系统配置和二次开发，可以实现快速定制，满足不同类型的企业的应用要求，并能很好地适应用户需求的变化，支持企业持续的管理改进。

6）开目PDM在具有高度扩展性的基础架构上，为企业提供专业化的行业解决方案。例如，在汽车行业解决方案中，重视产品的模块化、零部件的标准化及灵活的产品配置，最大限度地降低成本；在专业设备制造行业解决方案中，支持快速变型设计，实施并行工程，达到缩短开发周期、快速响应市场需求的目的。开目PDM的系统架构如图7-13所示。

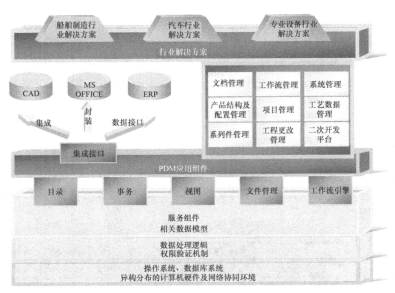

图 7-13 开目 PDM 的系统架构

7.7.3 开目 PDM 系统的核心功能

1. 对象管理

（1）基于对象模型组织产品数据 开目 PDM 解决方案采用对象模型作为产品信息的基础构架。产品数据被封装成对象，一个对象包含一组彼此之间关系紧密的信息，并且是逻辑上不可分的整体。开目 PDM 将对象作为一个整体进行管理和操作，确保数据的完整性和一致性。

在开目 PDM 中，将零部件、工艺路线、工艺规程、产品配置、NC 程序、质量控制文档、业务单据、汇总报表及其他文档都封装为对象，实现对产品生命周期各阶段、各方面信息的全面管理。

（2）产品信息分类管理和快速检索 开目 PDM 中可自定义对象分类体系，并且从不同角度建立对象的多种分类体系。不同类别的对象具有不同的属性集和内在数据结构。将零部件和其他产品数据进行分类，构建企业产品数据库，并以此为基础实现快速检索。数据检索包括分类检索、特征检索等方式，支持模糊查询。当进行产品开发时，能通过类别和特征值快速找到与需求相符或相近的零件或其他技术资料，提高知识重用率，促进设计的标准化与规范化。

（3）基于产品结构和对象关联将产品数据联系起来 以产品结构为核心，通过网状的对象关联，将与产品有关的所有设计文档、工艺文档、质量控制文档、NC 程序和其他文档联系起来，成为一个结构清晰、联系紧密、查找方便、易于追溯的有机整体。

（4）对象生命周期管理 一个产品数据对象，从产生到消亡，要经历一系列生命周期过程，包括新建、工作、预发布、发布、废弃等状态，并可在工作流程的驱动下自动改变状态。在不同状态条件下，各种不同角色的用户对它的访问权限是不同的。

（5）对象版本管理 一个对象经过修订后产生新版本，每个版本用版本号标识。PDM 系统维护对象的版本关系，清晰地反映对象的版本变迁轨迹。

产品各级零部件之间、设计数据与工艺数据等其他类型数据之间，都存在版本匹配关系。开目 PDM 提供精确版本关联、版本有效性规则、版本批量替换等手段，支持用户不同的版本管理策略，控制对象版本的正确使用。

2. 文档管理

开目 PDM 能够有效管理产品整个生命周期中所有的文档，包括 Office 文件，MCAD 工程电子图档，ECAD 设计文档，工艺文件，工程分析及测试、验证数据，图像文件等。

对这些列入管理的产品相关数据和文档，可以实现以下文档管理操作：

（1）文档创建 可使用定制的多种文档模板，创建具有标准化格式的文档。

（2）文档编辑 通过激活文档的编辑软件或内置的编辑视图，完成文档内容的编辑。

（3）文档检出/检入 将要编辑的文件检出到本地，并在系统中标识为检出状态，完成编辑后检入文件并解除检出状态，实现文档编辑的并发控制。对于数据库型的文档，则体现为对数据库中相关数据内容的加锁/解锁。

（4）文档浏览 使用浏览器浏览文档内容。KMPDM 集成了多种内部浏览器，可以在 PDM 界面上直接浏览多种文档格式，不需要启动编辑软件。也支持使用外部应用程序浏览文档，浏览时文档仅为只读的。

（5）文档标注 使用具有标注功能的浏览器或应用程序对文档进行标注，自动维护文档与标注信息之间的关系。支持多角色标注，对某些文档可自定义分角色的标注颜色。

（6）文档打印控制 除了通过常规的权限管理控制文档的打印，KMPDM 还提供专门的打印审批机制，控制重要文档，如图样和工艺卡片的打印。提供集中的打印队列，实现集中打印，并支持智能拼图打印。

（7）文档下载 将系统数据库中的文档下载到本地。对某些数据库形式的文档，可指定下载时转换成何种文件格式。

（8）文档批量入库 文档批量入库功能能高效处理大量的历史图文档。入库时系统自动判断文档类型，创建文档对象，对可识别的设计、工艺、Office 等类文档可自动提取信息写入对象属性。对二维、三维 CAD 图样，还可自动创建零部件对象，建立产品结构树和零部件族等复杂数据结构。

3. 产品结构管理

产品结构管理具有为设计和生产需要而创建和操纵 BOM 表的功能，并以图形化的方式提供产品结构的浏览功能。每一个产品结构定义了在产品的特定版本中使用的部件零件的关系模型，而每一个部件或零件与 CAD 模型、CAPP 文件、CAM 文件、Office 文档等都相互关联。如图 7-14 所示为产品 BOM 管理图。

（1）模块化的产品结构 产品结构表达了产品是如何由零部件构成的。基于对象模型的产品结构是完全模块化的，这为灵活的产品配置、提高零部件复用率和保证数据一致性奠定了基础。

（2）可变产品结构模型和产品配置 可变产品结构模型用于表达组合产品的多种设计方案，它包含多方面的可变因素，如选装件、替换件、可变结构数量、可变结构属性等。还可以定义配置变量和配置规则，实现自动化配置。在可变产品结构模型的基础上，还可以根据具体的订单要求，进行快速结构选配，生成精确的产品结构，满足客户的个性化需求。

（3）产品结构快照 产品配置的最终结果，是一个精确的产品结构，用于后续的制造

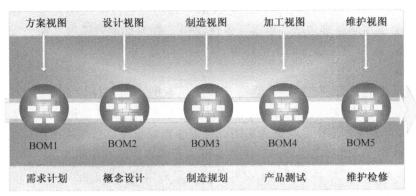

图 7-14 产品 BOM 管理

过程，将这个精确的产品结构保存为一个产品结构快照，与具体生产批次或订单联系，实现产品结构数据的追溯。

（4）产品结构比较 对于相似的产品结构，或者基于同一个可变产品结构模型产生的不同配置结果，可以进行单层或多层的结构比较，清晰地显示产品结构的差异。

（5）BOM 多视图 产品结构管理贯穿于产品生命周期的各个环节，在产品生命周期的不同阶段，不同角色的人员从不同的角度，看到的产品结构关系是不一样的。这种不同的产品结构关系就是 BOM 多视图。

开目 PDM 提供产品结构的不同 BOM 视图，并提供产品结构视图之间的辅助转换和一致性维护功能。

（6）多层对象关联视图 用户可以自定义某种视图，用多层树的方式显示对象之间的多层关联关系。每一个对象的下级节点是该对象的关联对象。

根据视图定义的不同，在同一个对象上打开不同的关联视图，看到的关联树是不一样的。这满足用户根据不同的需要观察对象之间关联关系的要求。

一个对象的某种关联视图，就是对一个对象的全关联树（逐级显示树上每个对象的全部关联对象的多层树）进行筛选，只显示对象的部分关联对象的结果。一个对象要显示哪些下级关联对象，在关联视图定义中按对象类型指定要显示的关联关系名称。

（7）零部件何处使用查询 零部件何处使用查询功能帮助用户找到使用了某个零部件的所有产品，并能定位到产品中使用该零部件的每一个结构位置。

4. 系列件管理

在开目 PDM 中，采用零部件族机制来管理企业系列产品及系列零部件。

一个零部件族代表一组功能相同、结构和形状相似、规格尺寸不同的系列零部件，可以用同一份二维图样或三维模型表达，其差异可体现为不同的参数取值。

基于零部件族，可以实现参数化设计，提高设计的系列化、标准化程度，并大幅提高设计效率，如图 7-15 所示。

（1）零部件族模型和成员 开目 PDM 中的一个零部件族包含一个族模型对象和若干成员对象，族模型对象包含整个族的公共信息，如公共属性、共用的图样文件（二维图或三维模型）、参数表（事物特性表）等。每个成员对象就是一种具体规格型号，与模型中的参数表的一行参数取值相关联，包含成员的个性信息。

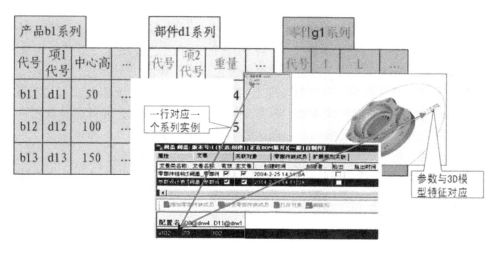

图7-15 零部件族管理

（2）基于二维或三维 CAD 的面向零部件族的设计 开目 PDM 可以根据带参数表的二维图样生成零部件族，各成员具有不同的属性或者结构，并将参数表的内容写入零部件族模型对象的参数表中，而且还可以在 PDM 中增加零部件成员，输入参数取值，直接驱动三维模型的尺寸、特征和结构变化，自动形成真实尺寸和结构的三维实体模型。

（3）装配件的零部件族结构矩阵视图 将装配件族各个成员的结构在一个矩阵视图上显示和编辑，可以清楚地看到各个成员的结构差异，以及上级装配件型号与下级零部件型号的选配对应关系。

（4）派生式变型设计 面向零部件族的设计，可以直接设计一个完整的族，也可以开始只设计模型和基本型号，后来根据需要逐步添加成员，新成员可以基于模型通过参数化手段直接产生，也可以在已有成员的基础上经过改动形成。

从一个基本型号的产品经过若干改动产生一个新型号的产品，称为派生式变型设计。开目 PDM 支持这样的派生设计过程，并管理产品之间的派生关系。

5. 工艺数据管理

（1）工艺路线管理 设计部门完成图样后，工艺部门先为零部件制定工艺路线，根据工艺路线分派工艺编制任务，由各专业工艺组编制工艺规程文件。将工艺路线作为联系零部件和工艺规程的纽带、工艺专业分工的依据和零部件车间流转的指导，这种模式称为二级工艺管理。开目 PDM 具有方便的工艺路线编制功能，能成批且快速地编制工艺路线，支持基于工艺路线的自动化工艺编制任务分派。

（2）设计数据传递到工艺系统 开目 PDM 紧密集成设计和工艺过程，将设计信息自动传递给工艺系统，减少数据的重复输入，并自动维护数据一致性。传递给工艺系统的设计数据包括产品结构明细、零部件属性、零部件图样等。

（3）典型工艺和工艺知识库管理 在 PDM 中建立典型工艺路线库和典型工艺规程库，在编制工艺数据时可方便地引用典型工艺数据，可以大幅减少数据输入工作量。

开目 PDM 支持建立工艺知识库，包括各种工艺规范、标准、图表、计算公式和定额数据等，不仅可以提高工艺编制的效率，还可以保证工艺数据的规范性和准确性，提高工质量。

（4）通用工艺管理 有些企业的产品相似性强，没有必要针对每个零部件编制单独的工艺卡片，而是使用通用工艺指导生产。开目 PDM 的通用工艺管理能帮助用户快速找到适合于新设计的零部件的通用工艺，避免不必要的工艺编制工作。

（5）参数化工艺 在参数化设计的基础上实现参数化工艺，建立参数化工艺模型。

编制工艺时可以自动获取设计参数，只需要输入少量工艺参数，即可在参数化工艺模型的基础上，自动生成完整的工艺数据，提高工艺编制效率。

6. 工作流管理

开目 PDM 系统不仅要管理产品数据，还要管理产品数据的产生过程。规范的过程是企业内不同部门乃至跨企业的人员协调有序并且高效率、高质量工作的保证。借助计算机来管理企业的各种业务过程规范，自动或半自动地执行这些过程，以实现业务过程的规范化和自动化，是工作流管理的目的。

开目 PDM 系统对与产品定义数据有关的过程进行建模，通过工作流驱动和控制产品数据的处理过程，如图 7-16 所示。

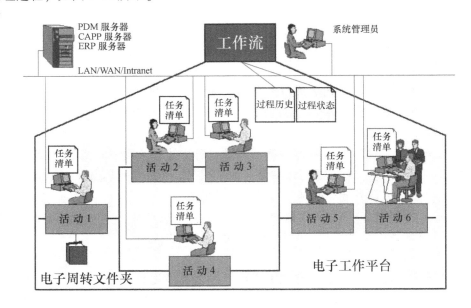

图 7-16 工作流管理

（1）过程建模 开目 PDM 系统提供直观的可视化建模工具，定义与不同的产品数据类型和任务类型相对应的工作流模型，将实际的业务过程规范转化为计算机化的过程定义。

一个工作流模型包含若干处理步骤：各步骤间的逻辑顺序关系和触发条件，各步骤的执行者角色和对产品数据的操作权限，产品数据的状态改变，步骤的默认执行者等内容。

（2）工作流运行控制 工作流运行控制完成工作流实例的初始化和执行过程控制，并在需要人工介入的情况下完成与操作人员的交互。

一个用工作流驱动完成的任务就是一个工作流实例。在创建任务时，系统选择规定的工作流模型，完成工作流实例的初始化。

在工作流的执行过程中，产品数据在各个步骤之间传递，每一步对产品数据进行规定的操作，并改变产品数据对象的状态。

工作流的执行伴随着信息流和控制流。工作流引擎判断过程的触发条件，自动推动过程的执行。工作流推进到一个步骤时，自动将该步骤任务发送到执行者的任务信箱，并发送消息通知有关人员。在分派任务的同时，自动进行操作权限的动态授权和回收。

开目 PDM 系统保存工作流的执行历史和有关信息，用于过程审计和追溯。

7. 项目管理

项目管理是一项重要的现代管理技术，它适用于管理一次性、创新性的任务。项目管理通过对任务的计划、组织、执行和控制，达到在有限的时间和资源的约束下顺利完成任务，满足项目需求的目的。如图 7-17 所示为项目流程的示意图。

（1）管理项目团队 为项目建立动态的项目团队。团队中的每个成员有自己的角色，可根据角色进行任务分派，使项目团队成为一个分工明确、各司其职、协调一致的工作团体。

（2）项目工作分解 将项目任务分解为一系列易于管理的子任务，建立项目的工作分解结构（WBS），形成一棵多级任务树，这是一个随着项目的进展逐步展开的动态过程。提供可视化的方式显示工作分解结构，定义任务之间的逻辑相关性，制定任务的进度计划。用户使用预定义的项目分解模板，可以简化相似项目的分解过程。

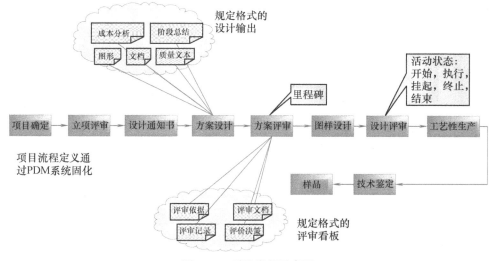

图 7-17 项目流程示意图

（3）任务分派和执行监控 在项目执行过程中动态分派任务，并监控任务的执行过程，及时发现和解决影响任务顺利完成的问题。任务可分派给具体人员，也可分派给组织或特定岗位。被分派的任务自动发送到执行者的任务信箱。任务负责人可以随时查看下级任务的执行情况和工作进度。

（4）项目协同工作环境 开目 PDM 为项目团队创建了一个协同工作环境，使团队成员之间能共享资源、交流信息、解决冲突，推动项目顺利进行。

项目团队是由为产品生命周期各个阶段工作的人员组成的多功能团队。项目管理支持跨阶段的合作，各个阶段的人员在产品设计初期就参与进来，从一开始就考虑产品生命周期各阶段的因素，从而减少返工，缩短周期，降低成本。

为了完成共同的工作目标，项目团队成员需要共享某些数据资源，经常进行信息交流和工作协调。协同技术协调人们的活动，使之保持必要的同步和相互联系，解决不同设计者之间的设计冲突。因此，项目管理创建了一个项目协同工作环境，这包括信息共享区、项目通信等多种协同机制。

8. 工程更改管理

由于用户需求变化、发现设计错误、出现产品质量问题、不能获得外购件或者其他原因，都可能提出工程更改的要求。

开目 PDM 系统中的数据对象发布后，必须要对更改进行有效控制，消除由于工程更改活动造成的产品数据不完整、数据前后不一致、技术数据与现场制造脱节、售后服务找不到正确的技术资料等严重影响产品生成和服务质量的问题。变更管理如图 7-18 所示。

（1）更改控制的多种方式 一般数据的更改，可以直接使用权限机制，控制什么级别的用户才有权限对某类数据执行更改。

重要数据的更改，需要经过严格的审批流程，进行影响范围分析，批准后才能执行更改。要确保相关数据的一致性，并将工程更改信息通知到所有相关人员。

对追溯要求不高的数据，可以直接在原数据上进行修订。

对要求追溯历史的数据，工程更改将导致产生数据对象的新版本，并采用符合企业管理要求的版本管理策略控制版本的正确使用。

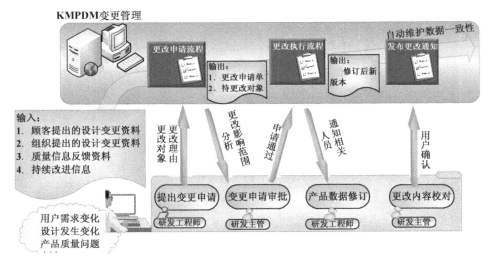

图 7-18 变更管理

（2）两段式更改控制流程 系统实现两段式更改控制：更改申请和更改执行。工程更改使用工作流管理功能进行过程建模和流程控制。用户可以根据自身的管理要求，为不同的对象制定不同的更改流程。

在更改申请流程中，申请人在更改申请单上填写更改理由、要更改的对象；审批者批准或拒绝更改申请并说明原因。如果更改申请被批准就执行更改，系统自动将相应信息传送给更改执行过程。

在更改执行流程中，执行者按照更改申请单上的要求完成有关对象的更改，并提交更改结果以进行审核与发布。

在更改过程中可能需要进行影响范围分析，系统自动搜索可能被影响的相关对象，发放更改通知，将更改结果通知给使用这些对象的用户和部门。

（3）自动维护产品数据的一致性　根据产品数据之间的联系和一致性数据维护设置，系统能自动在多种产品数据之间进行数据实时传递，保持数据的一致性，使各种不同角色的用户都能及时得到最新信息。

9. 应用系统集成

开目 PDM 系统与多种二维 CAD、三维 CAD、CAPP、CAM、CAE，以及其他 PDM、Office、DNC、ERP、MES 等系统实现了深度集成。

由于开目系统的集成中间件的灵活性，开目 PDM 对应用系统的集成很容易扩展。

（1）与 CAD 集成　对 CAD 等集成，除了一般的文档管理功能，还能从 CAD 文件中读取信息，并将 PDM 中的数据直接写入 CAD 文件，也就是双向互动集成，实现 PDM 数据对 CAD 数据的双向自动一致性维护。

开目 PDM 能读取 CAD 图样（二维图样或三维模型，下同）文件内部的数据，提取零部件属性和结构信息，自动生成和刷新 PDM 中零部件对象的属性和结构树，提取参数信息，自动生成零部件族和参数表。

开目 PDM 还能自动将 PDM 中的数据写入 CAD 图样文件中。在 PDM 系统中修改的零部件属性、结构、参数等数据，能直接互动写入 CAD 文件中，用浏览器或 CAD 系统打开 CAD 文件，看到的就是与 PDM 系统中一致的产品模型。在 PDM 中的零部件库中为一个零件族增加一种型号，并给出相应参数，打开 CAD 模型，就可看到 CAD 模型中增加了一个零部件族成员，并具有与在 PDM 系统中输入的参数相一致的尺寸和特征。这种参数化的驱动是互动的。

由于我国大多数企业在应用三维 CAD 时还是需要以二维工程图为生产依据，开目 PDM 能很好地管理三维 CAD 的工程图，包括维护三维模型文件与工程图的联系，在修改三维模型后自动刷新工程图中的投影、工程图的签审、打印等。集成管理 CAD 如图 7-19 所示。

（2）与 CAPP 集成　开目 PDM 与开目 CAPP 实现了无缝集成，双方可以互访数据。当开目 CAPP 单独使用时，是一个带简单管理功能的工艺设计工具；当开目 CAPP 在开目 PDM 集成环境使用时，是一个具有严密的管理体系的协同工艺工作环境。

（3）与 ERP 集成　开目 PDM 中管理的所有数据，包括设计数据、工艺数据、项目管理数据等，都可以按照用户需要的格式和处理逻辑输出。开目 PDM 支持对数据进行复杂的汇总、统计、分析和计算，可以定制任意复杂的报表。报表可以打印，也可以导出为 Excel 等其他格式的文件。

可以将开目 PDM 中的数据直接输出到其他系统的数据库，如 ERP 系统的数据库，实现开目 PDM 与 ERP 等管理系统的紧密集成。

目前，与 ERP 集成的主要方式是采用中间表交换数据，中间数据表统一存放在 ERP 中，通过 ERP 提供的 RFC 函数访问。开目 PDM 把 ERP 需要的信息写入中间表或中间文件，ERP 系统到中间表或中间文件取数据写入 ERP 数据库中。采用该集成技术，开目 PDM 与 ERP 系统各自独立，接口不涉及双方的数据结构，并且双方的责任明确，数据的安全性能够得到保证。

图 7-19　集成管理 CAD

　　根据具体情况，可以通过定制将开目 PDM 系统数据转换为 ERP 系统需要的格式，直接写入 ERP 数据库；也可以通过配置接口，让 ERP 系统直接访问 PDM 系统的数据；还可以使用约定的中间文件格式，如 XML 文件，传递产品数据。反过来，也可以定制开目 PDM 系统对 ERP 数据的访问，如从 ERP 系统取得订单数据、生产任务和技术准备任务数据等。

　　如果在开目 PDM 和 ERP 系统之间需要进行数据转换，可以定制数据转换触发时机。例如，可以这样定制：在开目 PDM 系统完成工艺文档的更改，当通过签审后发布新版本的工艺文档时，触发数据转换逻辑，将更改过的工艺数据传递给 ERP 系统。

　　10. 个人工作平台

　　每个用户都拥有属于自己的工作空间。个人感兴趣的、与最近的工作有关的产品数据可按照自己喜爱的形式组织在个人工作区中，免去了每次进入系统都要查找有关产品数据的麻烦。

　　从项目或者工作流中分派给自己的任务，自动列在"我的任务"文件夹中，并且这些任务的状态一目了然。

　　开目 PDM 有内置的电子邮件系统，可以在系统用户之间发送邮件，邮件还可以携带文件或者开目 PDM 的产品数据对象。邮件系统为开目 PDM 系统用户之间创造了一个方便的交流工具，其群发功能使通知书等数据的发送变得非常简便。

7.7.4　开目 PDM 系统的使用

　　本节介绍开目 PDM 的几个基本应用模块，帮助用户理解典型 PDM 产品的功能结构。

1. 登录开目 PDM 系统

单击选择 Windows 操作系统 "开始" 菜单中的 "程序" 选项后，单击 "开目 PDM 客户端程序" 程序组中的 "开目 PDM 客户端" 项，启动开目 PDM 系统。程序启动后首先显示系统登录对话框，如图 7-20 所示。输入用户名及口令后，单击 "确定" 按钮即可进入开目 PDM 系统中。若单击 "取消" 按钮，则不进入开目 PDM 系统。

进入开目 PDM 系统后，屏幕显示开目 PDM 系统主界面，如图 7-21 所示。

图 7-20　登录开目 PDM 系统

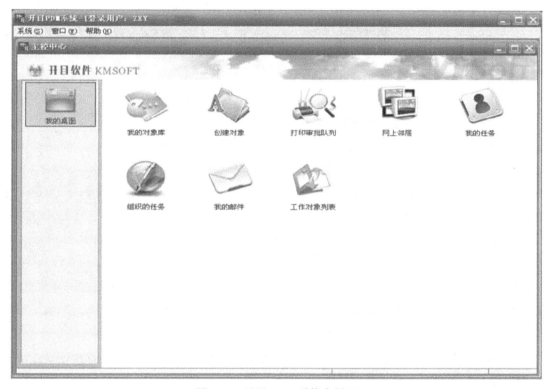

图 7-21　开目 PDM 系统主界面

2. 对象管理

（1）对象分类管理　如图 7-22 所示，对象分类管理窗口由三部分组成：左边为对象类分类树；右上方为对象显示区；右下方为控制选项。对象类分类树上有一个主分类，多个辅助分类。单击分类树上的节点，其下的对象会显示在右上方的区域中；在对象显示区的右下方有一状态显示栏，显示列表中的对象个数、选定对象个数信息；对应不同的对象分类节点，右下方的控制选项会有少许不同，勾选下方的控制选项可筛选对象显示区的内容。

（2）对象生命周期管理

1）创建对象。用户可在选择的对象类下创建对象，但所选对象类必须是主分类。

可以通过以下两种方式打开"创建对象"窗口：

①依次单击"主控中心"→"我的桌面"→"创建对象"。

②在对象列表中单击右键执行菜单项"对象生命周期操作"→"创建新对象"。

2）创建新版本。对象"创建新版本"是复制对象的操作，新对象与原对象的主分类和所有辅助分类相同，并且复制原对象的属性、文卷信息和关联关系信息，新对象和原对象属于同一个版本组。在对象的关联对象上执行"创建新版本"时，产生的新版本对象自动成为原对象的指定关联对象，显示在关联节点上。

3）对象"另存为"。对象"另存为"是复制对象的操作，新对象与原对象的主分类和所有辅助分类相同，并且复制原对象的属性信息、文卷信息和关联关系信息，但必须修改代号或者代号后缀，产生新的版本组的对象。

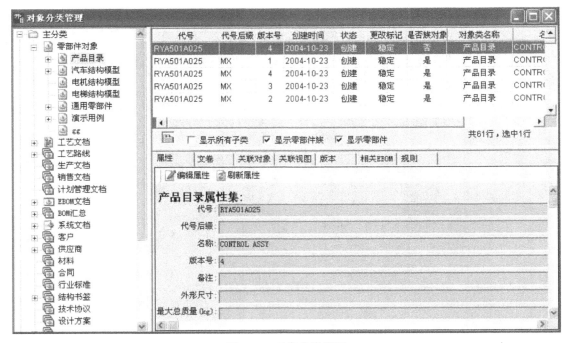

图7-22 对象分类管理

4）废弃对象。被废弃的对象在对象分类管理的对象列表中不再显示，而是显示在废弃对象管理的对象列表中。

对象的废弃，按以下步骤操作：

在对象分类管理的对象列表中可对选中的对象进行废弃操作，选取对象单击右键执行菜单项"对象生命周期"→"废弃"。

5）删除对象。选取一个或多个需要删除的对象，然后单击右键执行菜单项"对象生命周期操作"→"删除"，将对象从系统中删除。

删除对象时须注意以下约束：

① 对象没有被其他对象引用，对象被引用后只能被废弃。

② 已发布的对象废弃和删除必须被授权，对象创建者不能默认获得该权限，其他用户

也不能从创建者那里自动获得该权限。

6）对象发布。选择需要发布的对象，单击右键菜单项"对象生命周期操作"→"发布"，将选取的对象直接发布。被发布后的对象状态变为"发布"。

3. 结构管理

结构管理窗口（图 7-23）中有三个子窗口：

左上窗口显示对象对应的零部件结构树。用户在此子窗口只能浏览结构树而不能修改，可通过执行结构树上节点右键菜单项的"排序"命令调整结构树上零部件节点的排列次序。

左下窗口显示左上窗口被选零部件对象的替换代用件信息。

右边窗口显示左上窗口被选中零部件对象的信息编辑窗口或零部件列表（将该零部件对象及其子零件、替换件以列表的形式显示）。

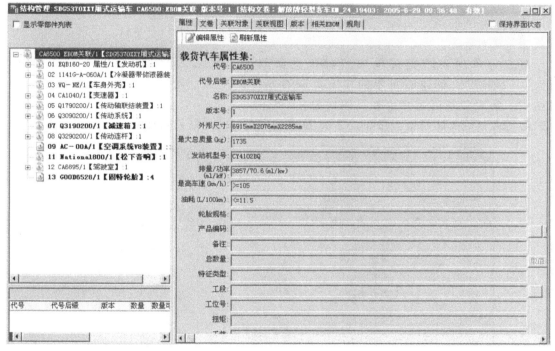

图 7-23　结构管理

4. 产品结构快照结构管理

在对象分类管理中的结构快照对象类下的对象列表中选取结构快照对象，执行右键菜单项"结构管理"，打开结构快照对象的"结构管理"窗口，界面分为左右两部分。左侧区域是结构快照的结构树，右侧区域为一组选项卡信息，分别是"结构属性"选项卡、"关联对象"选项卡、"对应零部件"选项卡。如果结构快照不对应零部件或对应的零部件已不存在，则不显示"对应零部件"选项卡。

结构快照结构树节点和零部件对象的对应关系为：一个节点可同时与 0~1 个对象对应关联。如果节点对应的零部件对象存在可变的属性、替换件，对一个结构快照对象来说，值都是具体的。另外，无论结构快照采用什么生成方式，其对应的源对象信息都是指对应的零部件对象。

5. 零部件对象的工艺路线

在对象分类管理界面中选择“零部件对象”或在产品结构树上单击右键菜单项“编制工艺路线”，弹出“选择对象类”对话框，如图 7-24 所示，工艺路线对象创建在选择的对象类下。

单击“确定”按钮，关闭“选择对象类”对话框并打开“编制工艺路线”窗口，如图 7-25 所示。

单击“取消”按钮，关闭“选择对象类”对话框，并取消“编制工艺路线”操作。

“编制工艺路线”窗口上方默认显示原对象及指定关联关系下的指定关联工艺路线对象，不显示规则关联对象。

单击对象列表右键菜单项“对象生命周期”→“创建”，创建原对象的指定关联对象，或选中一条或多条记录（也就是原对象），单击“显示/隐藏规则关联对象”按钮，显示/隐藏指定对象的规则关联对象。

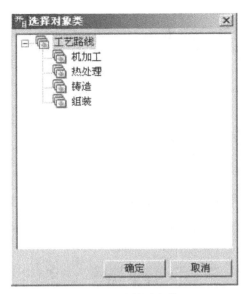

选择对象类
工艺路线
机加工
热处理
铸造
组装
确定
取消

图 7-24 选择对象类

编制工艺路线
对象生命周期
查询
列表操作
隐藏文卷
显示规则关联对象
层次.位置号
对象名称
对象代号
对象代号后缀
卫生间总成
4624500008
1
16-1
单球风嘴
115T22111
1
16-10
竹节接头
402451900
1
16-11
支座
402452800
1
16-12
竹节接头
402453100
1
16-13
竹节接头
402453200
1
选择文卷类：
工艺路线表
无相应对象!

图 7-25 编制工艺路线

“编制工艺路线”窗口下方显示工艺路线表文卷，单击工具栏中的“显示/隐藏文卷”按钮，显示/隐藏工艺路线对象的工艺路线表文卷。

注意：只有当待编辑工艺路线的零部件对象所在的对象类与“选择对象类”界面选择的工艺路线对象类之间定义了关联，才能正确编制工艺路线，否则给出提示，编制工艺路线失败。

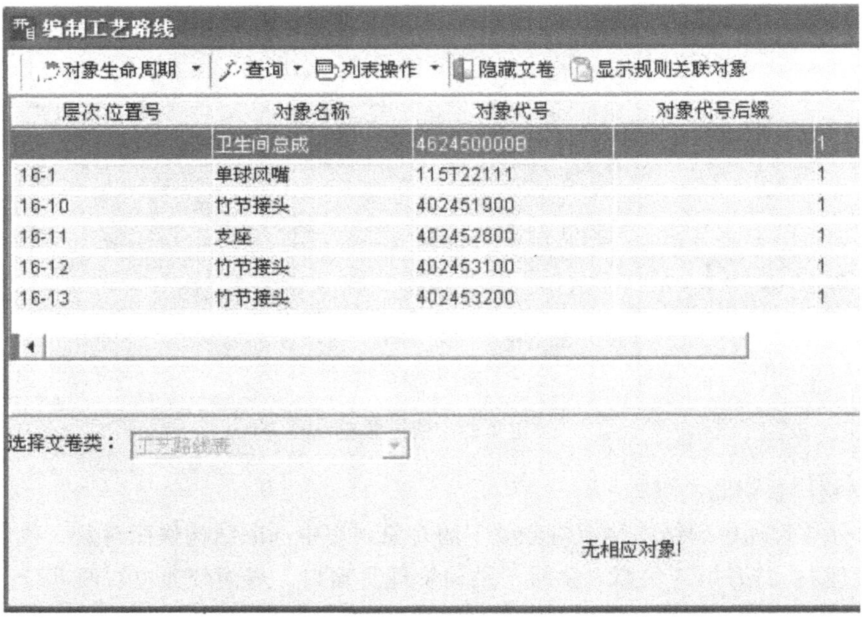

如果选中的记录中，有的显示了规则关联对象，有的隐藏了规则关联对象，则根据选中的记录统一设置为指定的状态，显示或隐藏规则关联对象。

6. 数据批量导入

在导入活动列表界面中，执行右键菜单项"新数据导入"，系统弹出"数据格式列表"窗口，如图 7-26 所示。

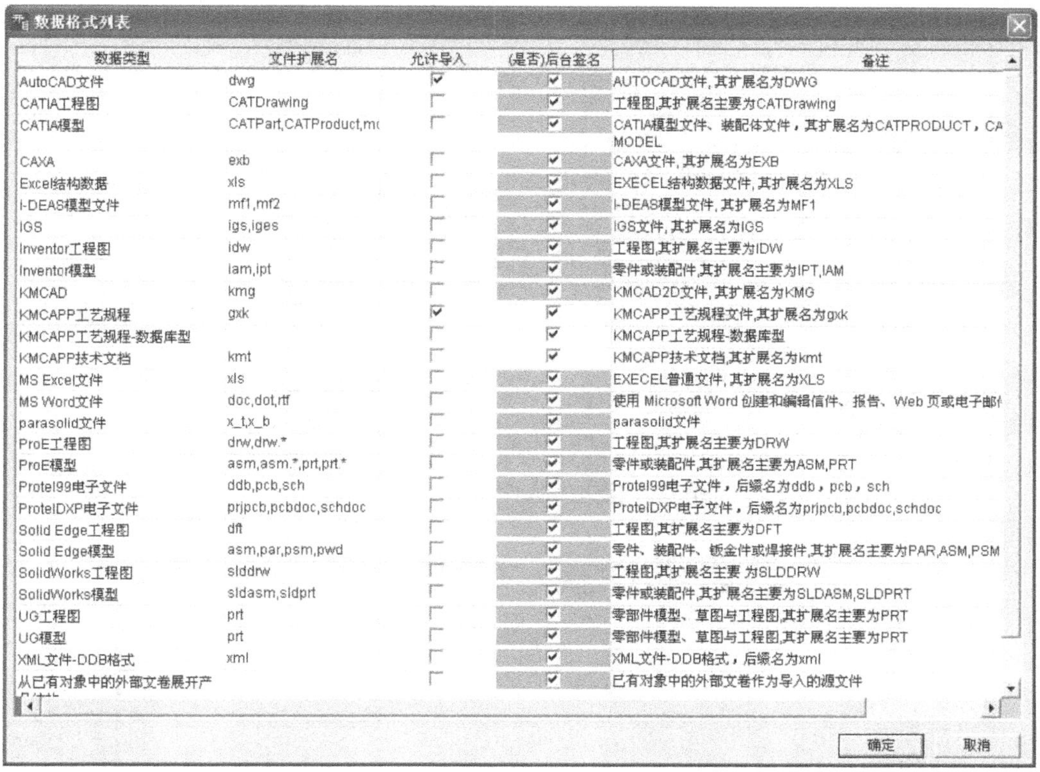

数据类型	文件扩展名	允许导入	(是否)后台签名	备注
AutoCAD文件	dwg	☑	☑	AUTOCAD文件,其扩展名为DWG
CATIA工程图	CATDrawing	☐	☑	工程图,其扩展名主要为CATDrawing
CATIA模型	CATPart,CATProduct,mo	☐	☑	CATIA模型文件、装配体文件,其扩展名为CATPRODUCT, CA MODEL
CAXA	exb	☐	☑	CAXA文件,其扩展名为EXB
Excel结构数据	xls	☐	☑	EXECEL结构数据文件,其扩展名为XLS
I-DEAS模型文件	mf1,mf2	☐	☑	I-DEAS模型文件,其扩展名为MF1
IGS	igs,iges	☐	☑	IGS文件,其扩展名为IGS
Inventor工程图	idw	☐	☑	工程图,其扩展名主要为IDW
Inventor模型	iam,ipt	☐	☑	零件或装配件,其扩展名主要为IPT,IAM
KMCAD	kmg	☐	☑	KMCAD2D文件,其扩展名为KMG
KMCAPP工艺规程	gxk	☑	☑	KMCAPP工艺规程文件,其扩展名为gxk
KMCAPP工艺规程-数据库型			☑	KMCAPP工艺规程-数据库型
KMCAPP技术文档	kmt	☐	☑	KMCAPP技术文档,其扩展名为kmt
MS Excel文件	xls	☐	☑	EXECEL普通文件,其扩展名为XLS
MS Word文件	doc,dot,rtf	☐	☑	使用 Microsoft Word 创建和编辑信件、报告、Web 页或电子邮件
parasolid件	x_t,x_b	☐	☑	parasolid文件
ProE工程图	drw,drw.*	☐	☑	工程图,其扩展名主要为DRW
ProE模型	asm,asm.*,prt,prt.*	☐	☑	零件或装配件,其扩展名主要为ASM,PRT
Protel99电子文件	ddb,pcb,sch	☐	☑	Protel99电子文件,后缀名为ddb，pcb，sch
ProtelDXP电子文件	prjpcb,pcbdoc,schdoc	☐	☑	ProtelDXP电子文件,后缀名为prjpcb,pcbdoc,schdoc
Solid Edge工程图	dft	☐	☑	工程图,其扩展名主要为DFT
Solid Edge模型	asm,par,psm,pwd	☐	☑	零件、装配件、钣金件或焊接件,其扩展名主要为PAR,ASM,PSM
SolidWorks工程图	slddrw	☐	☑	工程图,其扩展名主要为SLDDRW
SolidWorks模型	sldasm,sldprt	☐	☑	零件或装配件,其扩展名主要为SLDASM,SLDPRT
UG工程图	prt	☐	☑	零部件模型、草图与工程图,其扩展名主要为PRT
UG模型	prt	☐	☑	零部件模型、草图和工程图,其扩展名主要为PRT
XML文件-DDB格式	xml	☐	☑	XML文件-DDB格式,后缀名为xml
从已有对象中的外部文卷展开产		☐	☑	已有对象中的外部文卷作为导入的源文件

确定　取消

图 7-26　数据格式列表

选择导入的数据格式后，进入"数据导入向导-选择导入选项"对话框，如图 7-27 所示。

设置导入时对象的处理方式等选项，进入"数据导入向导-选择文件"对话框，选择需导入的文件，如图 7-28 所示。

对话框上方是导入文件列表，下方是导入目录列表。导入目录列表的左下方是"搜索路径"复选框，如果勾选该复选框，则显示搜索路径列表。

导入文件列表与现有对话框中的待导入文件列表相同，搜索路径列表与现有对话框中的待导入文件夹列表相同，新增导入目录列表。

初始状态下，默认不勾选"搜索路径"复选框。

选择导入文件，则导入指定文件。如果导入文件是装配文件，则其相关子文件的搜索路径默认是该装配文件的所在目录。如果需要增加其他搜索路径，则在搜索路径列表中添加。选择导入文件夹，则导入指定文件夹（及其子文件夹）下的所有文件。如果导入文件有装配文件，则其相关子零件的搜索路径默认是该装配文件的所在目录。如果需要增加其他搜索

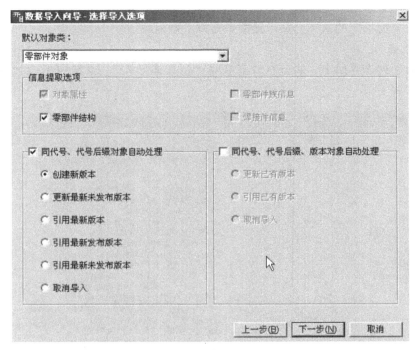

图 7-27 数据导入向导-选择导入选项

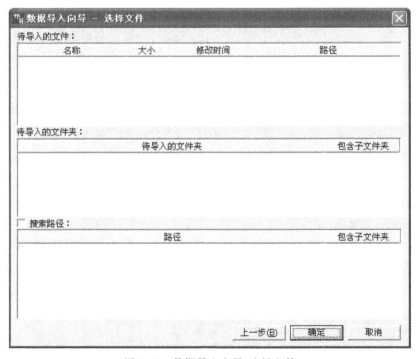

图 7-28 数据导入向导-选择文件

路径，则在搜索路径列表中添加。

允许同时指定导入文件和导入文件夹，或者单独指定导入文件或导入文件夹。

7. 工作流管理

工作流模板定义可以完成工作流的定义，定义的工作流模板作为工作流实例化的模板。当工作流模板定义好后，可以把工作流实例化，为工作流的步骤指定负责人，定义要完成的任务，指定输入文档等，然后启动工作流程，按照预先设定的顺序执行，对象就可以在步骤任务间流动，实现电子签审过程。

开目 PDM 中通过基础定义中的"工作流建模工具"，如图 7-29 所示，采用图形形式来定义和管理工作流模板。在工作流建模中，系统已预定义了三个工作流模板目录，分别为创建工作流模板、更改工作流模板、系统工作流模板，可以在不同的目录中建立相应的工作流模板。

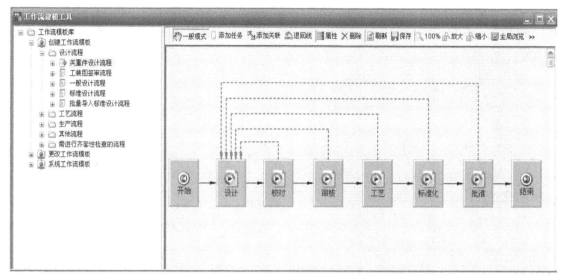

图 7-29　工作流建模工具

8. 工程更改管理

更改申请流程是一种特殊的流程，用来完成企业对已发布对象的变更申请过程。更改申请工作流中流程的对象是更改申请单对象。更改申请单中包含待更改对象列表文卷，通过更改申请工作流，各种角色的用户能够基于更改申请单来完成"更改建议""更改审批""更改执行"等操作，从而完成对象更改申请流程。

将要更改的对象引入更改申请单中，填写更改建议，然后使用"下任务"功能来发起更改申请流程。

在对象的"关联"选项卡中的关联对象、零部件产品结构树中对象的关联对象、EBOM结构管理界面中的"EBOM 中的关联对象"和工艺路线文卷中的关联工艺对象上，如果关联对象状态为"发布"，有菜单"更改申请"。操作时将关联对象加入更改申请单，与在对象列表中请求"更改申请"相同。

9. 项目管理

在开目 PDM 中，各种类型的任务不是独立的，而是通过任务相关性组成的一个有机的整体。对应于企业的实际情况，可以进行多重的任务分解。

一个项目对应的就是一个任务，例如，当针对一项产品的设计和试制任务时，任务中可以包含"产品设计""工艺设计"两个任务。

"产品设计"任务的目标是建立产品结构树，完成设计图样。"工艺设计"任务的目标是生成零部件对象的工艺路线和工艺规程，在时序上可以与"产品设计"任务是并行的。但是对于任务中还包含的某些子任务，有时必须等产品设计任务进行到一个阶段时才能启动对应的工艺设计任务，并且需要以产品设计任务的输出对象（即零部件对象）作为本任务的参考输入对象进行设计。因此，在定义文档任务的工作流时，可以将"产品设计"中相应的任务作为外部相关性任务引入工作流中，并且在执行任务过程中可以将生成的包含零部件工艺信息的工艺文档对象作为零部件对象的关联对象挂入，这样就可以通过打开任意一种对象查看与之相关的所有设计、工艺信息和经历的工作流程，如图7-30所示。

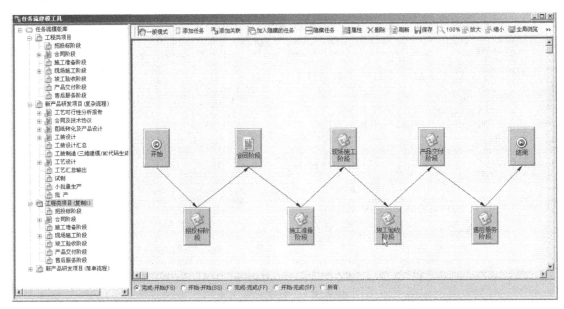

图7-30　与项目相关的所有设计、工艺信息和经历的工作流程

在完成选择文件后，系统对导入的文件信息进行分析，最终在导入活动列表中产生一条新的导入活动记录，并在数据导入报告界面中显示此次导入活动的结果报告。

在导入活动列表中，对已导入的活动记录可执行右键菜单项中的"提交""提交并发布""提交并加入工作流""删除""刷新"等操作。

1）提交。选中一个或多个导入活动记录，执行右键菜单项"提交"，清除选中的导入活动记录，导入产生的对象的状态不变。

2）提交并发布。选中一个或多个导入活动记录，执行右键菜单项"提交并发布"，清除选中的导入活动记录，并将这些导入活动所创建的所有对象由"创建"状态转为"发布"状态。

3）提交并加入工作流。选中一个或多个导入活动记录，执行右键菜单项"提交并加入工作流"，清除选中的导入活动记录，并弹出创建文档任务向导，将选中的导入活动所创建的所有新对象作为输出对象加入创建的文档任务，状态转为"活动"。

4）删除。选中一个或多个导入活动记录，执行右键菜单项"删除"，这些导入活动及其结果报告、由这些导入活动创建的所有对象被删除。

注意：删除导入活动无法还原在导入过程中被改写的原有对象的数据。

10. 应用集成

在三维 CAD 系统中提供 PDM 插件，通过开目集成平台实现两个系统之间的进程通信，从而实现紧密的集成。

应用集成主要包括以下几个方面：

1）三维 CAD 文件的存取。包括入库（同时新建对象）、转存、检出、检入、另存、创建新版本。

2）信息互动。根据文件刷新零部件对象（检入时）的相关信息。

3）直接访问 PDM 功能。包括打开对象、访问对象信息、产品结构管理、我的任务、工作对象列表等。

插件菜单项能否使用，与是否成功连接 PDM，以及 CAD 中当前打开文件的情况、对象状态等有关，并受到用户的操作权限控制。

插件菜单项如图 7-31 所示（不可用的菜单项灰显）。

图 7-31　三维 CAD 系统中的 PDM 插件菜单项

7.7.5　开目 PDM 系统的应用实例

柳州五菱汽车有限责任公司（简称五菱集团）是一家制造业企业，零部件、发动机和专用车为其发展的三大主业。

（1）针对三维设计软件 UG 的集成应用　PDM 系统支持从 UG5.0 版本中提取技术中心及联发产品设计模型，提取相应的产品结构和属性信息，在 PDM 系统中完成图文档管理工作，如图 7-32 所示。

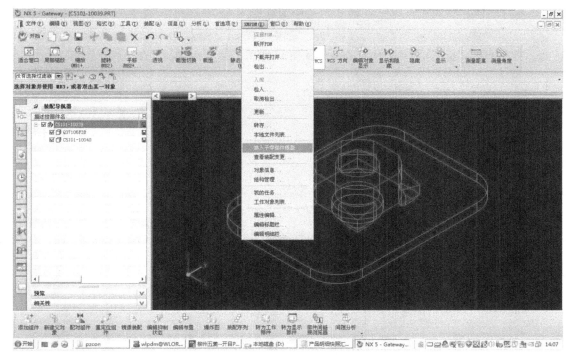

图 7-32　三维设计软件 UG 的集成应用

（2）建立统一的产品数据管理平台，实现以产品为中心的管理模式　通过前期调研配置，建立柳州五菱技术中心及联发产品数据管理平台，如图 7-33 所示。

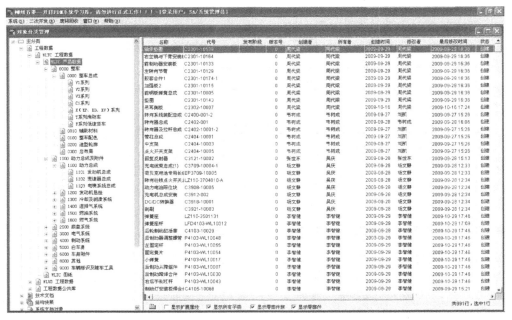

图 7-33　柳州五菱技术中心及联发产品数据管理平台

（3）实现数据的分类管理和关联管理　技术中心建立产品、零组件分类 308 类，标准件分类 10 类，其他文档分类 5 种，各种文档类间的关联关系 9 种。

联发公司建立产品、零组件分类 5 类，标准件分类 10 类，如图 7-34 所示。

图 7-34　数据的分类管理和关联管理

（4）产品的 EBOM 结构化管理 以产品结构为中心组织数据，从任何一个节点打开数据，都可以找到所有与之相关的信息，如图 7-35 所示。

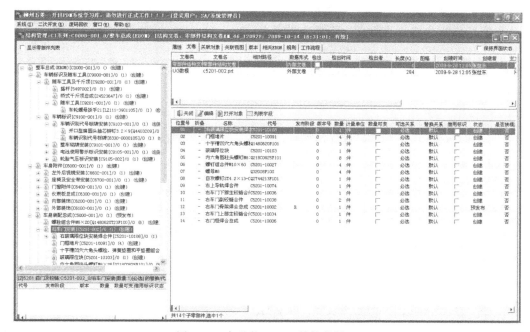

图 7-35 产品的 EBOM 结构化管理

（5）实现从 EBOM 到 PBOM 的转换
联发公司转换模式为：工艺规则转换生成 PBOM，通过生成过程确保 EBOM 与 PBOM 的一致性，如图 7-36 所示。

具体实现界面如图 7-37 所示。

（6）实现产品数据工作流管理 历史数据审批流程为：

1）用于历史数据的发布，快速锁定历史数据变更申请。

2）在产品变更前进行评估，提高产品质量，加强设计协作。

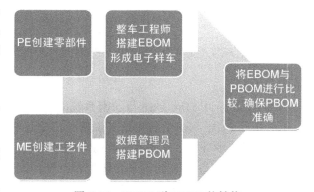

图 7-36 EBOM 到 PBOM 的转换

3）变更影响分析。系统将会自动检索所变更数据相关联的数据并提示进行评估，如根据变更的零部件检索出使用了该零部件的总成/组件、PBOM 等并列出，工程师可以选择"变更、受影响、停产/废止"等选项。

产品试制审批流程为：

1）对试制数据进行审批，保留试制版本数据，便于跟踪设计。

2）产品设计审批流程。

3）产品正式发布前进行各项审核，确保数据正确有效。

4）《技术工作指令》审批流程。

5）通过《技术工作指令》可以发布数据，只有通过《技术工作指令》，数据才会切换到"发布"状态。

6）变更影响执行。根据《变更申请》中的变更影响分析，提示工程师选择当前工作指令关联数据的处理模式——"生产发布、受影响、停产/废止"。《技术工作指令》批准后，系统会根据工作指令指示进行新、旧版本的替换。

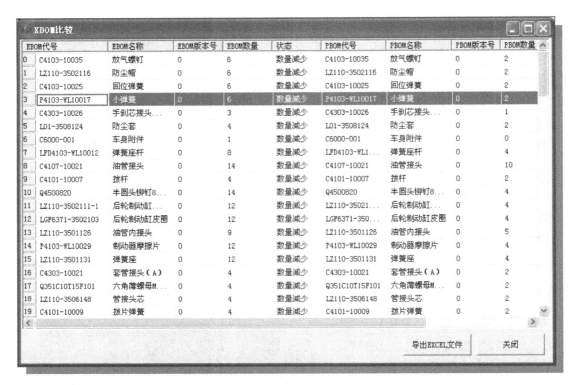

图 7-37 EBOM 与 PBOM 的比较

（7）实现开目 PDM 系统与加密系统的集成 分以下三个方面：

1）开目 PDM 系统中的数据不加密，以确保数据的共享。

2）对从开目 PDM 系统中下载的数据进行加密，保证数据的安全性。

3）对客户端进行验证，未安装加密系统的客户端不允许登录 PDM 系统。

开目 PDM 中产品数据工作流管理如图 7-38 所示。

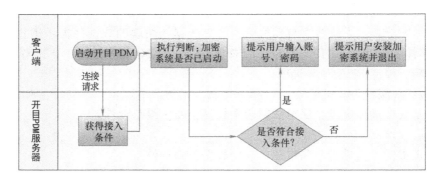

图 7-38 产品数据工作流管理

习　题

7-1　什么是产品数据管理？

7-2　PDM 技术研究的三大领域是什么？

7-3　PDM 信息集成模式有哪几种？分别进行简述。

7-4　PDM 系统的体系结构有几层？分别进行简述。

7-5　PDM 系统有哪些功能？

7-6　什么是产品结构和配置管理？主要包括哪几部分？

7-7　工作流管理的概念是什么？有哪三方面功能？

7-8　叙述工作流管理系统的基本结构以及各主要部件的作用。

7-9　分别叙述项目管理和 PLM 的概念。

7-10　实施 PDM 系统应注意哪几个问题？

7-11　开目 PDM 的体系结构是什么？

7-12　描述文档入库的过程。

7-13　开目 PDM 系统支持哪些常用的属性输入方式？

7-14　开目 PDM 系统配置项分为哪几大类？每个大类各自的作用是什么？

7-15　比较开目 PDM 系统中的源节点、借用节点和未匹配借用件。

7-16　PDM 如何与 ERP 进行集成？一般来说，需要集成哪些信息？如何理解 PDM 和 ERP 之间的关系？

7-17　企业实施 PDM 会给企业带来什么好处？

参 考 文 献

[1] 童秉枢，吴志勇，李学志，等. 机械 CAD 技术基础 [M]. 3 版. 北京：清华大学出版社，2008.

[2] 王大康，韩泽光. 机械设计基础 [M]. 2 版. 北京：机械工业出版社，2008.

[3] 乔爱科. 机械 CAD 软件开发实用技术教程 [M]. 北京：机械工业出版社，2008.

[4] 孙大涌. 先进制造技术 [M]. 北京：机械工业出版社，2002.

[5] 杨叔子，吴波，胡春华，等. 网络化制造与企业集成 [J]. 中国机械工程，2000，11（Z1）：54-57.

[6] 万小利，高志. 计算机辅助机械设计 [M]. 北京：机械工业出版社，2005.

[7] 孔庆复. 计算机辅助设计与制造 [M]. 哈尔滨：哈尔滨工业大学出版社，1994.

[8] 王贤坤，等. 机械 CAD/CAM 技术应用与开发 [M]. 北京：机械工业出版社，2002.

[9] 刘兵. 计算机网络基础与 Internet 应用 [M]. 北京：中国水利水电出版社，2001.

[10] 王群，李馥娟，等. 局域网一点通 [M]. 北京：人民邮电出版社，2003.

[11] 欧长劲. 机械 CAD/CAM [M]. 西安：西安电子科技大学出版社，2007.

[12] 张曙. 分散网络化制造 [M]. 北京：机械工业出版社，1999.

[13] 王福军，张志民，张师伟，等. AutoCAD2000 环境下 C/Visual C++应用程序开发教程 [M]. 北京：北京希望电子出版社，2000.

[14] 宁汝新，赵汝嘉. CAD/CAM 技术 [M]. 北京：机械工业出版社，2007.

[15] 姜柳林，陈作炳，赵辉. 机械 CAD 基础实践 [M]. 北京：高等教育出版社，1998.

[16] 周济. CAD 基础及应用 [M]. 北京：机械工业出版社，1995.

[17] 蔡汉明，陈清奎，等. 机械 CAD/CAM 技术 [M]. 北京：机械工业出版社，2017.

[18] 葛巧琴，许超. 机械 CAD/CAM [M]. 南京：东南大学出版社，1998.

[19] 吴宗泽，刘莹. 机械设计教程 [M]. 北京：机械工业出版社，2003.

[20] 王大康. 机械设计基础 [M]. 北京：机械工业出版社，2003.

[21] 邵新宇，蔡力钢. 现代 CAPP 技术与应用 [M]. 北京：机械工业出版社，2004.

[22] 陈宗舜. 机械制造业工艺设计与 CAPP 技术 [M]，北京：清华大学出版社，2004.

[23] 常迥. 人工智能及其应用 [M]. 北京：清华大学出版社，1987.

[24] 张国锋. 管理信息系统 [M]. 北京：机械工业出版社，2001.

[25] 蔡颖，薛庆，徐弘山. CAD/CAM 原理与应用 [M]. 北京：机械工业出版社，2004.

[26] 郭启全. CAD/CAM 基础教程 [M]. 北京：电子工业出版社，1997.

[27] 李建明. 产品数据管理 [M]. 北京：清华大学出版社，2000.

[28] 李凯，阎红娟，罗学科. CAD/CAM 与数控自动编程技术 [M]. 北京：化学工业出版社，2004.

[29] 生信实维. SolidWorks 官方认证培训教程 [M]. 北京：清华大学出版社，2003.

[30] 生信实维. SolidWorksOffice Professional 官方认证培训教程 [M]. 北京：机械工业出版社，2005.

[31] 邢启恩，李伟. SolidWorks 实用技术精粹 [M]. 北京：清华大学出版社，2004.

[32] 严晓光，冯劲松，刘静，等. 开目 CAD 软件自学教程 [M]. 北京：机械工业出版社，2005.

[33] 钱祥生，陈万领，袁慧敏，等. 开目 CAPP 软件自学教程 [M]. 北京：机械工业出版社，2003.

[34] 钱祥生，彭义兵，黄彪，等. 开目 PDM 软件自学教程 [M]. 北京：机械工业出版社，2005.

[35] 周济，查建中，肖人彬. 智能设计 [M]. 北京：高等教育出版社，1998.

[36] 肖伟跃. CAPP 中的智能信息处理技术 [M]. 长沙：国防科技大学出版社，2002.

[37] 严烈. Pro/Engineer2000i 加工实例宝典 [M]. 北京：冶金工业出版社，2001.

[38] 赵汝嘉，孙波. 计算机辅助工艺设计（CAPP）[M]. 北京：机械工业出版社，2003.

[39] 李伟华，唐一群. 专家系统工具 [M]. 北京：高等教育出版社，2001.

[40] 胡占齐，杨莉. 机床数控技术 [M]. 北京：机械工业出版社，2007.

[41] 黄翔，李迎光. 数控编程理论、技术与应用 [M]. 北京：清华大学出版社，2006.

[42] 崔杜武，等. 网络多媒体实用技术 [M]. 北京：人民邮电出版社，2000.

[43] 沈虹. 图像处理实战步步通 [M]. 北京：人民邮电出版社，2000.

[44] 高奇微，莫欣农. 产品数据管理（PDM）及其实施 [M]. 北京：机械工业出版社，1998.

[45] 陈禹六，等. 计算机集成制造（CIM）系统设计和实施方法论 [M]. 北京：清华大学出版社，1996.

[46] 李利，张永利，代宝江，等. AutoCAD MDT6.0 三维参数化造型步步高 [M]. 北京：中国铁道出版社，2003.

[47] 王永章. 机床的数字控制技术 [M]. 哈尔滨：哈尔滨工业大学出版社，1995.

[48] 熊光楞. 计算机集成制造系统的组成与实施 [M]. 北京：清华大学出版社，1997.

[49] 清宏计算机工作室. AutoCAD 工程二次开发 [M]. 北京：机械工业出版社，2000.

[50] 清宏计算机工作室. AutoCAD2000i 应用开发与实例 [M]. 北京：机械工业出版社，2001.

[51] 杜可亮. WWW 上的虚拟现实技术：VRML 语言 [M]. 北京：电子工业出版社，1998.

[52] 李建明，等. 产品数据管理 [M]. 北京：清华大学出版社，2000.

[53] 崔彦锋，等. VB 网络与远程监控编成实例教程 [M]. 北京：北京希望电子出版社，2002.

[54] 高曙明. 自动特征识别技术综述 [J]. 计算机学报，1998，21（3）：281-288.

[55] 《CAD 通用技术规范》编写组. CAD 通用技术规范 [M]. 北京：中国标准出版社，1995.

[56] 刘兵. 计算机网络基础 Internet 应用 [M]. 北京：中国水利水电出版社，2001.

[57] 张伯鹏. 信息驱动的数字化制造 [J]. 中国机械工程，1999，10（2）：211-215.

[58] 李国龙，郭钢，徐宗俊. 基于 Web 浏览器的 NC 代码仿真 [J]. 现代制造工程，2000（10）：24-25.

[59] 倪炎榕，刘溪涓，马登哲. 敏捷制造中的多媒体技术 [J]. 计算机应用研究，2000，17（3）：4-6.

[60] 李建明，童秉枢，许隆汶. 产品数据管理技术的现状与发展 [J]. 计算机集成制造系统-CIMS，1998（6）：1-6.

[61] 何岭松，王峻峰. 基于因特网的设备故障远程协作诊断技术 [J]. 中国机械工程，1999，10（3）：336-338.

[62] 王宏杰，颜国正，林良民. 基于 C/S 模型的机器人控制器的研究及其应用 [J]. 机器人，2002，24（3）：228-233.

[63] 周德俭，吴兆华，陈子辰. 使用 PC 的开放式计算机数控系统：CNC 的发展新动向 [J]. 机电一体化，1997（1）：14-16.

[64] CHAO P Y, WANG Y C. A data exchange framework for networked CAD/CAM [M]. Amsterdam：Elsevier Publishers B. V.，2001.

[65] TRIKA S N, BANERJEEF P, KASHYAP R L. Virtual reality interfaces for feature-based computer-aided design systems [J]. Computer Aided Design，1997，29（8）：565-574.

[66] PELTONEN H, et al. Process Based-View of Product Management [J]. Computer in Industry，1996，31（3）：195-203.

[67] 谭国华，文亮. 新型存储系统动态数据组织策略研究 [J]. 软件导刊，2015，14（12）：23-25.

[68] 薛立功，周祖德，李方敏. 一种高效动态存储管理方案 [J]. 武汉理工大学学报（信息与管理工程版），2006，28（11）：92-95.

[69] 麦琪琳. 浅谈 C 语言的动态存储管理 [J]. 中国水运（学术版），2007，7（2）：160-161.

[70] 姚兴旺. 如何实现数据空间的动态存储管理 [J]. 科学咨询，2015（1）：28.

[71] 张兰挺. 基于特征的机械零件参数化建模技术研究 [J]. 内蒙古工业大学学报（自然科学版），2012（4）：48-52.

[72] 罗海玉. 参数化设计及其关键技术 [J]. 甘肃科技纵横，2003，32（5）：23-25.

［73］　常青青，蒋正忠，黄才贵. 基于参数化设计的工程图调优技术开发［J］. 机械工程与自动化，2019，212（1）：56-59.

［74］　陈饰勇. 外形铣削在数控铣自动编程中的应用［J］. 机电工程技术，2014（11）：127-129.

［75］　姜永梅，薛云霄. 典型槽型零件数控铣加工的手工编程方法［J］. 机械工程师，2010（3）：87-89.

［76］　张占宽. 数控铣编程中的刀具补偿［J］. 林业机械与木工设备，2005（4）：36-39.

［77］　曾齐高，罗飞，杨世龙. 基于CAXA数控车的盘类零件编程方法的研究［J］. 模具制造，2016，16（7）：56-60.